マリタイムカレッジシリーズ

舶用ディーゼル推進プラント入門

商船高専キャリア教育研究会 編

KAIBUNDO

＜執筆者一覧＞

CHAPTER 1　川原　秀夫（防衛大学校）

CHAPTER 2　川原　秀夫

CHAPTER 3　今井　康之（東海大学）

CHAPTER 4　今井　康之〔4.1 ～ 4.3，4.5〕

　　　　　　川原　秀夫〔4.4〕

CHAPTER 5　山田　圭祐（富山高等専門学校）

CHAPTER 6　濵田　朋起（広島商船高等専門学校）

CHAPTER 7　秋葉　貞洋（弓削商船高等専門学校）

CHAPTER 8　山口　伸弥（大島商船高等専門学校）

CHAPTER 9　山口　伸弥

CHAPTER 10　山口　伸弥

＜編集幹事＞

川原　秀夫

はじめに

船舶は，これまで長期にわたり，効率的に大量に物を運ぶ手段として人間の社会生活に貢献してきた。船舶の推進力としては，古い時代の櫂による人力，帆船時代の風力など初期には人や自然の力を利用してきた。その後時代が進むにつれて，蒸気を利用する時代が長く続いた。1897（明治 30）年にルドルフ・ディーゼル博士によりディーゼル機関初号機が完成し，1900 年代に入りディーゼル機関が実用される時代になると，船舶用の推進機関にもディーゼル機関が使用され始めた。しかしながら，当時の主流であった舶用推進プラントは，未だ蒸気往復動機関や蒸気タービン機関で，本格的にディーゼル機関が船舶用の原動機として使用され始めたのは，第二次世界大戦後である。

特に，1973（昭和 48）年と 1978（昭和 53）年の二度にわたる石油危機をきっかけに，蒸気タービン機関と比較して，圧倒的に燃料消費率が優れているディーゼル機関の使用が本格的に進んだ。また，船の長い寿命を考慮して，すでに蒸気タービンプラントを有する船齢の若い船舶をディーゼル機関に換装するケースもかなりの数に上った。

船舶に使用されるディーゼル機関の大きな特徴は，多くの場合，石油精製過程でガソリンなどの軽質油を採った後の，いわゆる残渣油を燃料油として使用していることである。この種の燃料は安価で，しかも世界的にどの港でも入手可能であるという船舶の燃料としての必要条件を満たしていた。残渣燃料油を使用するには，燃焼の絶対時間が長く，かつ，燃焼室とクランク室が分離されている低速クロスヘッド機関が有利であり，現在に至るまで外航船の約 80% が 2 サイクル低速クロスヘッド機関を使用している。しかしながら現在は，高硫黄燃料油の使用，熱効率は優れているがその弊害として非常に高い NO_x 排出率などの点で，環境問題という大きな試練に直面しており，今後克服しなければならない課題がある。

本書では，これら船舶用ディーゼル推進プラントを対象に，初学者でも体系的に理解できるようにわかりやすい解説を行った。これまで内燃機関やディーゼル機関に関する著書は数多く出版されているが，船舶用ディーゼル推進プラント全体を網羅した書物はこれまでなかった。本書は，基本的な事柄を重視し，内燃機関の分類と歴史，ディーゼル機関の動作および構造，燃料と燃焼，ディーゼル機関に関連する熱力学，内燃機関の性能，推進プラント全体について必要事項を平易に記述したが，最近の技術進歩に対しても理解できるように努めた。また，海技士国家試験（機関）の参考書として利用できるように，過去に出題された問題に関する内容を本書に盛り込み，章末の練習問題についてはできるだけ詳しい解答例を巻末に載せた。

内燃機関に関する著書は名著がたくさん出版されている。本書の執筆にはこれらの著書，論文およびカタログなどを多数参考にした。参考にさせていただいた著書を章末に掲げ，著者に深く感謝する。

読者におかれては，さらに，専門書および取扱説明書で技術への理解および現場での具体的な構造，取扱いの深度を深めるよう期待します。

最後に，出版に際し，いろいろお世話くださった海文堂出版編集部の岩本登志雄氏，佐藤洸司氏に感謝いたします。

編集幹事
川原秀夫

目　次

CHAPTER 1

船用推進プラントの概要

船舶による海上輸送は，世界の輸送量の 90［%］以上を占めている。船舶輸送は他の輸送手段に比べ，大量の物資を，安いコストで，計画通りに輸送することが可能だからである。特に，日本は貿易立国であり輸出入品が生活の基盤となっており，船舶による輸送はわれわれにとって重要で不可欠なものである。この船舶の推進や発電には，ほとんどディーゼル機関が使用されている。船舶に使用されているディーゼル機関の大きな特徴は，多くの場合，石油精製過程でガソリンなどの軽質油を採った後の，いわゆる残渣油を燃料油として使用していることである。この種の燃料は，安価でしかも世界的にどの港でも入手可能であるため，船舶の燃料として必要な条件を満たしていた。しかし，現在は，高硫黄燃料油の使用，熱効率は優れているがその弊害として非常に高い NO_x 排出率などの点で，環境問題という大きな試練に直面しており，今後克服しなければならない課題である。

本章では，船舶に使用されている推進機関の概要および推進プラントの構成と役割について述べる。

1.1　船舶の推進機関

船の推進に使われる機関を**主機関**（主機）と呼んでいる。現在はディーゼル機関が主流となっている。

1.1.1　レシプロ機関は蒸気機関と同じエンジン

帆や人力以外の，最初の舶用主機関は蒸気機関である。通常，蒸気機関というのは蒸気機関車と同じ仕組みで，正確には**蒸気往復動機関**（レシプロエンジン，Reciprocating steam engine）と呼び，ピストンを蒸気の圧力で動かし，その動きを回転運動に変えて利用する。図 1.1 は蒸気機関の原理を示す。

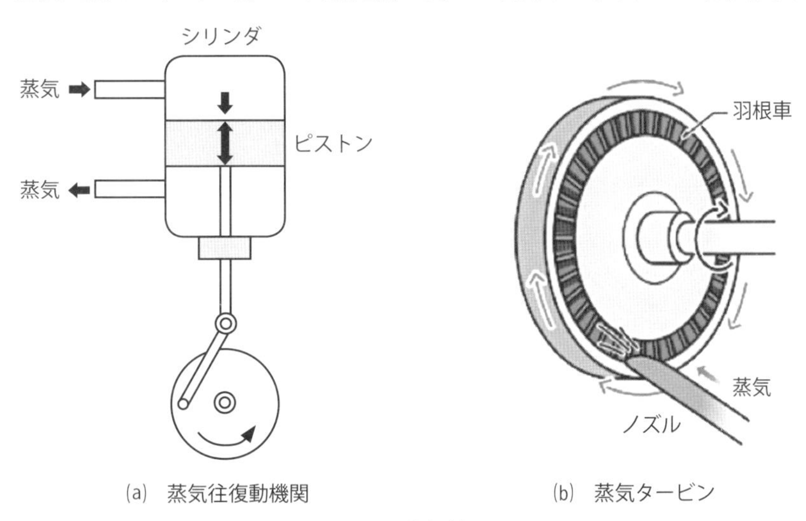

(a)　蒸気往復動機関　　(b)　蒸気タービン

図 1.1　蒸気機関の原理

1775年にワットによって実用的な蒸気機関が開発されると，すぐに船への搭載が試みられた。蒸気機関は出力の割に重く，蒸気をつくるボイラを置く場所が必要となるため，車両よりも船に搭載する方が適していた。蒸気機関は重いため，小型船には実用的でなく，小型船の帆が機関に置き換えられるのは，ディーゼル機関の登場する20世紀以降である。

1.1.2　大馬力が出せる蒸気タービン

蒸気を回転翼に吹き付けて回し，最初から回転運動として出力を取り出す機関が**蒸気タービン**（Steam turbine）で，最初のタービン船は1897年建造の「タービニア号」だった。蒸気タービンの長所は小型の機関で大馬力が出せる点である。

蒸気タービンは，燃費の点でどうしてもディーゼル機関に太刀打ちできず，第一次オイルショック以後，よほどの事情がない限り使われなくなった。なお，原子力船も原子炉でできた蒸気を使うタービン船である。

1.1.3　内燃機関と外燃機関

機関の外で燃料を燃やして蒸気をつくるレシプロやタービンのような機関を**外燃機関**，ガソリン機関やディーゼル機関のようにシリンダの中で直接燃料を燃やす機関を**内燃機関**と呼ぶ。一般に内燃機関の方が効率もよく，現在では船のエンジンはほとんどが内燃機関である。その中でも，小型のボートなどを除けば，ディーゼル機関が主流である。図1.2は内燃機関の原理を示す。

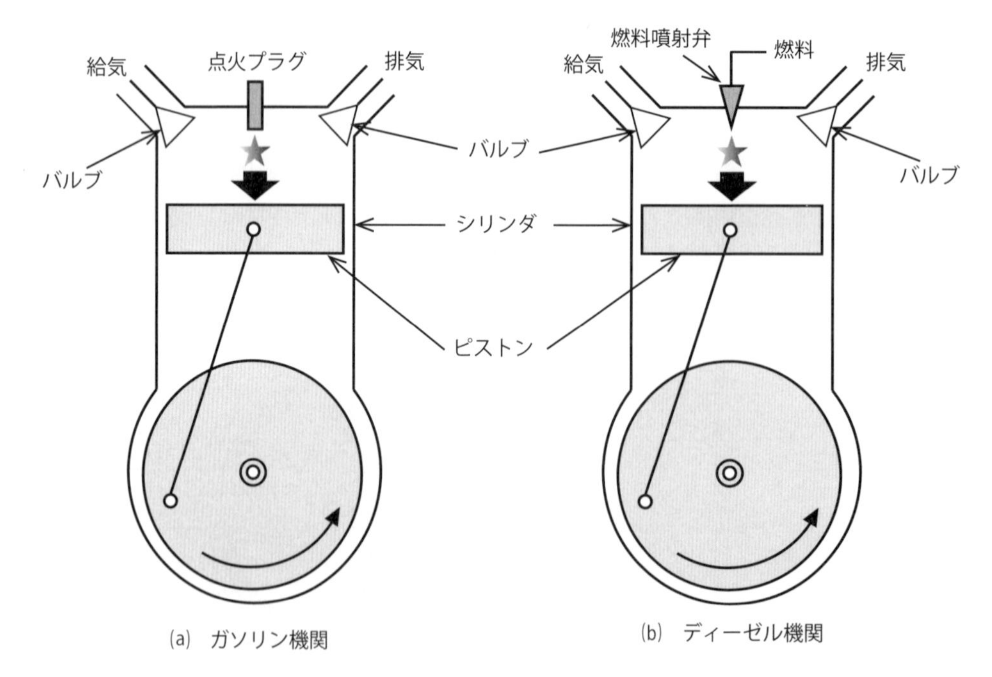

図1.2　内燃機関の原理

その理由として，ディーゼル機関は圧縮比を高くすることで大馬力を出せ，重油のような質が悪い油でも燃料にすることができ，点火プラグが不要で構造的に簡単，頑丈で故障しにくいからである。また，ガソリン機関では気化しやすいガソリンの蒸気が船内に溜まって爆発する事故の危険性があるのも一つの理由である。

1.2　船のエンジンの魅力

1.2.1　十万馬力以上のエンジン

現在，世界最大の船舶用エンジンは，出力が8万4420 [kW]（11万3200馬力）である。このエンジンは，直列14気筒で一つのシリンダの直径（ボア）が0.96 [m]，ピストン行程（ストローク）が2.5 [m]，エンジンの高さ13.5 [m]，長さが25 [m] もある巨大なものである。これほどでなくても，十万馬力級のエンジンは船の世界では，珍しくはない。船舶用ディーゼルエンジンの特徴を表1.1，自動車用エンジンの特徴を表1.2に示す。船のエンジンは自動車と違い，比較的一定の速度で長時間（長い場合には2週間以上）連続という過酷な条件で使用されている。そのため，**定格出力**（MCR：Maximum Continuous Rating）の他に**常用出力**（CSO：Continuous Service Output，通常MCRの85 [%]）が決められており，それを超えないように運航する。

表1.1　船舶用ディーゼルエンジンの特徴

種別	低速（～300 [rpm]）		中速（300～1000 [rpm]）	高速（1000 [rpm] ～）
サイクル	2	4	4	4
シリンダ直径（ボア）	約30 [cm]～1 [m]	約20～50 [cm]	約26～60 [cm]	約15～20 [cm]
行程長（ストローク）	約1～3.5 [m]	約40～90 [cm]	約30～60 [cm]	約15～20 [cm]
ボア／ストローク比	1：2.5～1：4	1：1.7～1：2	1：1～1：1.4	1：1～1：1.3
燃料消費率 [g/kW·h]	160～180	170～200	190～210	200～210
主な使用燃料	C重油	C重油，A重油	C重油，A重油，軽油	A重油，軽油
主機として搭載される主な船種	大型船，外航の貨物船	小型船，内航の貨物船	フェリー，RORO貨物船，客船，中・小型貨物船	高速船，特殊船

表1.2　自動車用エンジンの特徴

種別	ガソリン		ディーゼル
回転数領域	3000～8000 [rpm] 程度		
サイクル	2	4	4
シリンダ直径（ボア）	数 [cm] ～十数 [cm]		
行程長（ストローク）	数 [cm] ～十数 [cm]		
ボア／ストローク比	約1：1		
燃料消費率 [g/kW·h]	190～210		
主な使用燃料	ガソリン		軽油
搭載される主な車種	二輪車	すべて	すべて（どちらかといえば大型車）

1.2.2　低回転のエンジン

一般的な大型船ではプロペラの最適回転数が 60 ～ 200 [rpm] なので，回転数の低い低速機関が多く採用されている。ただし，機関室の高さが制限されるフェリーや RORO 貨物船，速度も重要な客船などでは，中速機関が採用される場合が多い。運航コストの大きな部分を燃料費が占めるため，燃料消費率がよいということも低速機関が多く採用される大きな理由である。

同様に，少しでも安い燃料ということで C 重油と呼ばれる非常にグレードの低い燃料油が使われる。内航船では連続運転時間が外航船ほど長くないこともあり，エンジンの保守面を考慮して，よりグレードの高い燃料油（A 重油）が使われることも多い。近年は環境対策として，船舶にも排気ガス中の硫黄や窒素の含有量規制が導入されつつあり，ヨーロッパなどでは LNG 燃料の船も普及し始めている。

船のエンジンの特徴（特に大型低速機関について）として，以下のようなものがある。

① 非常に大きく，回転数が非常に低い。

② シリンダ直径も大きいがストロークが非常に長い（超ロングストローク機関と呼ばれ，圧縮比も高い）。

③ 燃料消費率が低く，省エネである。

④ 低質の燃料油が使える（C 重油はほとんどアスファルトに近く，加熱しないと液状にならない）。

⑤ 逆転させることができる機関が多い。

1.2.3　エンジンの熱効率

さて，燃料が持っているエネルギーのうち，どの程度が実際に船を進めるのに使われるか，つまり，**熱効率**はどれくらいか知っていますか？

図 1.3　世界最大の船舶用ディーゼル機関

船のエンジン，特に 2 サイクルの低速大型エンジンでは，約 50［%］のエネルギーがプロペラ軸に伝わる。図 1.3 は世界最大の船舶用ディーゼル機関を示す。これは，人類が持つエンジンの中で最高の効率である。ちなみに自動車用のエンジンでは，それが約 30［%］である。逆にいえば熱効率のよい船でも残りの約50［%］はエネルギーではなく廃熱となって捨てられている。しかし，現在では廃熱の40［%］近くまでは何らかの形で再生・回収して有効利用できるような技術開発が進んでいる。図 1.4 は船舶用エンジンの模式図を示す。

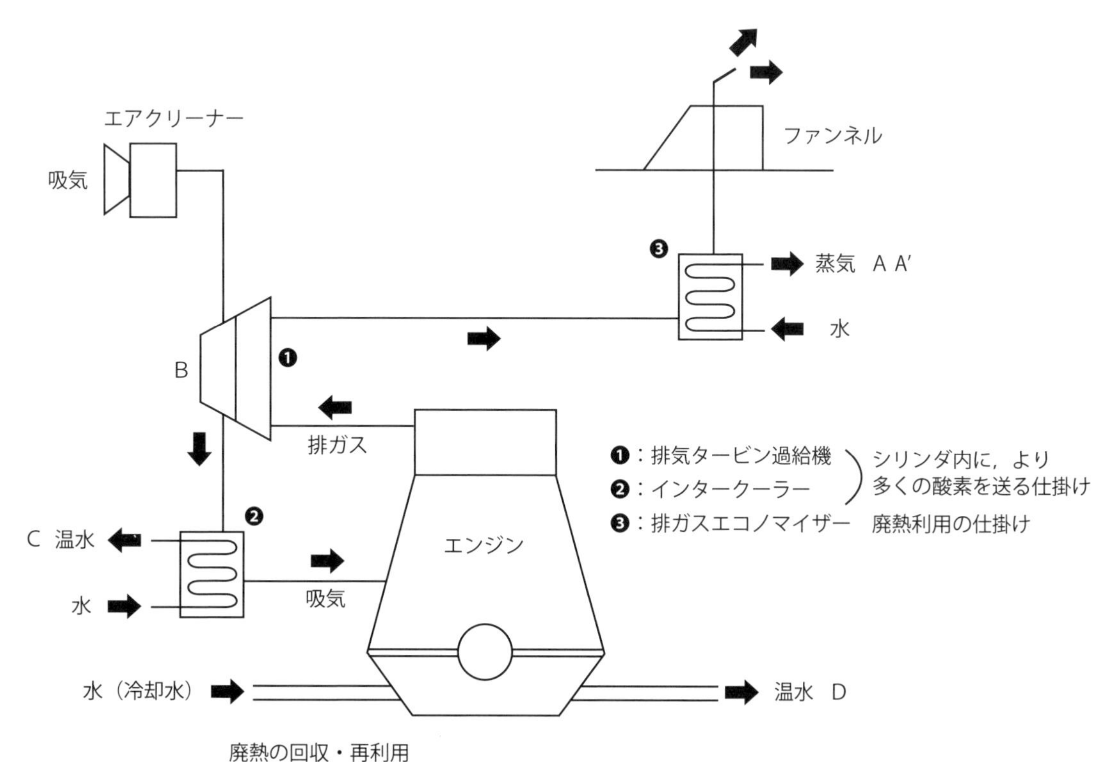

廃熱の回収・再利用
A：蒸気タービンを回して発電し，推進用電力，船内電力として利用
A′：燃料の加熱や，船内の温水の加熱用として利用
B：排気タービン過給機の回転で発電機を回すことなどで利用
C：温度が低いので，加熱用としても利用が難しい
D：特殊な方法で，廃熱を回収する

図 1.4　船舶用エンジンの模式図

このようなシステム全体の熱効率の高さは，陸上の発電所などのプラントとほとんど同じで，乗り物の機関としては他に例がなく，自動車や機関車では廃熱エネルギーの再生・回収は全く行われていない。

なお，プロペラも効率は 100［%］ではないので，実際はエンジンからプロペラに伝えられたエネルギーの約 60［%］しか船の推進に使えていない。しかし，この推進効率も少しずつ改良が進んでおり，そもそも船体抵抗自体を減らすような船型開発も盛んに進められている。図 1.5 は船舶用エンジンのエネルギーの利用の仕方を表したものである。

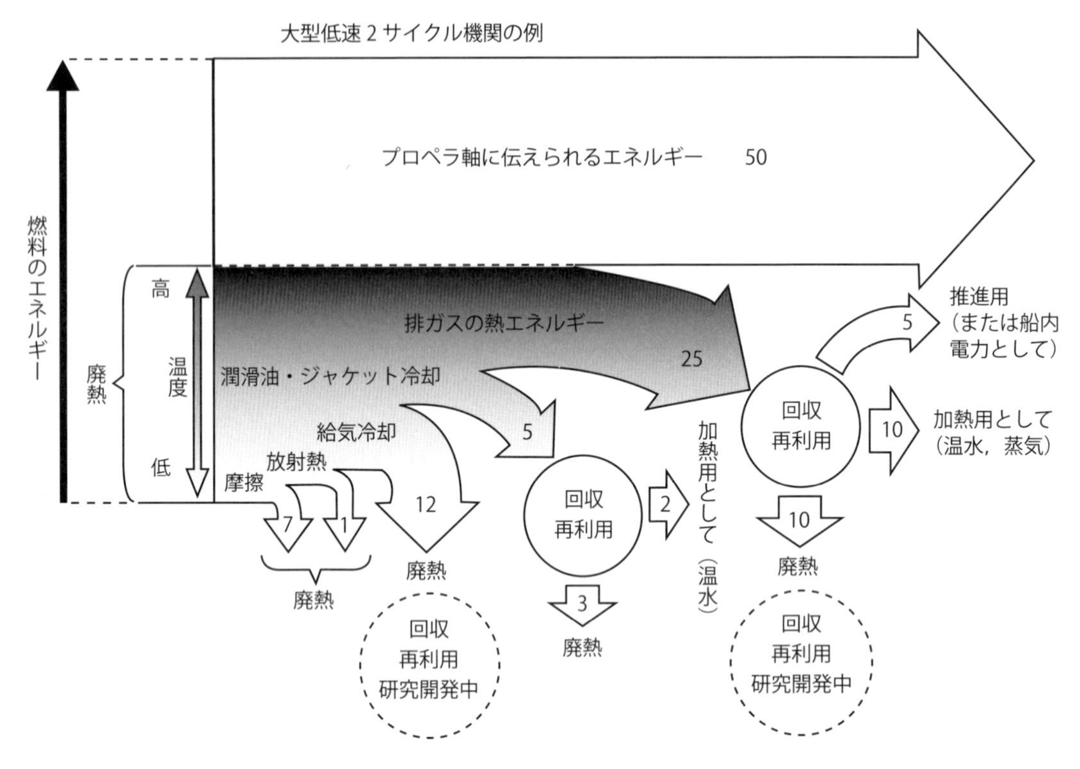

図 1.5　船舶用エンジンのエネルギー利用の仕方

1.3　その他のエンジン

1.3.1　ガスタービン

同じタービンでも蒸気ではなく，ジェット燃料などを燃やしたガスを使う**ガスタービン**が船に採用される場合がある。これは，回転動力を取り出せるようにしたジェットエンジンで，航空機で使われるターボプロップエンジンと同じ仕組みである。ガスタービンは蒸気をつくるボイラも不要で，非常にコンパクトで大馬力が出せるので，高速な軍艦で使われる。近年では，排気がディーゼル機関よりクリーンだという理由で，客船などでも使われることもあるが，燃料消費率がよくないうえに，燃料価格が高いので，油の価格が高騰すると大変苦しくなる。

1.3.2　電気推進

クルーズ客船や砕氷船などでは，一旦エンジンで発電機を回して電気を起こし，電気でモータを回してプロペラを動かす船もある。これを**電気推進船**と呼ぶ。この場合，小型の発電機を複数使うことで，大きな主機関を小さなエンジンに分割することが可能になる。そのため電気推進は，逆転や回転の制御が容易であるという利点のほか，エンジンを分割できるので振動が打ち消しあって小さくなる，機関室内の配置が簡単になるなどのメリットもある。また，ハイブリッド自動車と同じように，燃料消費率や排ガスの環境対策の面でも有利である。しかしまだコストが高く，発電機とモータの効率の点でも，ディーゼル機関に勝てないのが現状である。

1.4　推進プラントの構成と役割

主機関の動力を使って船を推進するのが**推進器（プロペラ）**，その推進器に主機関の動力を伝えるのが**推進軸（プロペラ軸）**である。推進軸が船外に出る部分が**船尾管**で，推進軸と船尾管などをまとめて軸系と呼ぶ。図 1.6 は推進プラントの構成を示す。

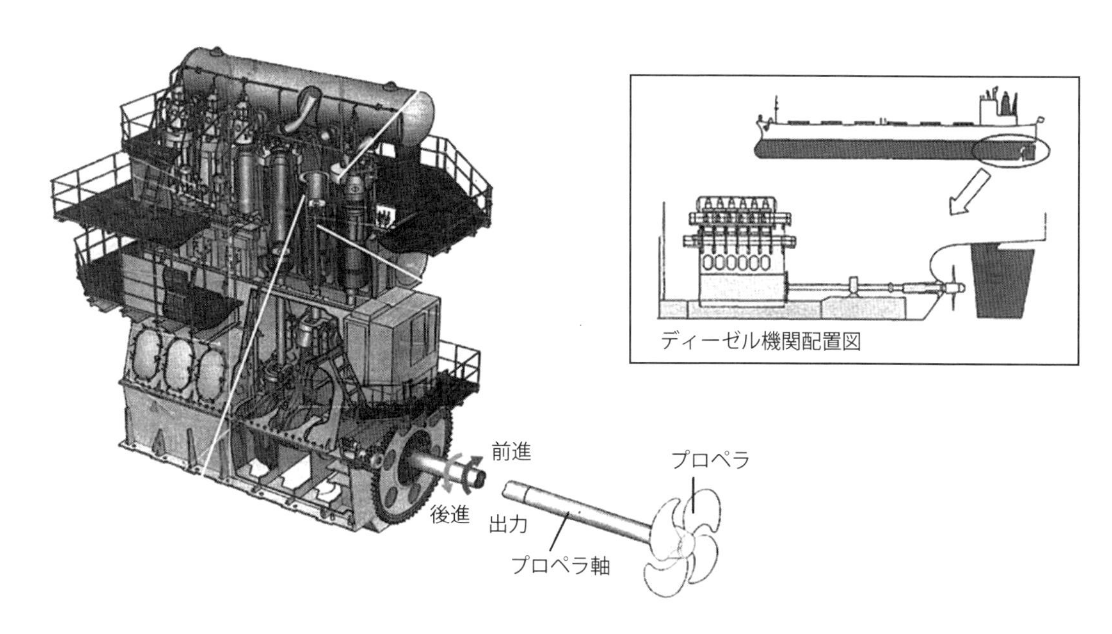

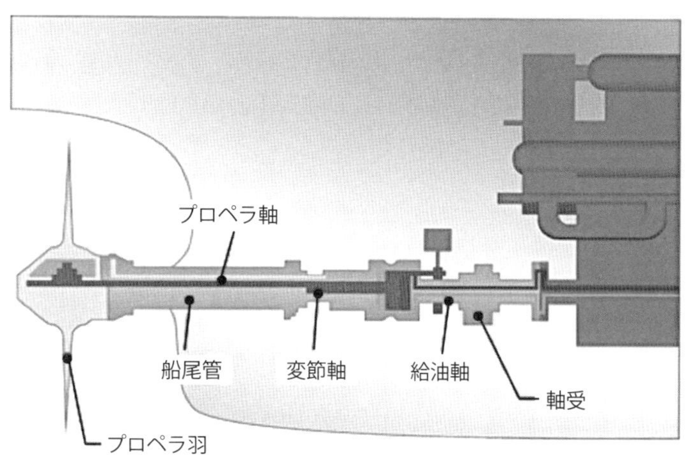

図 1.6　推進プラントの構成

一般に多くの船では，エンジンとプロペラが直結している。また一方で，間にクラッチや逆転機が入る場合もあるが，自動車のような変速機は使われない。これは海水が相手なので，起動時の回転力（トルク）が小さくてすむからであるが，大馬力を扱う変速機の製造が困難だからでもある。プロペラ（スクリュープロペラ）の基本的なアイデアは古いが，船への装着場所や水面下でプロペラ軸が船体を貫通する部分の漏水などに問題があり，実用化が遅れた。またプロペラが採用される以前は，船体の側面に外輪を付けていたが，外輪は回転軸が水上であるが，プロペラは軸が水面下になることも実用化が遅れた理由である。このプロペラの装着場所の問題は，舵を船体から離して取り付け，プロペラの取り付け場所（**プロペラアパーチャ**，Propeller aperture）を確保して解決した。また，軸の船体貫通部の水止めは，油を染み込ませた麻の繊維を軸の周囲に押し付ける形式の**グランドパッキン**を使用した。しかし，この方法だと若干の水漏れや逆に水中への油の染み出しは避けられない。

プロペラ軸付近の構造を図 1.7 に示す。軸の重量を支える軸受は，大型船では油，小型船では海水で冷却する。軸受と軸が通る**船尾管**（**スターンチューブ**，Stern Tube）の前後には特殊なゴムでできたリング（**シールリング**，Seal ring）で漏水を止める**シャフトシール**（**軸封装置**）がある。船外側のシールリングが損傷して，潤滑油が外部に漏れ出すと環境汚染となり罰せられる。外から海水が入って潤滑油に混ざると最悪の場合は軸受が焼付く可能性もある。損傷したリングは海水中にあるので，取り替えるには船の運航を休止してドックに入らなければならない。一方，船内側のリングは，損傷しても船内に海水または油が漏れてくるだけなので対処が可能である。以上のことから特に，船外側のシールリングは，少なくとも定期入渠のインターバルである数年から 5 年程度の寿命が要求される。

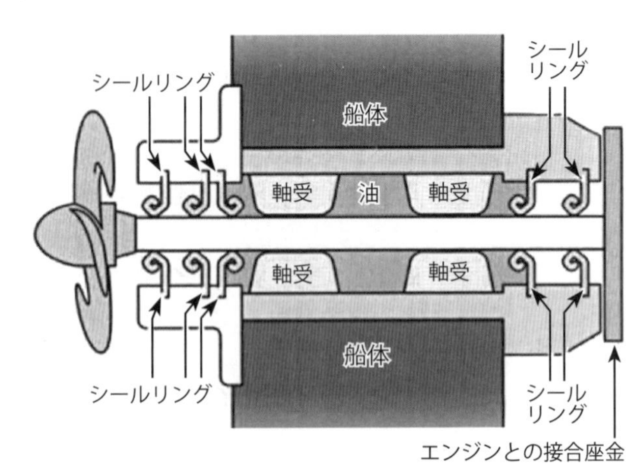

図 1.7　プロペラ軸付近の構造

この部分については，CHAPTER 8「推進装置」および CHAPTER 9「軸系」において詳細を述べるとする。

CHAPTER 2

内燃機関の分類と歴史

内燃機関は，熱エネルギーを仕事に変換するもっとも身近な装置である。内燃機関の構造や作動原理を理解することは，エネルギー変換システムの基本を理解できるばかりでなく，関係する工学の多くの分野の知識や理解にもつながる。熱機関を利用することによって，われわれは自然界で得られる熱エネルギーを機械的仕事に変換して生活に役立てている。現在いろいろな熱機関が働いているが，本章では内燃機関の概要を説明したあと，内燃機関を分類してそれぞれの特徴を述べ，また，その発達の歴史について述べる。

2.1　熱機関の分類

熱機関（Heat engine）は，熱エネルギー（Heat energy）を機械的仕事に変え，動力を発生させる原動機で，外燃機関と内燃機関に分類できる。

2.1.1　外燃機関

外燃機関（External combustion engine）とは，機関本体の外で燃料を燃焼し，その熱エネルギーから間接的に機械的仕事を得る機関である。例えば，石油を燃焼しボイラ内の水を蒸気に変え，この蒸気の力でピストンやタービンを動かし動力を得ている。したがって，蒸気をつくるための**ボイラ**（Boiler）が必要である。外燃機関は，次のように分類できる。

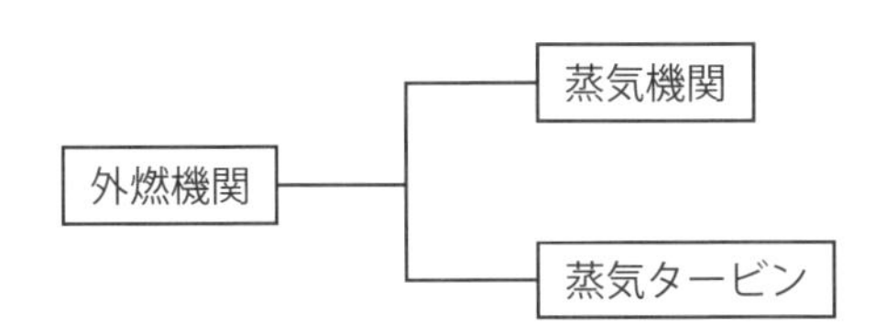

蒸気機関（Steam engine）とは，蒸気の力でピストンを動かし，動力を発生させる機関であり，**蒸気タービン**（Steam turbine）とは，蒸気の力でタービンを回転し，動力を発生させる機関である。

2.1.2　内燃機関

内燃機関（Internal combustion engine）とは，機関本体内で燃料を燃焼し，その熱エネルギーで直接機械的仕事を得る機関である。本章では，この内燃機関について学んでいくことにする。

2.2　内燃機関の分類

内燃機関を分類すると，次のようになる。

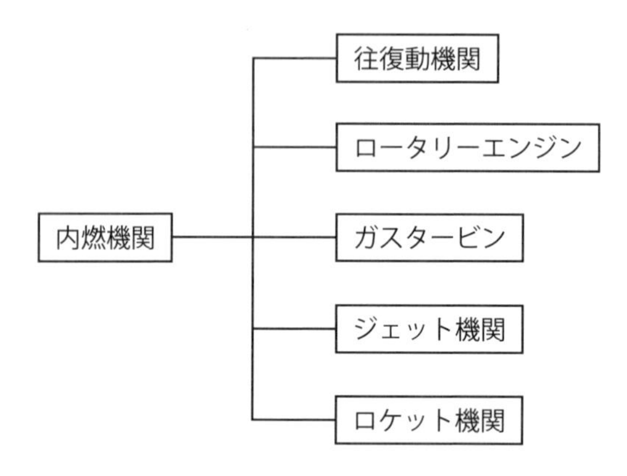

2.2.1　往復動機関

往復動機関（Reciprocating engine）とは，ピストンがシリンダ内を往復運動する機関で，一般にレシプロエンジンと呼ばれている。また，ピストンを持っていることから**ピストン機関**（Piston engine）とも呼ばれている。往復動機関を燃料や点火方式で分類すると，次のようになる。

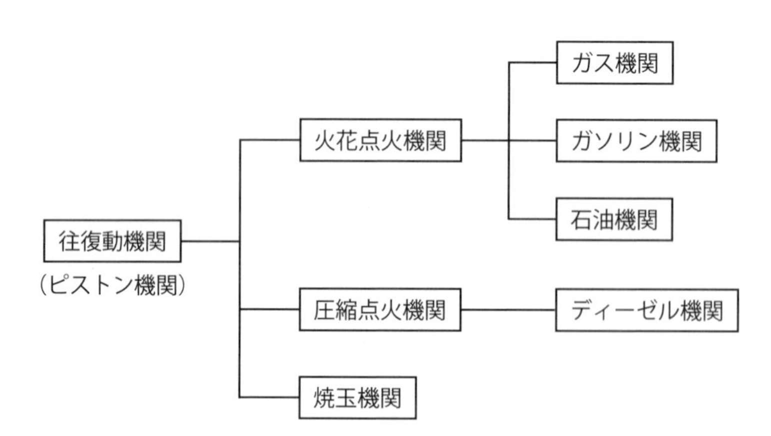

(1)　火花点火機関（Spark ignition engine）

シリンダ内に燃料と空気の混合気を吸い込み，これを圧縮して電気火花により点火する機関である。用いる燃料や点火方法により，次のような機関がある。

①　**ガス機関**（Gas engine）

内燃機関として最初に発達した機関で，燃料に石炭ガスなどが用いられたが，現在では液化石油ガス（LPG：Liquefied Petroleum Gas）が燃料として用いられている。主としてタクシー用の機関として使われているが，燃料の補給や取り扱いが難しいので不便である。

②　**ガソリン機関**（Gasoline engine）

燃料としてガソリンを用いる機関であり，構造が簡単で高出力が得られ，現在もっとも多くつくられ，多方面で使われている機関である。図 2.1 は自動車用ガソリン機関の外観を示す。

③　**石油機関**（Kerosene engine）

燃料として灯油を用いる機関であり，過去には農工用として広く使われていたが，出力が小さいことから現在ではほとんど使われていない。

(2)　圧縮点火機関（Compression ignition engine）

シリンダ内に空気を吸い込んで圧縮し，高温・高圧になったところへ燃料を噴射すると自然着火を起こし燃焼する。このような機関を圧縮点火機関といい，発明者の名前にちなんで**ディーゼル機関**（Diesel engine）と呼ばれている。図 2.2 は自動車用ディーゼル機関の外観を示す。燃料として軽油や重油が用いられており，熱効率が高く，経済的にも優れていることから，現在ではガソリン機関の次に多くつくられ，使われている。

図 2.1　自動車用ガソリン機関の外観

図 2.2　自動車用ディーゼル機関の外観

(3)　焼玉機関（Hot bulb engine）

焼玉と呼ばれる点火装置を始動バーナーで加熱して赤熱状態にしておき，そこへ燃料を噴射して着火させる機関であり，燃料は低質の重油が用いられる。漁船用の動力源として使われていたが，現在ではほとんど使われていない。

2.2.2　ロータリーエンジン

レシプロエンジンが，ピストンの往復運動をクランク軸の回転運動に変え，動力を取り出しているのに対して，**ロータリーエンジン**（Rotary engine）は，図 2.3 に示すようにローターハウジング内のローターの回転を直接出力軸の回転に変え，動力を発生させる機関で，往復運動部分を持たないので構造が簡単なのが特徴である。現在，自動車用の原動機として使われている。

図 2.3　ロータリーエンジン内部の構造

2.2.3　ガスタービン

ガスタービン（Gas turbine）は，空気を圧縮機で圧縮し，その中へ燃料を噴射し燃焼させ，高温・高圧になった燃焼ガスの膨張によりタービンを回転し動力を得る機関であり，燃料には軽油が用いられている。現在では，主に航空機や発電機などに使われている。

2.2.4　ジェット機関

ジェット機関（Jet engine）は，機関内に空気を吸い込んで圧縮し，これに燃料を噴射して燃焼し高温・高圧の燃焼ガスをつくり，これを後部から噴出させ，その反動力を利用して推力を得る機関である。航空機用原動機に適している内燃機関である。

2.2.5　ロケット機関

ロケット機関（Rocket engine）は，燃料と同時に燃焼に必要な酸素を携帯しているところがジェット機関とは異なる点であるが，ジェット機関と同じように燃焼ガスの噴出によって推力を得る機関である。

空気のない空間での飛行ができるので，人工衛星や宇宙船などの打ち上げに用いられている。

2.3　内燃機関の歴史

人間が他の動物と異なる点は種々考えられる。例えば，言語を持つ，道具を使うなどである。 しかし，程度の差はあるものの，音声でコミュニケーションを行う動物もいれば，サボテンのとげで木に潜む虫をほじくり出して捕食する小さな小鳥（フィンチ）の存在も報告されている。人間以外の動物が絶対に行わない行為となるとかなり限定されることになる。では，その代表例は何か， それが「火の利用」である。「火」は原始人にとっては脅威と恐怖の対象でしかなかった。古代人にとっては「神秘なもの」であり，それゆえに崇拝の対象ともなった中世では「火」に対する好奇心から万物を構成する物質の一つと考えたりもした。しかし，現代人は，「火」の危険な一面を克服して有効に利用する術を会得した。「火」を利用した技術の一つが内燃機関といえる。

図 2.4　オットーのガス機関

19 世紀になって，石炭ガスが各地で照明用に盛んに用いられるようになった。この石炭ガスを燃料として，フランスのルノアール（Lenoir）は 1860 年に復動式蒸気機関に似たガス機関を発明したが，無圧縮方式のため熱効率が 3［%］程度と低いものであった。

1876 年，ドイツのニコラス・オットー（N. A. Otto）は，1862 年にフランスのボウ・ド・ロシャ（B.

D. Rochas）が発表した機関の熱効率増進に関する理論を基に，石炭ガスを燃料とする4サイクルガス機関を発明し，実用化に成功した。これが有名な**オットー機関**（Otto engine）であり，現在の内燃機関の基本となっている。図2.4はオットーのガス機関の外観写真を示す。

1881年には，イギリスのクラーク（D. Clerk）が2サイクル機関を実用化している。オットーの協力者であったダイムラー（G. Daimler）は，1885年にガソリンを燃料とした内燃機関を自動車に取り付けて走らせることに成功し，1893年には現在のような霧吹き式気化器を発明してガソリンを気化することに成功させ，ガソリン機関を完成させた。

次に，1892年にドイツのルドルフ・ディーゼル（R. Diesel）は，圧縮空気中へ重油を噴射して燃焼させる形式の圧縮点火機関，すなわちディーゼル機関を発明した（図2.5）。このように内燃機関が誕生し，自動車，航空機，船舶，各種産業機械などに用いられ急速に進歩・発展し，現在に至っている。

図2.5　ディーゼルの圧縮点火機関

一方，燃焼ガスを噴出させ，その反動力で推進力を得る噴射推進機関の方は，1791年にイギリスのバーバー（J. Barber）がガスタービンの原形を発明し，それにより1930～40年代にスイスのブラウンボベリ社，エッシャーウィス社が実用化に成功した。その後航空機用機関として改善されていった。1930年には，イギリスのホイットル（F.Whittle）がジェット機関の原理を発表し，1937年にパワージェット社が実用化に成功した。ロケット機関は，ドイツが第二次世界大戦中の1942年10月，V2号というロケット兵器で実用化し，大戦後この技術が各国に引き継がれ，ロケット機関は平和利用へ素晴らしい発展を遂げた。また，ロータリーエンジンは1959年にドイツのバンケル（F. Wankel）によって発明され，ドイツのNSU社（現アウディ社）がバンケルエンジン（Wankel engine）と名付け開発に成功し，今日に至っている。

以上，内燃機関の歴史の概要をたどってみたが，現在でも新しい形の内燃機関，例えば，スターリングエンジン，水素エンジン，ベーパエンジンなどの研究・開発が実用化に向けてなされており，近い将来われわれの生活をさらによりよいものにするための，原動力になると思われる。

参考文献

1. 竹花有也，機械工学入門シリーズ 内燃機関工学入門，理工学社，2001
2. 越智敏明・老固潔一・吉本隆光，機械系教科書シリーズ⑳ 熱機関工学，コロナ社，2009

練習問題

問 2-1　外燃機関と内燃機関の違いについて説明せよ。

問 2-2　火花点火機関と圧縮点火機関の違いについて説明せよ。

問 2-3　往復動機関とロータリーエンジンの違いについて説明せよ。

CHAPTER 3

往復動機関の作動原理

往復動機関は，レシプロ機関とも呼ばれ，シリンダと呼ばれる外筒の中で内筒であるピストンが往復運動し，ピストンと連接棒でつながれたクランクを回転させ，クランクの中心に取り付けられた軸を回すことで，熱エネルギーから仕事を取り出す熱機関の一つである。

軸が単位時間あたりに回転する速さを回転数といい，1 分間（min）に回転する回数（revolutions）を rpm（revolution per minute)，または min^{-1} で表す。1 秒（s）あたりの回転を rps と表すこともある。内燃機関のなかで，使用燃料による燃焼方法の違いによりガソリン機関とディーゼル機関に分類される。燃焼には，空気，可燃物，熱源（点火源）の 3 つが必要となるが，爆発させるためには気化と気密も必要となる。シリンダ内に空気と可燃物となる燃料を取り込み，燃焼爆発させる機構の作動方法により，4 サイクル機関と 2 サイクル機関に分けられる。

本章では，往復動機関について，形状，作動流体，燃料の燃焼方法，作動方法の違いによる分類とその特徴について説明する。

3.1　往復動機関の形状による分類

シリンダの数を気筒数，またはシリンダ数と呼ぶ。気筒数が 1 つである機関を単気筒機関といい，複数ある機関を多気筒機関という。

シリンダの片側に燃焼室があり，燃焼ガスなどの作動流体によりピストンを動かす機関を単動機関といい，シリンダの両端に燃焼室があり，片方で作動流体が膨張しピストンを動かす間，他方で排気を行う機関を複動機関という。

また，機関の形状により名称も異なる。ピストンが縦に往復運動する機関を縦型機関，横に運動する機関を横型機関という。特にシリンダを複数持つ多気筒型の横型機関で，軸をはさみ複数のシリンダが配置され，水平に運動する機関を水平対向型機関と呼ぶ。軸方向から見て，シリンダが V 字に配置されている機関は V 型機関，複数のシリンダが軸を取り囲み放射状に配置されている機関を星型機関と呼ぶ。

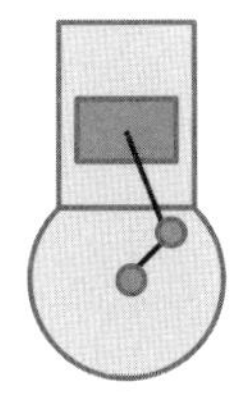

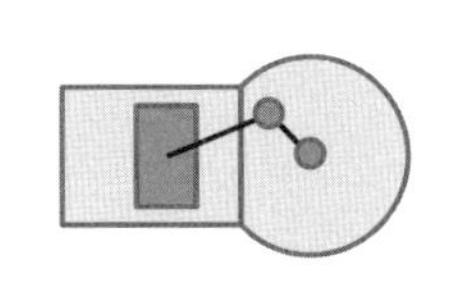

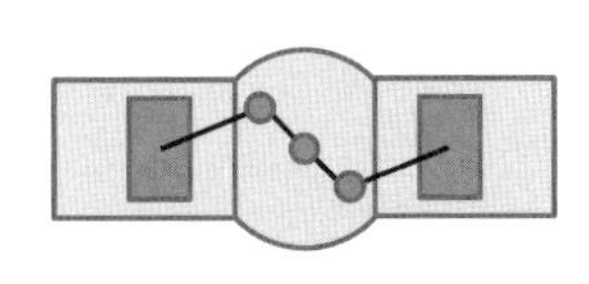

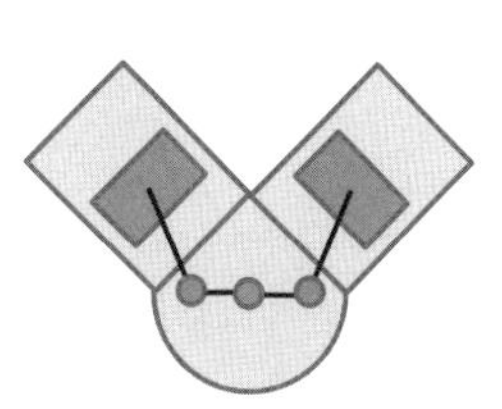

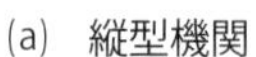

(a)　縦型機関　(b)　横型機関　(c)　水平対向型機関　(d)　V 型機関　(e)　星型機関

図 3.1　機関の種類

3.2　作動流体による機関の分類

往復動機関においてピストンを動かす燃焼ガスや蒸気，またタービンにおいて翼を動かす水や蒸気など，仕事を得るための部分を直接動かすために作用する流体を作動流体という。

ガソリン機関のように一定の作動流体をシリンダ内で静的に膨張させ，ピストンを動かすことで機械的仕事を得る機関を**容積型機関**，または，ピストン機関，往復動機関という。蒸気タービンのように作動流体を膨張させて高速流をつくり，羽根車を回して機械的仕事を得るものを**速度型機関**という。

3.3　内燃機関と外燃機関

熱機関において，機関の内部で燃料を燃焼させたときに発生する燃焼ガスを直接作動流体として動力を取り出す機関を**内燃機関**という。対して，機関の外部で燃料を燃焼させ，やかんでお湯を沸かすように燃焼ガスにより水を蒸気に変えるなどして，ボイラなど外部で生成した作動流体としてタービン翼を回すなど，間接的に動力を取り出す機関を**外燃機関**という。

内燃機関は燃料の持つエネルギーを直接機械的な仕事に変えるのに対して，外燃機関では，燃料のエネルギーを一度蒸気に変えるなど間接的に仕事を得る。このため，エネルギー損失があり，内燃機関と外燃機関を比較した場合，内燃機関は外燃機関よりも熱効率がよく，経済的な機関といえる。

3.4　ガソリン機関の作動原理

ガソリン機関は，シリンダ内に燃料と空気を混ぜた混合気を吸入し，点火プラグで火花を発生させ燃料が着火し，ピストンを動かして動力を得る機関である。

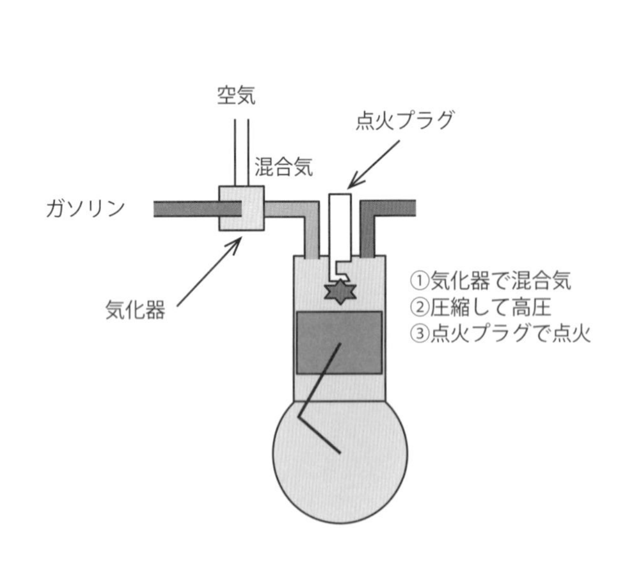

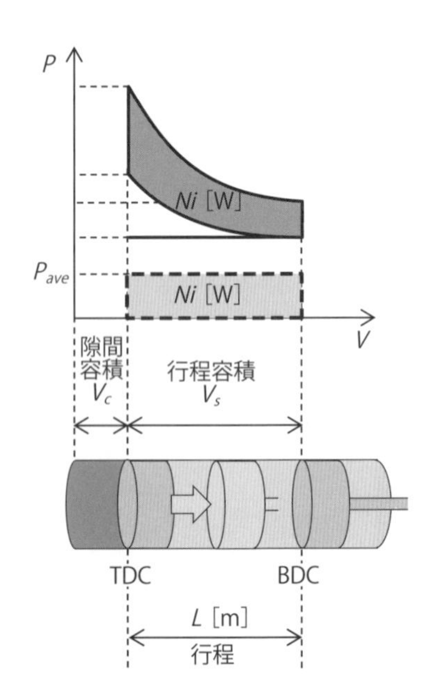

図 3.2　ガソリン機関

ガソリン機関では，気化器（キャブレター，Carburetor）やインジェクタを使い，ガソリンと空気を混ぜて気化させた混合気をシリンダに吸入する。シリンダに吸入した混合気は，ピストンで圧縮され高圧になり，点火プラグを用いて点火させ瞬間的に燃焼する。混合気の爆発により膨張する燃焼ガスでピストンを動かし，ピストンにつながれた連接棒を介しクランクを回す。このため火花点火機関とも呼ばれる。

3.5　ディーゼル機関の作動原理

ディーゼル機関は，シリンダ内に空気を吸入し，ピストンで圧縮して高温・高圧にした空気中に燃料を噴射することで，自然着火させピストンを動かして動力を得る機関である。

動力を得るためには，はじめに空気のみをシリンダ内に吸入する。次に，シリンダ内の空気がピストンで圧縮され，高温・高圧になり，高温・高圧になった空気中に燃料を高圧で噴射すると，燃料は高温の空気が熱源となり自然着火する。この燃焼ガスによりピストンを動かし動力を得るため，圧縮着火機関とも呼ばれる。

燃料が噴射され空気中の酸素と触れている間，理論的には燃焼が続き，ピストンがシリンダ内を下降してもシリンダ内圧力は高い状態となる。

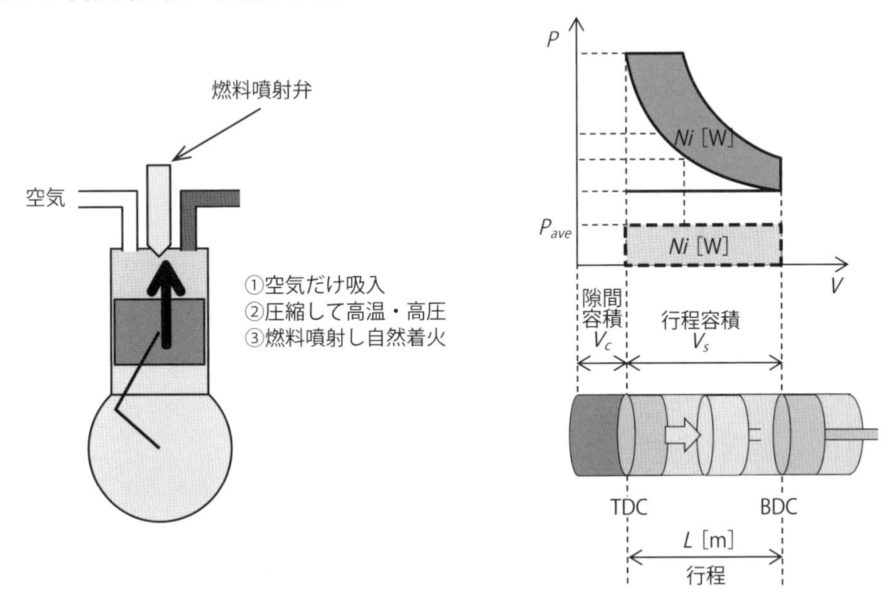

図 3.3　ディーゼル機関

3.6　ディーゼル機関とガソリン機関の比較

ガソリン機関は主に船外機として沿岸漁船やモータボートなどに使用される。ディーゼル機関と比較し，気化装置などが必要であり構造が複雑となる。また燃料にガソリンを使用するため燃料代が高くなる。しかし，点火プラグを用いて点火させるため，機関を動かすときの始動性がよい。シリンダに吸入した混合気に点火し，爆発させるためにピストンで混合気を圧縮するが，圧縮による自然着火を起こさせないよう，ピストンが上死点の位置では圧縮比が低く，運転時の振動も少ない。

ディーゼル機関の構造は簡単であるが，高温下で燃料を爆発燃焼させるために圧縮比を高くする必要があり，振動は大きくなる。また機関が高温・高圧に耐えられるようにするため製作費が高くなる。燃料は軽油，重油と低質な燃料が使用できるが，自然着火により燃料を燃焼させるため，温度が低いときの始動性はよくない。

回転数により，低速機関，中速機関および高速機関と分類される。100［rpm］以下の低速機関は一般商船で多く使用され，高過給やロングストロークを採用することで出力を向上させている。一方，中速機関および高速機関では，回転数の上昇に伴うプロペラ効率の低下を防ぎながら高出力化を行うため，減速歯車装置を介してプロペラ軸を駆動する。漁船やフェリー，旅客船では機関の高さが低く軽量なものが多い。

3.7　4サイクル機関と2サイクル機関の比較

往復動機関では，吸気，圧縮，燃焼，排気の過程がある。ピストンが一方向に動く過程を行程（Stroke）またはサイクル（Cycle）という。

4サイクル機関には，吸気行程，圧縮行程，燃焼行程，排気行程と4つの行程があり，ピストンが2往復することで1サイクル，すなわちクランクが2回転することで一連の流れが終わる機関を4ストローク，または4サイクル機関と呼ぶ。4サイクル機関では，シリンダヘッドに吸気弁と排気弁と呼ばれる弁があり，それぞれシリンダに新気を取り込む時期と，シリンダ内の排気ガスを外に排出する時期を調整している。

縦型機関においてシリンダヘッドが上側にある場合，吸気弁が開きピストンが下降する際，シリンダ内が負圧になることで，注射器のように吸気孔より新気がシリンダ内に吸い込まれる行程を吸気行程という。ここでガソリン機関では新気として混合気が，ディーゼル機関では空気のみが吸入される。ピストンが下降する間シリンダ内に新気が取り込まれる。吸気弁を閉じ，ピストンが上昇する過程においてシリンダ内の新気に圧力をかける行程を圧縮行程という。圧縮行程では，新気が高温・高圧になる。ピストンが上部に達するときに燃料を燃焼させ，ピストンを下方に押すことでクランクを回して仕事をする過程を燃焼行程（爆発行程）という。燃焼ガスが膨張しながらピストンを押した後，燃焼行程の終わり近くで排気弁が開く。排気弁が開くことで排気孔より燃焼ガスが外に流れ，シリンダ内の圧力が下がる。さらにピストンが上昇しシリンダ内に残留している排気ガスを押し出し，排気弁が閉じるまでの過程を排気行程と呼ぶ。

したがって4サイクル縦型機関では，吸気行程でピストンが下がりクランクが半回転し，圧縮行程でピストンが上がりクランクが半回転する。さらに燃焼行程でピストンが押し下げられクランクが半回転し，排気行程でピストンが上昇してクランクが半回転する。これより，クランクが2回転する間に爆発は1回しか起きないことがわかる。つまり1回転あたり1/2回爆発が起きているとみなすことができる。

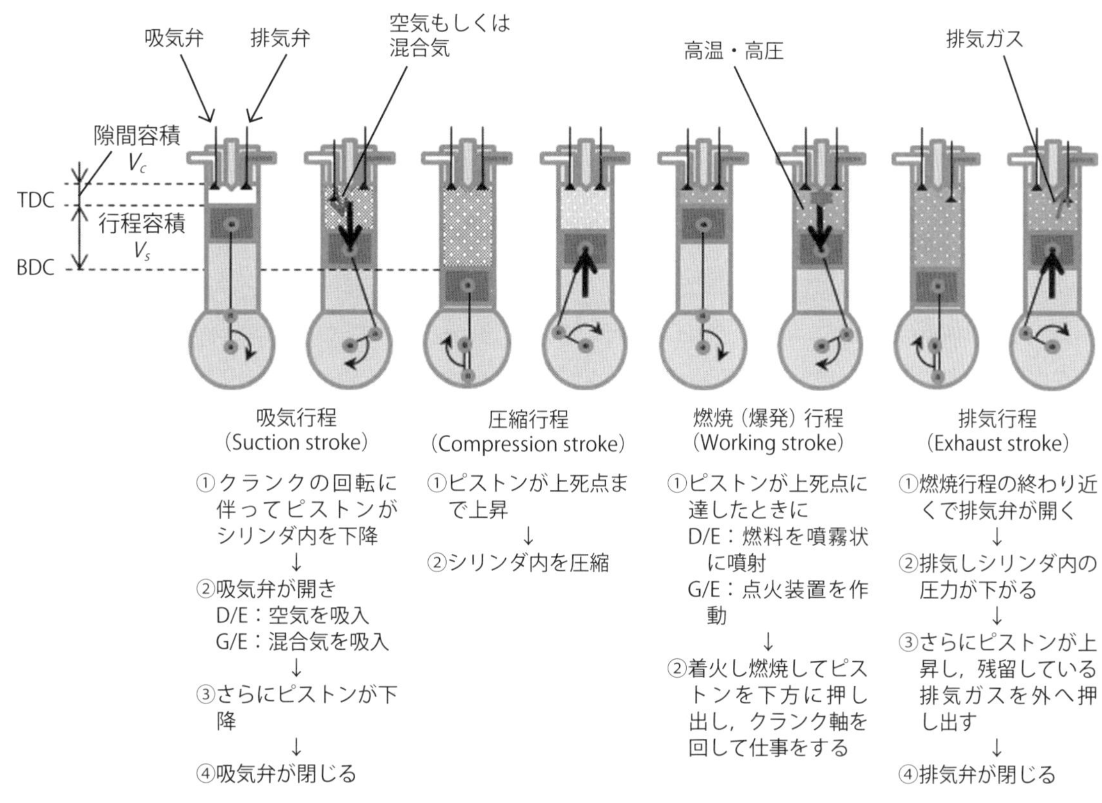

図 3.4　4 サイクル機関の作動原理

2 サイクル機関は，吸気弁がなく，掃気孔と呼ばれる穴がシリンダに開けられており，1 行程で吸気と圧縮が行われ，1 行程で燃焼と排気が行われる。これよりピストンが 1 往復する間，すなわちクランクが 1 回転する間に掃気，圧縮，燃焼，排気行程がすべて終わり 2 行程で一連の流れを終えることができる。

2 サイクル機関では新気を吸い込むための穴がシリンダに開けられているが，新気は燃焼に使用されるだけでなく，シリンダ内に溜まる排気ガスを押し出す役割を持つ。このため，2 サイクル機関における新気は，掃除の「掃」の字を用いて掃気と呼ばれる。これより，新気を取り込む穴は吸気孔ではなく，掃気孔と呼ばれる。また排気ガスが通る排気孔には，排気弁がある機関とない機関がある。小型機関では，掃気孔の上部に排気孔を持つシリンダが一般的に使用されるが，舶用機関などの大型機関，特にロングストローク機関と呼ばれるピストンの可動範囲すなわち行程の大きい機関では，シリンダヘッドに排気孔と排気弁を持つ。いずれの機関も排気ガスは排気孔から抜ける。

排気弁を持たない機関では，掃気孔および排気孔の開閉はピストンによって行われる。縦型機関では，掃気孔は排気孔の下側に設けられる。ピストンが一番下まで下がったときに，掃気孔は開かれ新気が吸入される。ピストンが上昇することで掃気孔が塞がれ，さらにピストンが上昇することで排気孔も塞がれる。吸気後に掃排気孔がともに塞がれ新気が圧縮される。この過程は，ピストンが上昇する 1 行程で行われるため，この行程を吸気・圧縮行程と呼ぶ。ピストンが一番上に達する付近において，燃料が燃焼し，燃焼ガスの膨張によりピストンを下方に動かしクランクを回す機構は4サイクル機関と同じである。しかし，掃排気孔をともに持つ2サイクル機関では，ピストンの下降中に排気孔が開かれ，排気ガスが放出される。さらにピストンが下がることで掃気孔も開き，新気によりシリンダ内に残留した排気ガスが押し出され排気される。この燃焼から排気までの過程も2サイクル機関では1行程で行われることから，燃焼・排気行程と呼ぶ。

排気弁を持つ2サイクル機関も同様に，ピストンが一番下にあるときに掃気孔が開かれ，ピストンの上昇とともに掃気孔が塞がれることで圧縮が始まる。圧縮された新気と燃料により爆発が起こり，ピストンが押し下げられ，ピストンが下降する途中でシリンダヘッドに設けられた排気弁が開き，排気が始まる。

いずれの場合も2サイクル機関では，吸気・圧縮行程でピストンが上がりクランクが半回転し，燃焼・排気行程でピストンが下がりクランクが半回転する。これより，クランクが1回転する間に爆発は1回起こることがわかる。つまり1回転あたり1回爆発が起きている。

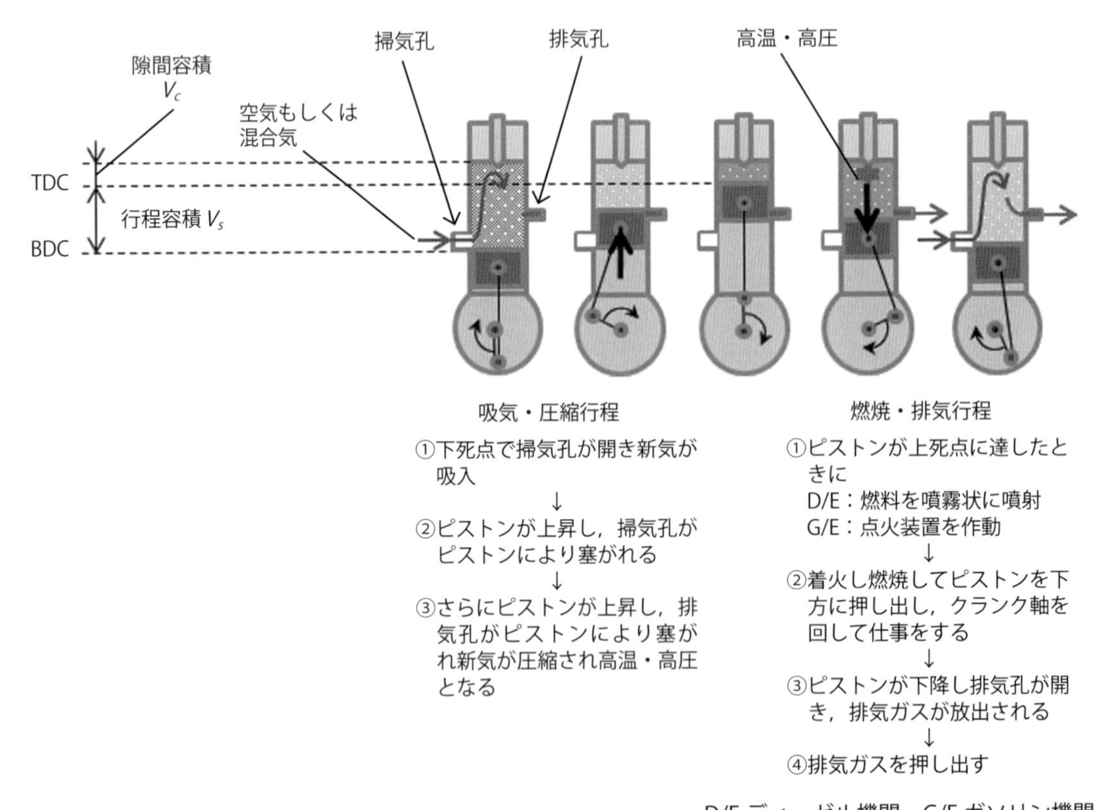

図 3.5　2サイクル機関の作動原理

表 3.1　4サイクル機関と2サイクル機関の比較

	4サイクル機関	2サイクル機関
燃焼	2回転に1回燃焼	1回転に1回燃焼
吸気弁	ある	ない（掃気孔）
排気弁	ある	ない（排気孔） ※排気弁がある機関もある
シリンダ	孔がない	孔がある
利点	・熱効率が高い ・掃除作用が容易 ・シリンダの寿命が長い	・同一シリンダ容積で高い出力が出る ・構造が簡単で取り扱いが容易 ・はずみ車を小さくできる
欠点	・構造が複雑 ・容積が大きい ・大きなはずみ車が必要 ・2サイクルに比べ同じ容積の場合出力が小さくなる ・弁機構の故障が多い	・排気の吐出作用が不十分で燃料の消費が多い ・掃気を送り込む装置が必要 ・シリンダライナの摩耗が早い ・有効行程が少なくなる

練習問題

問 3-1　ガソリン機関の作動原理を説明しなさい。

問 3-2　4サイクル機関の作動原理を説明しなさい。

CHAPTER 4

ディーゼル機関

本章では，舶用機関のうち，特に2サイクルディーゼル機関の構造について説明する。

機関全体を構成する，動かない部品つまり主要固定部について説明した後，ピストンやクランクなどの稼働部品の説明を行う。各部品の特徴，性質の後，吸排気などガスの流れ，潤滑油，冷却水の流れ，機関の運転に関する説明を行う。

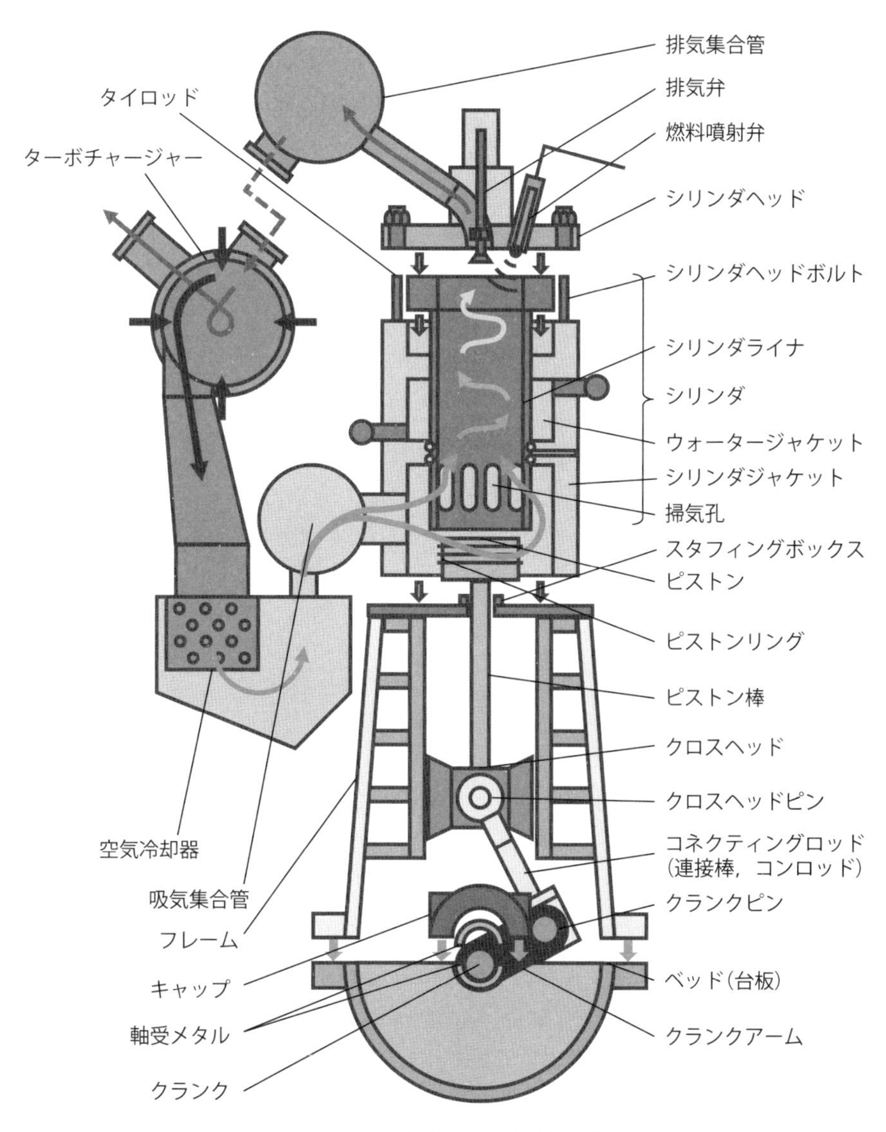

図4.1　2サイクルディーゼル機関の概要図

4.1　ディーゼル機関の主要固定部

主要固定部は，機関全体を構成するシリンダ，シリンダヘッド，フレームおよびベッドからなる。ここでは，機関内部にも着目し，稼働部品を支える機関部品について説明する。稼働部品と接することで摩耗が起きやすい場所，機械応力のかかる場所，また冷却に伴う熱応力がかかる場所などを理解し，取扱い上の注意点やさまざまな要因により起きる異常現象の理解が大切である。

応　力

力とは，物を動かしたり変形させたりする働きのことをいい，物体に作用する力のことを荷重という。荷重には，大きさが変化しない静荷重と，変化する動荷重に分けられるが，一定の範囲内で荷重が変動する荷重を繰り返し荷重という。

また，物体は荷重を受けると，受ける荷重につり合う抵抗力を物体の内部に生じる。このとき，単位面積あたりに発生する抵抗力を応力と呼ぶ。

さらに荷重ではなく熱を物体に加えても物体は伸び縮みする。このとき，膨張収縮に対して物体の内部に生じる応力を熱応力という。

4.1.1　シリンダ

シリンダジャケットと冷却部，シリンダライナから構成される部分であり，内部ではピストンが往復運動し，ピストンおよびシリンダヘッドとともに燃焼室をつくる。

図 4.2　シリンダライナ

ディーゼル機関には，ピストンとクランクが連接棒でつながれるトランクピストン型機関と，ピストンとクロスヘッドがピストン棒によってつながれクロスヘッドとクランクが連接棒でつながれるクロスヘッド型機関がある。トランクピストン型機関におけるピストンは，シリンダ内を直線的に往復運動するのではなく，クランクとつながる連接棒からの力を受け，わずかながら傾き往復運動をする。ピストンの運動方向が変わる点（死点）付近でピストンに働く**側圧**が大きく変化し，ピストンがシリンダ壁を強く押すため振動が生じやすい。シリンダはピストンの側圧など機械的な力を受け摩耗する可能性がある。

また，シリンダライナは燃料の燃焼によって生じる高温・高圧の燃焼ガスに直接さらされる。

したがってシリンダライナは，高温・高圧下でも強度が高く長時間高温にさらされても変質しないことや，ピストンとの耐摩耗性，表面の硬度が高いことが求められる。材質には鋳鉄や，強度を出すためニッケル，モリブデンなどを添加した特殊鋳鉄が使用される。シリンダ内部のピストン部が直に接するシリンダライナにはクロムメッキ処理を行う場合もある。硬質クロムメッキは硬度800～1000[HB]（ブリネル硬度）で溶融点が高いため，溶着の危険が少なく，耐摩耗性が高い。しかし，自己潤滑性，油膜保持性に乏しいため，多孔質にしたポーラスクロムメッキが用いられることがある。この凹所が占める面積の割合を多孔度（Porosity）という。また，クロムメッキライナにクロムメッキをしたピストンリングを併用した場合，潤滑油が保てず焼き付きを生じることや，シリンダ側とピストン側がともに固くなるため傷が付き，新気の圧縮ができないばかりか，燃焼室から燃焼ガスが漏れることがある。このため，併用してはならない。またシリンダ内面の偏摩耗がないように定期的に寸法を計測するとともに，内面の溝または掃気孔の異物を除去しておく必要がある。

HB（ブリネル硬度）

工業材料の硬さを表す尺度の一つ。
球体を一定時間試験面に押し当てて，へこんだ面積より求める。

アルミ	15 [HB]
銅	35 [HB]
炭素鋼	100～450 [HB]
ステンレス	1250 [HB]

(1)　シリンダの冷却

ピストンが摺動する部分を**シリンダライナ**（スリーブ）と呼び，シリンダライナの外側を**シリンダジャケット**（外筒）という。シリンダライナの外側がシリンダジャケットとなるシリンダを，一体型シリンダという。これに対し，シリンダジャケットからシリンダライナの取り外しができるようにしたシリンダを，組立型（ライナ型）シリンダと呼ぶ。シリンダライナにフランジと呼ばれるツバを付け，ジャケット内部のくぼみにはめ込み，シリンダカバーの締め付け力にて固定する。

シリンダは，高温の燃焼ガスにさらされるため，熱膨張による変形を防ぐため冷却を行わなければならない。このため，一体型も組立型もシリンダジャケットの内側には冷却水が入る**ウォータージャケット**と呼ばれる隙間がある。また組立型の場合，シリンダジャケットにシリンダライナを入れることでできる隙間をウォータージャケットとする湿式ライナと，ウォータージャケットをシリンダジャケット内部に形成した乾式ライナがある。

湿式ライナはシリンダライナが冷却水と直接触れるため，冷却水に海水を使用する場合，腐食が起きる可能性がある。また，湿式ライナのウォータージャケットはシリンダジャケットにくぼみを設けることでつくられるため，シリンダジャケットとシリンダライナの隙間から冷却水が機関内部に漏れる可能性がある。そこで，シリンダライナ下部にはリング溝を設け，O リングと呼ばれるパッキンを付け漏水を防ぐ。O リングを取り付ける際には，1 つだけでなく 2 つ使用し，O リングの間に当たるシリンダジャケットの部分に穴を開ける。これより上部のＯリングから漏れがある場合には，機関外部に冷却水がにじみ出てパッキンの破損および交換時期が確認できる。

乾式ライナはシリンダライナの周辺が冷却水に直接接触しないため，冷却効率が比較的悪くなる。

一体型および乾式ライナはシリンダジャケット部にウォータージャケットを形成するため，製作過程において鋳造が困難となるが冷却水の漏れは少ない。

組立型は，シリンダジャケットとシリンダライナが別につくられるため，熱による不同膨張で起きる破損を減らせるだけでなく，シリンダライナだけを交換できるため整備しやすい特徴がある。

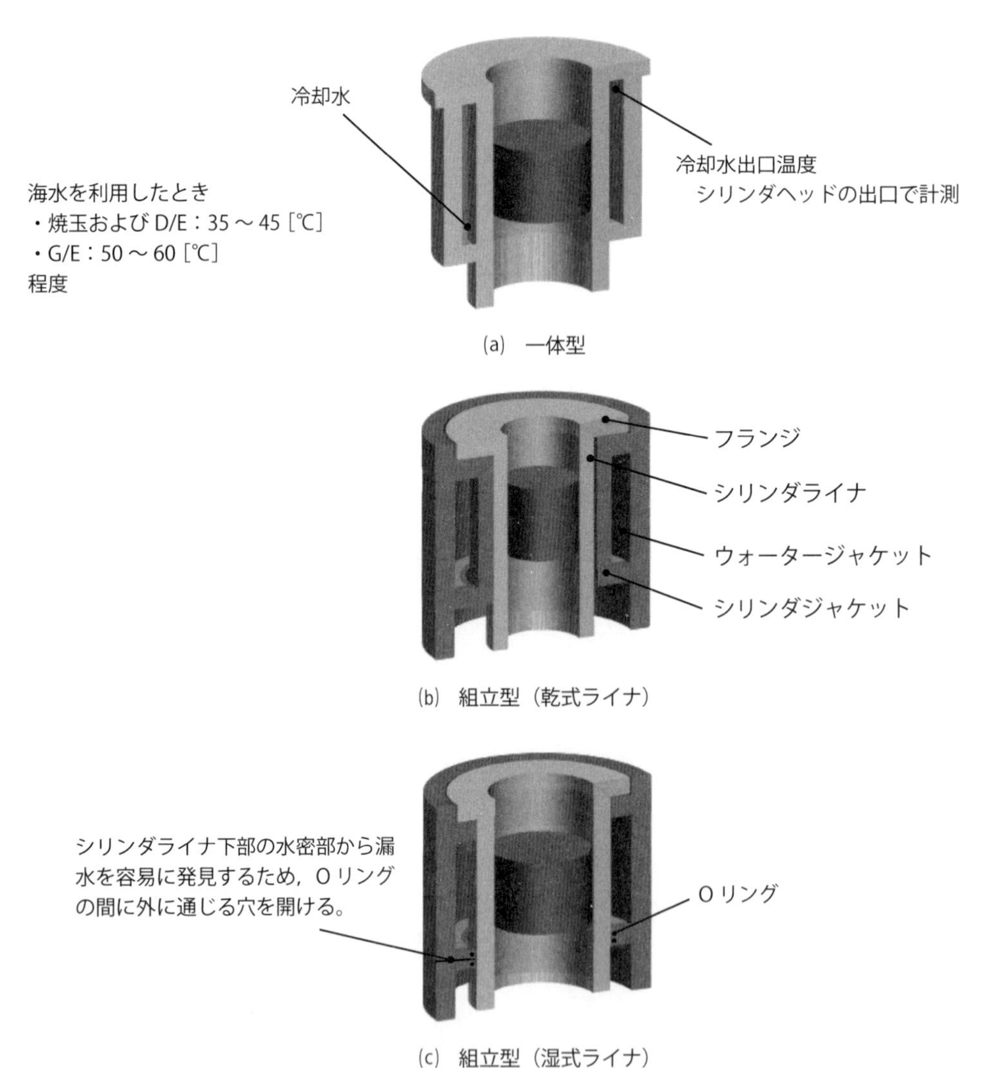

図 4.3　シリンダの構造

表 4.1　シリンダの構造比較

<table>
<tr><th></th><th>一体型</th><th>組立型（ライナ型）乾式ライナ</th><th>組立型（ライナ型）湿式ライナ</th></tr>
<tr><td rowspan="2">構造</td><td rowspan="2">シリンダライナを使用しないでシリンダジャケットと一体鋳造のもの。</td><td colspan="2">シリンダジャケット（外筒）を別につくり，その中にシリンダライナ（スリーブ）を入れたもの。
上部はフランジとし，シリンダ本体との取り付けは、焼きなましをした銅パッキンを挟んで、シリンダヘッドで押さえ付ける。</td></tr>
<tr><td>シリンダライナの周辺が冷却液に接触しない。</td><td>シリンダライナの周辺が直接冷却液に接触し冷却される。
シリンダライナ下部はゴムリング溝を設けてゴムリング（O リング）によって冷却液の漏れを防ぐ。</td></tr>
<tr><td rowspan="2">特徴</td><td rowspan="2">・漏れの恐れがない。
・剛性が大きく強固。
・鋳造が困難。</td><td colspan="2">・熱によるシリンダジャケットとの不同膨張による破損を減らせる。
・シリンダライナだけを取り換えられる。</td></tr>
<tr><td>—</td><td>・シリンダジャケットの接触面から漏水しやすい。</td></tr>
</table>

(2)　シリンダの潤滑

シリンダ内部ではピストンが往復運動をするため，ピストンが円滑に動き，焼き付きを起こさないようにする必要がある。そのため，油で潤滑を行う必要がある。**潤滑油の作用**には，減摩作用，冷却作用，気密作用，保護作用，熱伝達作用，中和作用，清浄作用がある。

減摩作用とは，金属部品同士の接触など固い部品がともにこすれあう場合や，金属粉が摺動部に入り込んだ場合に，摩擦で部品が傷付かないようにするため，部品同士が滑らかに動けるようにする効果である。冷却作用は，低温の潤滑油を摺動部に入れることで，リングなどに発生する熱を除去する作用である。気密作用は，部品の間に油膜を形成することで燃焼室から燃焼ガスや新気などが抜けないようにする作用である。保護作用は，部品の間に油膜をつくることで，部品同士を接触することなく浮いた状態とし，傷を付けないようにする作用である。熱伝達作用は，摺動部に熱を持った場合に潤滑油が熱を逃がす橋渡しをし，他の部品に高熱を移す効果である。中和作用は，硫黄分などを含む燃料が燃焼してできる燃焼生成物が酸性，またはアルカリ性側に偏ることで発生する腐食を抑える効果がある。清浄作用は，燃焼生成物などによる汚れを取り除く作用である。

シリンダの径 ϕ 250 ～ 300 [mm] 以下の中・小型機関では，クランクアームの回転により，クランク室に溜まった潤滑油をはね上げてクランクピンを潤滑し，霧状になった潤滑油をシリンダ下部にはねかける，**はねかけ注油**が一般的である。より大きい中・大型機関やクロスヘッド型機関では，はねかけ注油ではシリンダ上部まで十分に潤滑油を送れないため，シリンダ外部からシリンダ内に油を少量ずつ入れる**内部注油**を行う。

ホーニング

シリンダライナの内側はピストンが動くため硬度が求められる。また燃焼室を形成するため，運転中にピストンが動き続けている間も気密性が要求される。しかし，表面が滑らかすぎると潤滑油が流れ落ちてしまい，焼き付きなどの悪影響を及ぼすことがある。そこで，シリンダ内に刃の付いた円盤を回転させながら出し入れすることで内壁に薄い溝をわざとつくり，保油性を向上させる。この加工方法をホーニングという。

(3) シリンダの破損

流体中の固体物や，飽和蒸気内の水滴が高速で管壁内に衝突し，部品の肉厚が減少する（減肉）することを**侵食**（Erosion）という。ウォータージャケット内の，ピストンの側圧がかかる付近では，冷却水内にキャビテーションが発生する。キャビテーションによりできた真空気泡が壊れるときに大きな機械的衝撃力が内面にかかることがある。腐食作用と相乗して衝撃力が繰り返しかかると，ピッチングと呼ばれる小さな穴が発生しやすくなり，液漏れや破損につながることがある。シリンダ下部では，機関の振動や，ウォータージャケット内の冷却水が振動することで，冷却水が繰り返しシリンダ壁をたたき，金属組織が破壊されるフレッチングコロージョンが起きる可能性もある。

一方，電気化学的に起こる金属表面の変性を**腐食**（Corrosion）と呼ぶ。

シリンダ外面やシリンダジャケット部では異なる金属，または状態の異なる金属が溶液中に浸ると電位差により電流が発生する。このとき，電位が低い方（イオン化傾向が大きい方）の金属が腐食されることを電食作用（**ガルバニックアクション**，Galvanic action）という。一般に機関の部品は鉄を主成分とする材料からできており，機械部品を腐食させないために，イオン化傾向が大きい亜鉛を部品に取り付ける場合がある。部材に変わり腐食することで交換整備を容易にする金属のことを防食亜鉛または犠牲電極という。

燃料中にバナジウムが存在する場合，酸化バナジウム（V_2O_5）ができることがある。これにより，通常の機関運転で発生する温度下で問題なく動いていた部品の融点が下げられ，焼損などが促進し酸化が促進することをバナジウムアタックまたは**高温腐食**という。

燃料油に硫黄分の多い低質性精油を使用した場合，水分や硫黄分などの不純物が反応してできる硫酸などの腐食性酸性生物が，シリンダ内面などに付着し錆を生じることや表面が崩れることをサルファーアタックまたは**低温腐食**という。

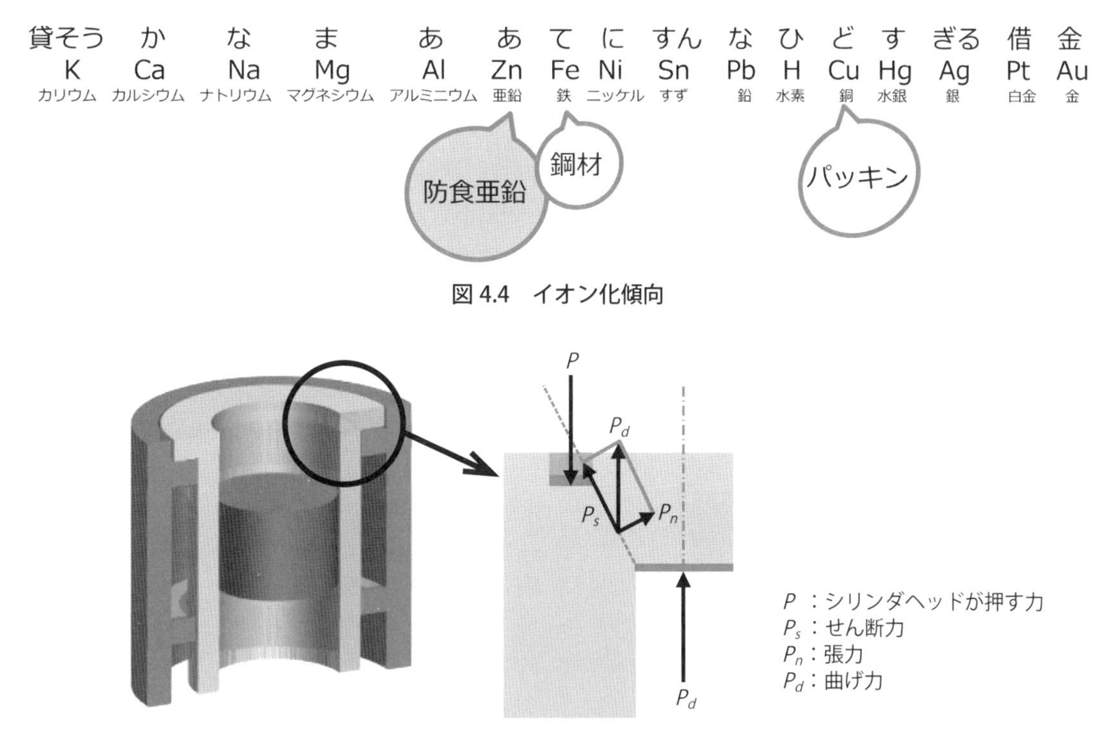

図 4.4　イオン化傾向

図 4.5　シリンダにかかる力

また，海上など空気中に塩分（NaCl）を多く含み，金属表面にも水分を保有しやすい場合，金属の電子が水や塩分が溶けてできたイオンに取られることがある。水と酸素と電子によりできる水酸化ナトリウムなどのアルカリ性生成物により，腐食摩耗が増加することもある。

シリンダは内部から爆発力を受け機関の振動も拾う。また内部からの高熱と外部や冷却水により生じる温度差による熱応力も受ける。また，燃焼ガスの漏れを防ぐため，シリンダヘッドが締め付けられる過酷な部品である。したがって，組立型のシリンダの場合，フランジ部にはさまざまな力がかかる。シリンダヘッドがシリンダライナを押す力に対し，シリンダライナのフランジ部にはシリンダジャケットから押し返す力が働く。これにより，フランジ付け根からフランジ上部パッキン用の溝にかけ，せん断力が生じ，分力としてフランジに曲げ力が働くとともに張力が発生する。一般的に温度差の激しい箇所やリング溝など，薄くなっている部分に応力がかかるため，フランジの付け根部分には力が集中しないよう，丸みを持たせる加工を行うことがある。

4.1.2　シリンダヘッド

シリンダのふたとなる部分であり，ピストンおよびシリンダライナと合わせて燃焼室をつくる部品である。シリンダと同様にシリンダヘッドの下面は，高温・高圧の燃焼ガスにさらされるため，冷却水の通路が設けられる。燃料噴射弁や点火プラグの取付孔，始動空気弁の取付孔だけでなく，4 サイクル機関では吸排気弁の取付孔もあり内部は複雑な形状をしている。

冷却水の通路は各種部品の取付孔の周囲を囲むようにつくられ，燃焼室側と冷却水側との温度差による熱応力を受ける。一般に金属は温めると膨張し，冷やすと縮む特性があるため，例えば燃料噴射部分や排気弁の孔などの熱い面と冷却水が流れる部分のように冷たい面を区切る金属は変形しやすい。このため温度差による熱応力に耐えられるものでなければならない。シリンダヘッドの下面は，燃料を燃焼させるため高温・高圧の燃焼ガスにさらされる。したがってシリンダヘッドは，燃焼ガスのガス圧力に耐えられる構造でなければならない。シリンダヘッドの材質は，一般に中・小型機関では鋳鉄が使用される。高出力機関ではクロムモリブデン鋼，大型機関では鋳鋼（ちゅうこう），高速機関ではアルミニウム合金などの軽合金が使用されるが，通常シリンダと同質なものを使用する。

過酷な条件で使用される部品であることから，亀裂による故障も見られる。特に 4 サイクル機関では，燃料噴射弁の取付孔と排気弁孔や吸気弁孔の間，吸排気弁孔とガス通路の間，燃料噴射弁孔の高圧部に亀裂が生じやすい。2 サイクル機関では，燃料噴射弁孔を中心として放射状に亀裂が生じることがある。

図 4.6　シリンダヘッド

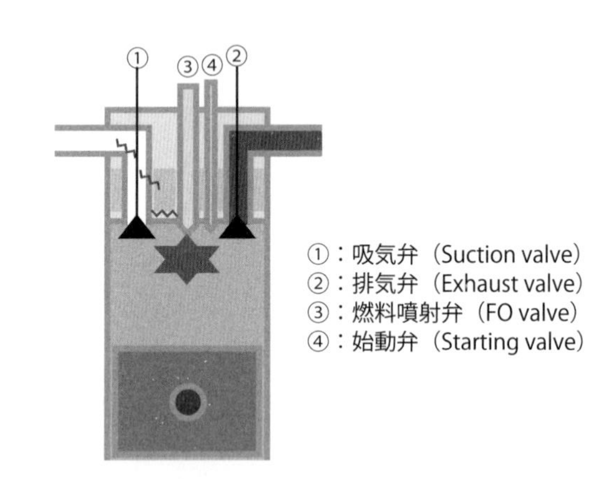

図 4.7　シリンダヘッド概要図

熱膨張と熱収縮

金属は温めると膨張し，冷やすと収縮する。したがって，シリンダヘッドのように片面が爆発などにより熱を受け，他が冷却によって冷やされると，金属は温められた面を凸に曲がろうとして力が働き，ひどい場合は亀裂や破損につながる。

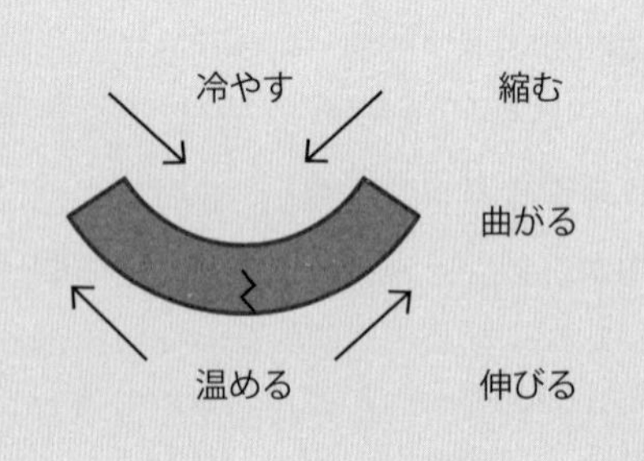

(1)　シリンダヘッドの形状

シリンダヘッドを見ることで，2 サイクル機関，4 サイクル機関，またディーゼル機関，ガソリン機関かがわかる。

4 サイクル機関には吸排気弁があり，2 サイクル機関は一般的にユニフロー機関を除き，弁がない。また，ガソリン機関には点火プラグが設置され，ディーゼル機関には燃料噴射弁がある。これらの部品はシリンダヘッドに取り付けられることから，ヘッドの形状により，機関の種類が見分けられる。図 4.8 では，各部品が 1 つずつと簡易なものを示しているが，部品の数ではなく種類により見分けることができる。

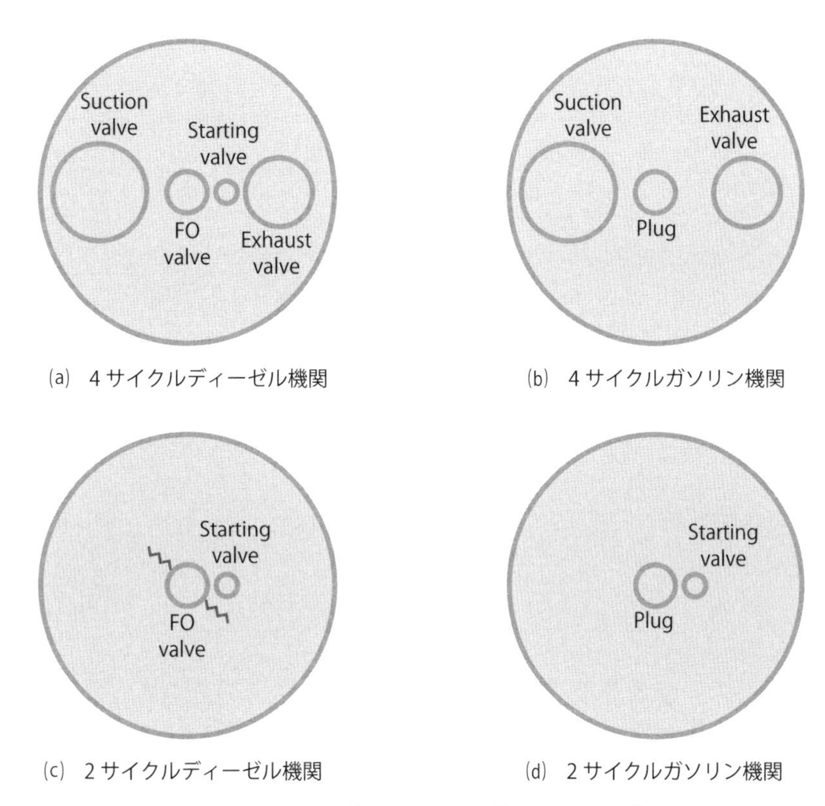

図 4.8　シリンダヘッドによる機関の見分け方

シリンダヘッドをシリンダに取り付ける際，使用するボルトを**シリンダヘッドボルト**という。一般に 4 ～ 10 本で固定するが，シリンダヘッドの固定には次の注意が必要となる。

シリンダヘッドをシリンダに取り付ける場合，燃焼圧力がかかったときにシリンダとシリンダヘッドとの間に隙間が生じないように，通常燃焼圧力の 1.3 倍の力で締め付けるが，機関ごとに異なるため仕様に合わせて取り付け，過度に締め付けないようにする。シリンダヘッドボルトを取り外す前にシリンダヘッドとシリンダヘッドボルトの六角部などに合い

図 4.9　シリンダヘッドボルト

マークを入れるなど，締付けトルクをかける目安をつけると作業効率がよい。また，締め付け時に片締めを行うと特定のボルトに余分な力がかかり危険なため，対称の位置にあるものから交互に締め付ける。

ボルトは十分な強度を持ち，永久変形を生じないような十分な安全率（材料の強さと実際に作用する力の割合）を持ったものとする。材質には炭素鋼やニッケルクロム鋼が使われる。

$$\text{ボルト 1 本にかかる力 [kg/mm}^2\text{]} = \frac{\text{ピストンに作用する力 [kg]}}{\text{ボルトの断面積 [mm}^2\text{]}} \times \frac{1}{\text{締付けボルトの本数}} \times \text{安全率}$$

$$\begin{aligned} f &= \frac{P}{S} \times \frac{1}{n} \times 1.3 \\ &= 1.3 \frac{P}{\frac{\pi}{4}d^2} \cdot \frac{1}{n} \end{aligned}$$

d：ボルトの直径

ボルトの締め付け方

上部にくるボルトをはじめに付け，順番に締め込む。最終的に締め付ける場合は，内側から外側へ，対角線上に固定する。外す場合は逆に，対角線上に緩めた後，最後に上部のボルトを外すことで，下側のボルト変形防止を行う。

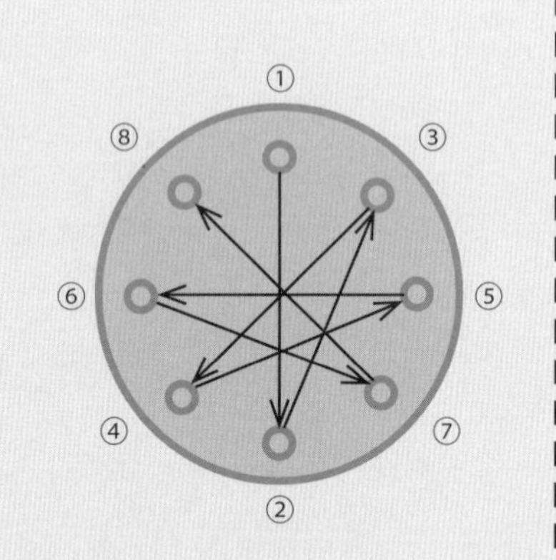

4.1.3　フレーム

フレームは，台板とシリンダをつなぎ，クランク室を作る部品である。縦型機関では，フレーム上部に載るシリンダおよびシリンダヘッドを支えるため，圧縮力を受ける。また運転中に爆発的圧力による張力と，連接棒の傾斜による側圧も受けるため，これらに耐えられる強度が必要となる。材質は一般に鋳鉄が使用されるが，大型機関では重量を軽くしながら強度を増すため鋳鋼に電気溶接を行った鋼板を用いることがある。また，高速機関では鋼板溶接をしたもの，小型機関では軽合金を使用するものもある。

図 4.10　フレーム

クランク軸などの運動部品が入るフレームの内部を**クランク室**という。クランク室内は飛散する油の消費量を減らすために密閉されており，潤滑油の蒸気すなわちオイルミストで満たされている。このため，爆発の危険を回避するために安全弁が設けられているものがある。

ディーゼル機関の密閉式クランク室内で，爆発が起きる原因にはピストンリングからの未燃焼ガスの漏れ，ピストンリングの焼き付きによる燃焼ガスの吹き抜け，ピストンピンの焼き付きにより軸受が過熱しクランク室内の温度の上昇による可燃ガスの発火などがある。

4.1.4　ベッド（台板）

機関の底部で，船体に取り付けるとき，船体または機関台に載る部分。

図 4.11　ベッド

台板は，台板上部のフレームからの力だけでなく，主軸受で運動部分の力を受けるとともに，燃焼室の爆発力も受けるため，構造は堅固でなければならない。ひずみが生じると，機関の振動が増加し，クランク軸の破損や，機関中心のひずみ，運動部の過熱が生じることがある。また，主軸受にはクランク軸が載るため，すべての軸受中心線がゆがまないように剛性の高い材質が使われる。材質は鋳鉄や鋳鋼が使用されるが，軽量化のため，鋳鉄を薄くし力骨（ちからほね）を設けることや，鋼板溶接加工を行うことがある。小型高速機関では軽合金を使用する場合もある。

さらに台板内部は，機関各部を潤滑した潤滑油が集まるところでもあるため，油が漏れないよう厳密に油密されなければならない。油溜まりに流れ込んだ潤滑油は，ろ過機（ストレーナ），ポンプを経て再び各注油部へ送られる。

台板取付け面と油溜まりの底部が同一平面上にあり，直接船体上板に取り付けられる場合，クランクの中心が高くなる。

下側の取付け面より油溜まりが下にあるため重心が下がり安定性がよく，中・小型舶用機関に多い。船体に取り付けるためには，別に台を使う方法と，二重底の船舶で凹部に備え付ける方法がある。

図 4.12　ベッドの形状

機関と船のつなぎめ

機関台と呼ばれる台座にベッドを固定し，船に取り付ける方法がある。

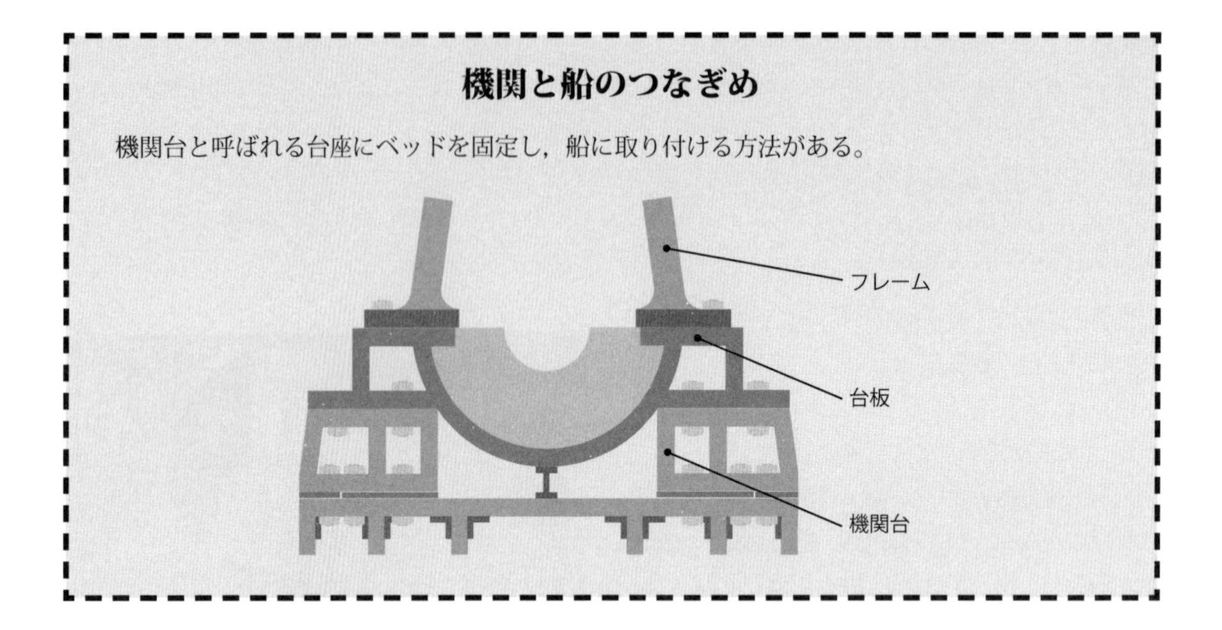

4.1.5　メインベアリング

シリンダの中心線と直角となるクランク軸中心線の位置で，回転するクランク軸を支える部分である。クランク軸に伝わる衝撃を受けるだけでなく，クランク軸が回転する部分でもあるため，軸受の中心にずれがあってはならない。

図 4.13　メインベアリング

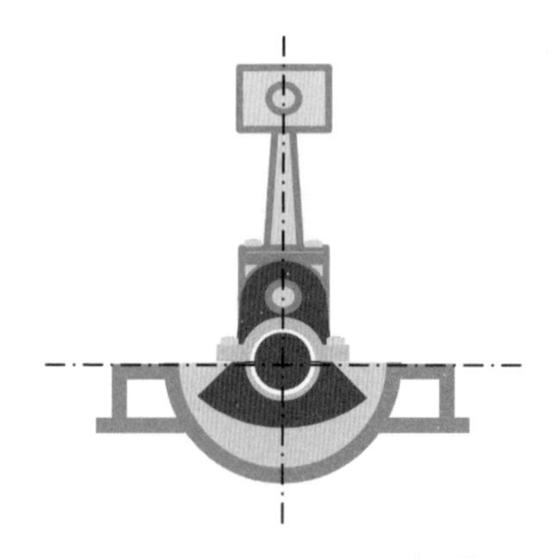

図 4.14　メインベアリングの位置

大型機関ではクランクの回転摩擦を少なくするため，**軸受メタル**を設ける。軸受メタルはベッドの軸受部とベッドに固定するキャップの間にはめ込まれる。

軸受メタルとは，軸の回転により軸受が摩耗しないように軸受にはめ込む合金である。摩耗した場合に交換ができる。

クランク軸の回転により軸受が摩耗した場合，ベッドまたはフレーム全体を交換しなくてはならない。大型機関でのベッド交換は部品費用がかさむだけでなく，機関の取付作業が困難となるが，軸受部の損傷は避けなければならない。このため裏金のクランク軸側に，軸よりもやわらかい材料で，焼き付いても軸を傷付けない合金を設け，キャップで固定する。この合金を軸受メタルという。軸受メタルは回転するクランク軸と接するため摩擦係数が小さく，金属粉などの固形物が混入してもメタル内に埋め込ませ，軸になじみよいものでなければならない。また高温でも十分に強度を保ち，繰り返し荷重に耐えるもので，耐食性に優れ熱伝導のよいものである必要がある。軸受メタルの種類は一般的に，ホワイトメタル，ケルメット，トリメタルの 3 種類である。

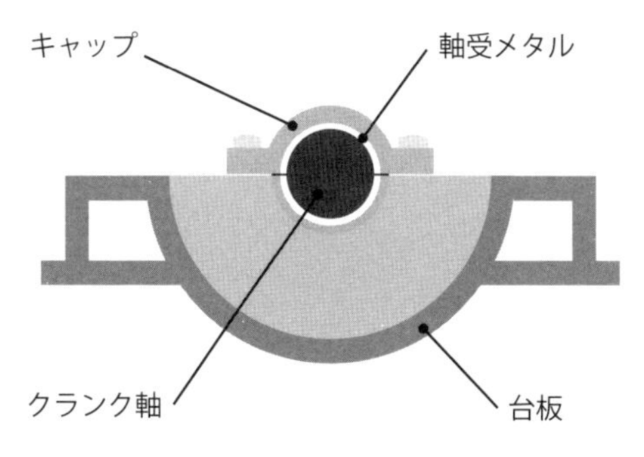

図 4.15　メインベアリングの構造

図 4.16　軸受メタル

(1)　ホワイトメタル（White metal，白色合金，Babbit metal）

すずと鉛を主成分とした合金で，溶融点が低く，青銅，炭素鋼などの裏金に密着させやすい。また軸へのなじみ性，潤滑性，潤滑油との親和力，耐食性，固形異物の埋め込み性などがよく，すずの割合が多いほど，高荷重に耐えるが，熱伝導度，軸受温度の上昇程度，耐荷重性，耐疲労性などの点で，他の合金よりもやや劣る。

(2)　ケルメット（Kelmet，銅鉛合金，Lcopper-lead）

銅と鉛を主成分とする合金を低炭素鋼の裏金にライニング（Lining）したものを**ケルメット**という。銅の含有量が多いものほど高荷重に耐えられるが，材質を均一にすることが難しく製造技術にやや困難な点が多い。ホワイトメタルと比較した場合，熱伝導性，耐摩耗性，耐熱性，耐疲労性の点で優れている。一方，軸へのなじみ性，潤滑性，耐食性，固形異物の埋め込み性の点で劣っている。

(3)　トリメタル（Tri-metal，三層メタル）

ケルメットの軸受性能上の短所を補うために，表面にすず—鉛合金メッキ（約 0.01 ～ 0.02 [mm] の厚さ）をして，三層メタルとしたものを**トリメタル**という。トリとは三を意味する言葉で，メタルは金属を意味する。トリメタルは，高速荷重に対して優れているケルメットの性質と，軸へのなじみ性と固形異物の埋め込みに優れているホワイトメタルの性質の両方を兼ね備えたもので，耐食性，摩擦面の寿命延長がはかれる。

4.1.6　タイロッド

台板からシリンダ上部までを一緒に締め付け，シリンダ，クランク室，台板を丈夫に固着するボルトを**タイロッド**という。

シリンダやフレームの構造材料である鋳鉄は一般に圧縮圧力に強いが，引張力には弱い。しかし，シリンダやクランク室にも，機関運転時にシリンダヘッドおよび主軸受に作用する爆発圧力を受け，引張力がかかる。これを補強するため台板からシリンダ上部まで，タイロッドと呼ばれる太く長いボルトで一緒に締め付ける。

タイロッドは引張力を受け，クランクケースの応力を減じ機関の振動を少なくするため，機関重量を軽くすることができる。しかし製作費が高価で，開放高さが増すだけでなくタイロッドの締め付けには注意が必要となる。

材質は伸びや曲げに強い鍛鋼またはニッケルクロム鋼が使用され，強度を持たせるため精度が高くねじ山の数が多い細目ねじが採用される。

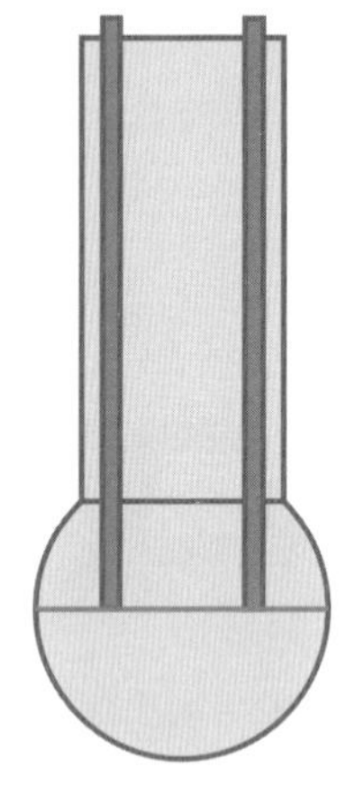

図 4.17　タイロッド

鋳　鉄

鋳鉄は，鋳造によりつくられる炭素を含む多成分の元素によりできている合金である。鋳鉄の硬さなどの性質は，含有炭素量によって異なる。

炭素以外の元素を炭素分に換算する鋳鉄の評価指標を，炭素当量（CE 値）といい，CE 値を使って鋳鉄の性質を管理する。

鋳造を行う炉前の液状金属（溶油）管理は，温度を測る熱電対を組み込んだカップに溶液を注ぎ，冷えていく過程を CE メータで測定し求める。

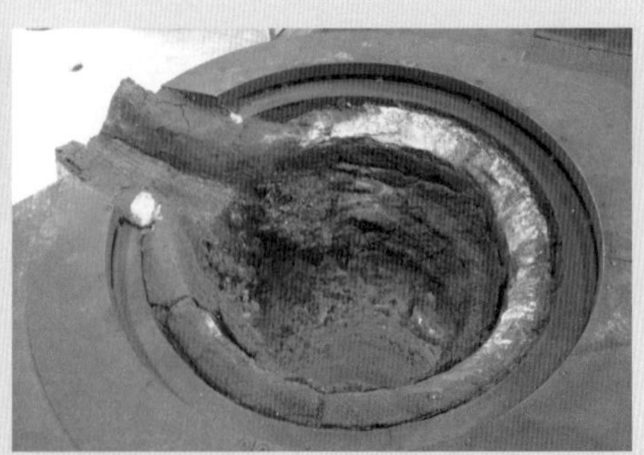

可鍛コロ（鉄板・鋼屑）

銑鉄

故銑

メカス

4.2　ディーゼル機関の往復運動部

4.2.1　ピストン

シリンダ内を往復運動し，シリンダおよびシリンダヘッドとともに燃焼室をつくる部品を**ピストン**という。

ピストンの動きは新気の吸い込みを促し，新気の圧縮を行う。さらに燃料の爆発による燃焼圧力をピストン頂面に受け，連接棒を通じてクランク軸に回転力を与える。このため耐熱性，耐圧性，耐久力に優れ，熱の伝導度がよいことが求められる。また慣性力を小さくするため重量が軽いことが望ましい。ピストン下部のスカート部は耐熱性，耐摩耗性に優れていることが重要となる。爆発圧力や熱膨張による温度変化や，ピストンとシリンダの隙間が少なくピストンが過熱したとき，またはピストン軸受が過熱したときに変形しやすいため注意が必要となる。

材質は，低・中速機関では，鋳鉄（ちゅうてつ），ニッケル，マンガンなどを含む特殊鋳鉄が使われるが，高速機関では軽量化のためにアルミ合金が用いられる。中・大型機関ではピストン頂部のみに，熱伝導，耐摩耗性，耐食性がよく高温・高圧に対して十分強度を持つ鋳鋼または鍛鋼製を使用し，スカート部には製作が容易で強度を持つ鋳鉄を用いるものが多い。

ピストン上部と下部のスカート部が一体でできているものを一体型，別に組み立てるものを組立型という。また，ピストン棒がなく直接連接棒に連結されるピストンをトランクピストン型といい，ピストンと連接棒の間に，ピストン棒とクロスヘッドがあるものをクロスヘッド型という。トランクピストン型は機関の高さを低くできる反面，クランクの回転に伴い連接棒の傾斜によりピストン側面が側圧を受け，シリンダに押し付けられて摺動する。ピストンの長さが短い場合，ピストンが傾きやすくなり爆発ガスが漏れる恐れがある。このため，ピストンの長さは通常直径の 1.5 ～ 2 倍程度とし，ピストンスカート部を長く設ける。

図 4.18　ピストン

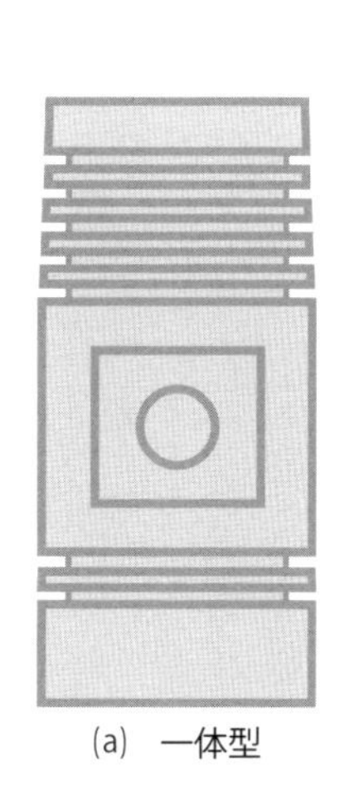

(a)　一体型

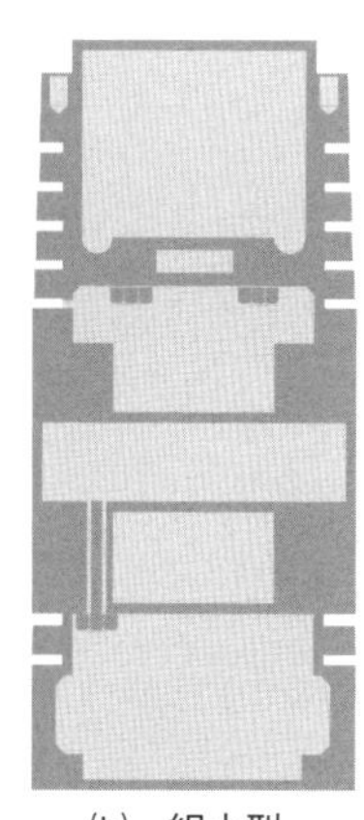

(b)　組立型

図 4.19　ピストンの構造

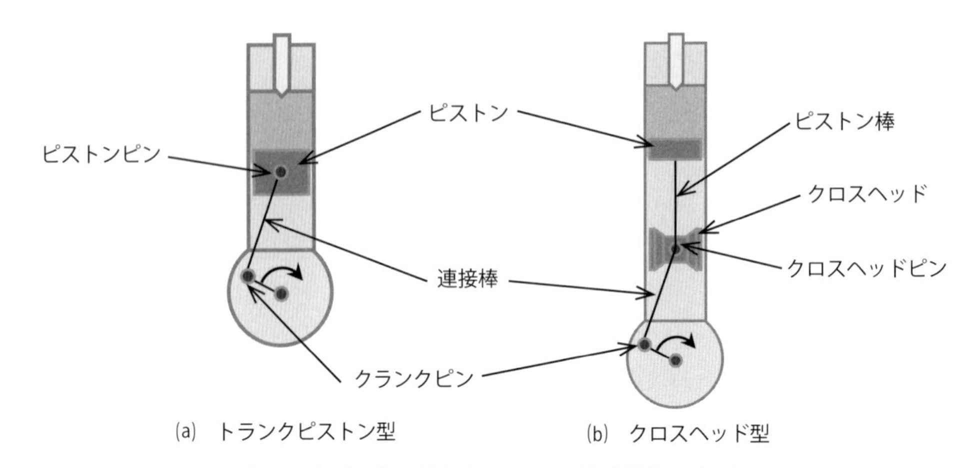

図 4.20 トランクピストン型とクロスヘッド型機関のピストン

ピストン上部には，ガス漏れを防ぐための**圧力リング**が入る溝が 4 ～ 8 本あり，その下にはシリンダ内の潤滑油をかき集める**油かきリング**の溝がある。ピストン上部は爆発圧力を直接受けるため，焼損や亀裂が生じやすい。また，硫黄分の多い低質燃料油を使用した場合，SO_2^{2-} を生じ，水分と化合し H_2SO_4 となり低温腐食を起こす。燃焼ガス中にバナジウムが存在すると酸化バナジウム（V_2O_5）ができ，金属の融点を下げピストン上部（クラウン）の焼損を促進するバナジウムアタックが起きる。

また，ピストン中部にはピストンピンをはめ込む穴がある。固定式ピストンの場合はピストンピンの押込みによる変形もあるため，ピストン頂部の直径よりスカート部の直径を小さくするなど形状の工夫がなされるが，ピストンピン押込み後にはピストン外周の研磨仕上げも行う。ピストンピンを打ち込むときは熱膨張による変形を考えて，0.3 ～ 0.5 [mm] 程度のピストンの逃がしを削り取っておく。ただし，ピストンピンを打ち込んだ後に必ず叩き戻し（ピストンの戻し）を軽く行い，変形に対して十分に注意する。

ピストン内部は，燃焼による高い温度が伝わり，潤滑油がピストンの天井に当たり焼けるとともに，ピストンピンの過熱を防ぐため，防熱板（油止め板）が付いているものがある。冷却は，清水，海水，潤滑油などによって行われる。これは，頂部の焼損防止だけでなくピストンリングの潤滑にもつながる。冷却方法は大きく分けて 2 種類あり，ピストン内面の冷却面を水や油で満たし振るようにして冷却する

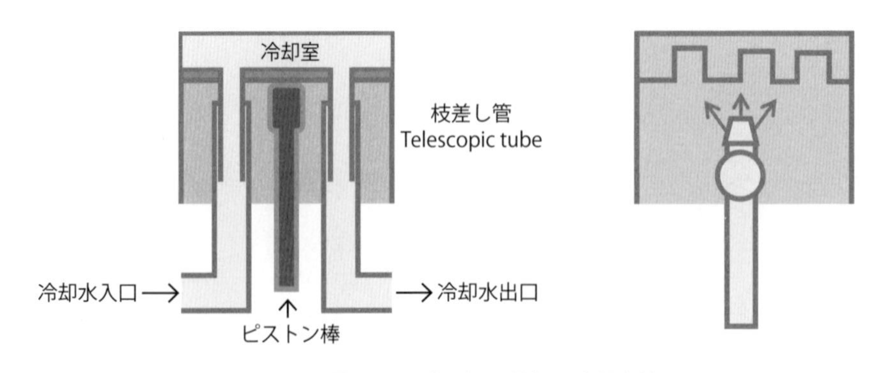

図 4.21 ピストン頂部の冷却方法

シェーカ・タイプ（ドロン・タイプ，Drown type）と，冷却面の周囲に多くのノズルを設けて，水または油を噴出させて冷却するジェット・タイプ（Jet type）がある。

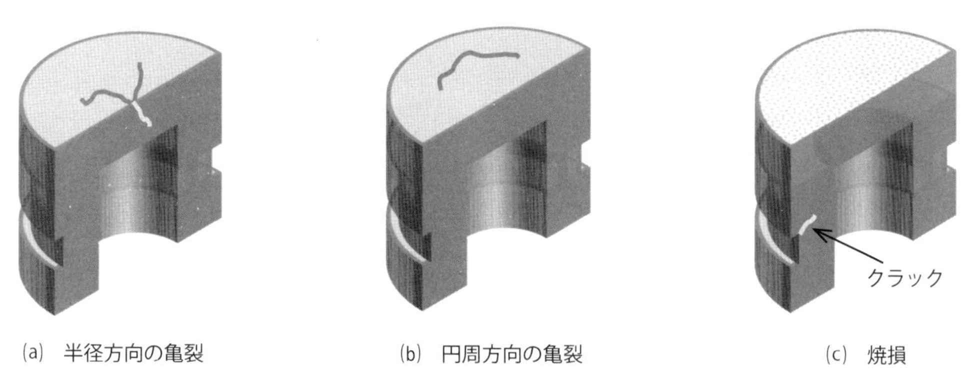

図 4.22　ピストン頂部に発生する亀裂または焼損

(1)　ピストンリング

ピストンに取り付けるシリンダライナに直接あたる輪状の部品を**ピストンリング**という。輪の一部に切り口があり，合い口隙間と呼ばれる。ピストンのリング溝にピストンリングをはめるときは，合い口隙間をリングが折れないように広げてピストンの端部から入れる。ピストンリングを複数取り付ける場合，合い口隙間の位置は重ねず，ピストン上部から見たときに合い口隙間の位置が均等に分散する位置にはめなければならない。ピストンをシリンダライナに入れるときはリングを縮めるよう押さえて入れるため，リングは張力によりライナ側に広がろうとすることで気密が保たれる。リングをCの字に見た場合，内側から外側までの長さを**リング厚さ**と呼ぶ。ピストンを横から見たときに見えるリング面の長さを**リング幅**と呼ぶ。

ピストンリングには，圧力リングと油かきリング，また両者の特徴を合わせ持つ組合せリングがある。

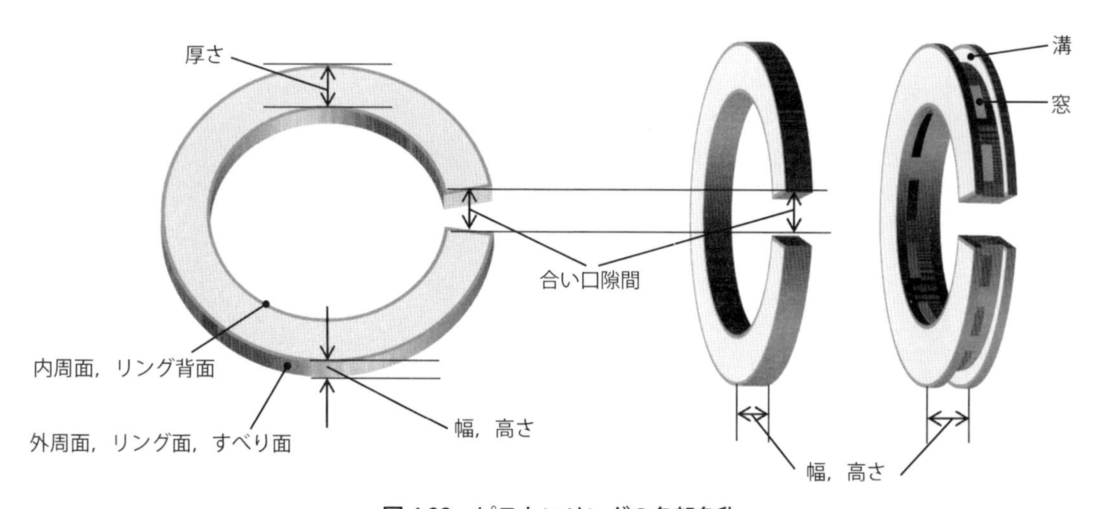

図 4.23　ピストンリングの各部名称

バッククリアランス
サイドクリアランス
リング溝の幅
リング溝の深さ

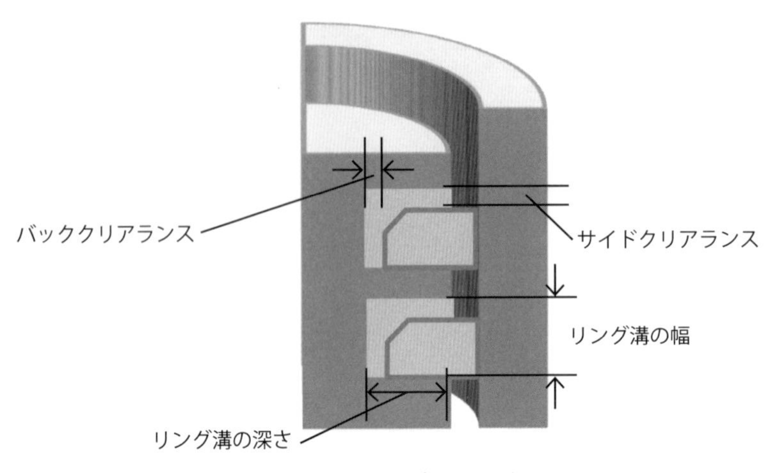

図 4.24　ピストンリングとリング溝に関わる名称

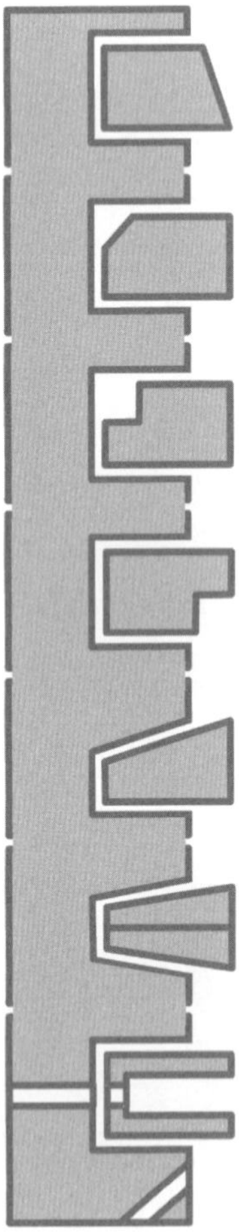

テーパー：テーパー状になっていてシリンダ壁面と線接触。なじみ性，気密性，油かき落とし性がよい。主にセカンドリング。
インナーベベル：内側上部を切り欠いたもの。ピストン下降時にシリンダ壁面と接触。ねじれ効果があり，テーパー型と同様な働き。一般にトップリングおよびセカンドリング。
インナーカット：インナーベベルと同様な働き。
アンダーカット：外側下面がカットされたもの。吸入時は線接触，燃焼時は高面圧で密着。オイル上がり防止に向いている。セカンドリングとして使用。
キーストン：上下面または上面にテーパー。カーボンスティック（固着）防止に効果。セカンドリング，トップリング，高負荷ディーゼル用。
組合せキーストン
オイルリング

図 4.25　ピストンリングの種類

圧力リングはコンプレッションリング，またはシールリングとも呼ばれる。主にピストンとシリンダ間の気密を保ち，ガスの漏れ，侵入を防ぐ。また，燃焼ガスにより高温にさらされピストンが持つ熱，受熱量をシリンダ壁に放出する仲介となる。形状により特性が異なり，ピストンに取り付ける位置や機関特性に合わせて使い分ける。

油かきリングはオイルリングとも呼ばれ，シリンダ壁の潤滑油が燃焼室に運ばれないように余分な潤滑油をかき落とす役割がある。潤滑油量を調整し，シリンダライナ表面に一様に塗布し，適当な油膜をつくる。

(2)　ピストンリングに関わる異常現象

ピストンリングの摩耗や正常に動かない場合，さまざまな異常現象が生じ機関の出力低下や機関停止につながることがある。ピストンリングによる異常現象を把握することで，機関運転時に見られる異常現象が，ピストンリングの影響であるか検討する際に役立つ。

①　スカッフィング

オイル不良や過度の荷重が機関にかかる場合，オーバーヒートを起こすことで，シリンダの油膜が途切れる。これにより，ピストンリングとシリンダ壁が直接接触した状態でピストンが往復運動し，スカッフすなわちかき傷ができることをスカッフィングという。

②　スティック

燃料や燃焼ガス中の炭素分，カーボンやスラッジ（燃焼生成物）が固着し，リング溝の中でピストンリングが動かなくなることをスティックという。ピストンリングが動かなくなることで，ピストンリングが持つ張力が減少し，気密性や油かき性の低下が起こるだけでなく，オイル上がりを生じ機関出力低下につながる。

③　フラッタ

リング幅の減少やピストン速度が速い場合，またはピストンリングが外側に広がろうとする張力が小さくなることで，シリンダライナ壁に密着する力が弱くなる。これにより，ピストンリングやシリンダ壁の摩耗が起きる。圧縮圧力や燃焼圧力がピストンリングの外周面から作用するとき，外周面からの力が大きくなるに従い，ピストンリング，ピストンおよびシリンダ壁で気密不良が起きる。ピストンリングがさらにさまざまな圧力を受け，上下振動を起こすことをフラッタといい，リング機能の低下につながる。ガス漏れによる機関出力低下，オイル消費量の増加，リング溝およびリング上下面の異常摩耗につながる。

④　ブローバイ

燃焼ガスがピストン側面を吹き抜けることをブローバイという。リング交換時にはじめから高速運転を行った場合や，合い口隙間が重なっているときに起きやすい。燃焼室から漏れるガスのことをブローバイガスという。

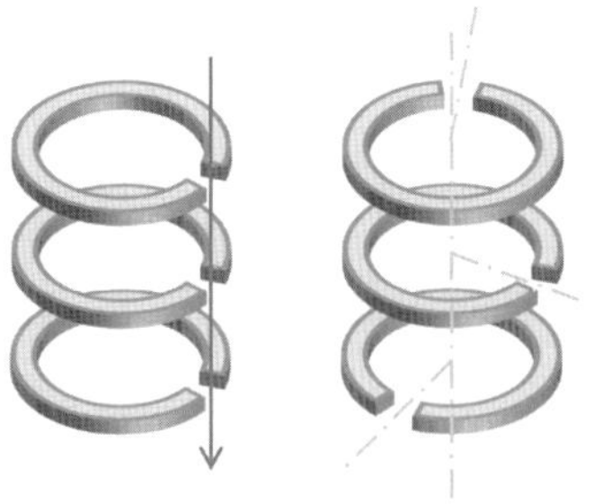

図 4.26　ブローバイガスの発生

⑤　ミストガス

ブローバイガスがシリンダ下部まで吹き抜けクランク室に入り，台板内の潤滑油を汚染するとともに，ブローバイガスの熱により油が過熱する。蒸気となった霧状の油のガスを，ミストガスという。非常に危険な状態で異常爆発を引き起こす可能性があるため，クランクケースには安全弁を設けることがある。

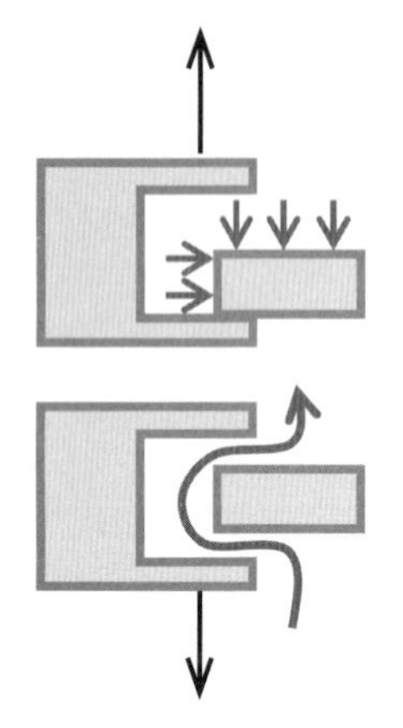

図 4.27　ポンプ作用の原理

図 4.28　ピストンとピストンピンおよび連接棒の一部

⑥　**ピストンリングのポンプ作用**

ピストンリングとリング溝の隙間が大きい場合，ピストンリングが溝の中で上下運動することで，シリンダ内面にかかる潤滑油の飛沫が上部燃焼室に運び込まれる作用をピストンリングのポンプ作用という。運ばれた潤滑油は燃焼室で燃焼するため，潤滑油の消費量増加が見られることで，ピストンリングの不良が疑われる。また排気弁の汚れ，ばい煙が発生することがある。

(3)　ピストンピン

ピストンと連接棒をつなぐピンを**ピストンピン**という。

ピストンピンがピストンボス内に固定されるものを固定式といい，ピストンピンがピストンボス内を自由に回転できるものを浮動式という。固定式ピストンのピストンピンは，加熱したピストンボスにピストンピンを入れる焼きばめや圧入，またはボルトにより固定されるが，熱によるピストンピンの伸縮を考慮し片方しか固定しないことが多い。

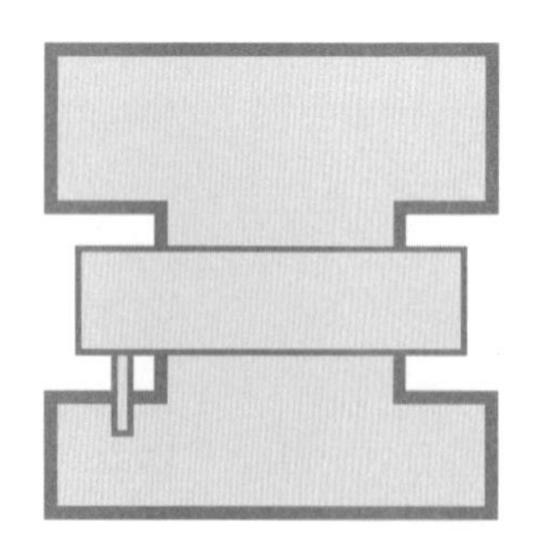

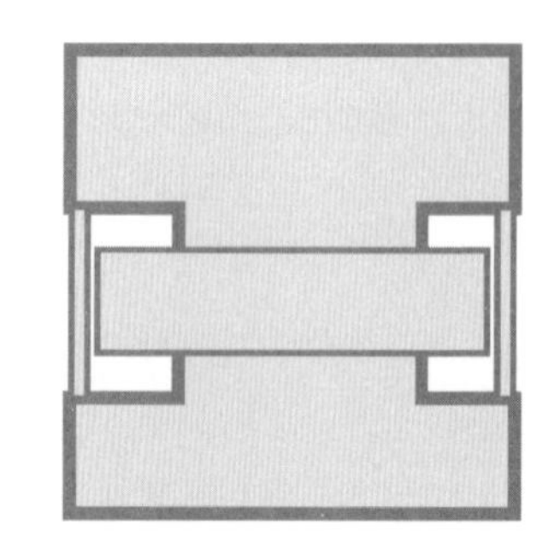

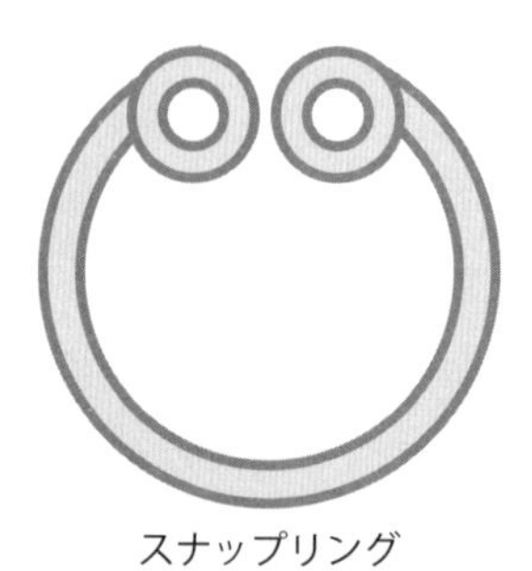

図 4.29　固定式とスナップリングを用いた浮動式の違い

4.2.2　コネクティングロッド（連接棒，コンロッド）

ピストンピンまたはクロスヘッドピンとクランクピンを直結し，ピストンに加わる爆発力をクランク軸に伝える部品を**コネクティングロッド**（Connecting rod）といい，コンロッドまたは連接棒ともいう。

ピストン側から小端部，本体，大端部と大きく3つの部分からなる棒で，ピストン上部の爆発力や回転による慣性力がかかるため，軽量でかつ十分な強度と剛性が必要となる。材質は主に鍛鋼またはニッケルクロム鋼が使用され，圧縮圧力と曲げ応力に強いものが選ばれる。

図 4.30　コンロッド

小端部（Small end）は，本体と一体のものが多い。ピストンピン軸受には軸受摩耗防止のため，ブッシュと呼ばれるリン青銅あるいは鉛青銅などでできた円筒形の筒が圧入されることがある。クロスヘッド型機関では，小端部を二股にし，その両方に刺又（さすまた）のように2つに割れた軸受を付け，軸受部にキャップをすることで，クロスヘッドピンをはめ込む。

本体（Body）は，小端部と大端部をつなぐ棒であり，小端部にあるピンの軸受を潤滑させるため，本体内部に油が通る管があるコンロッドもある。本体と大端部の間には圧縮比を調整するはさみ金（Foot liner）が挿入される分割式のコンロッドもある。

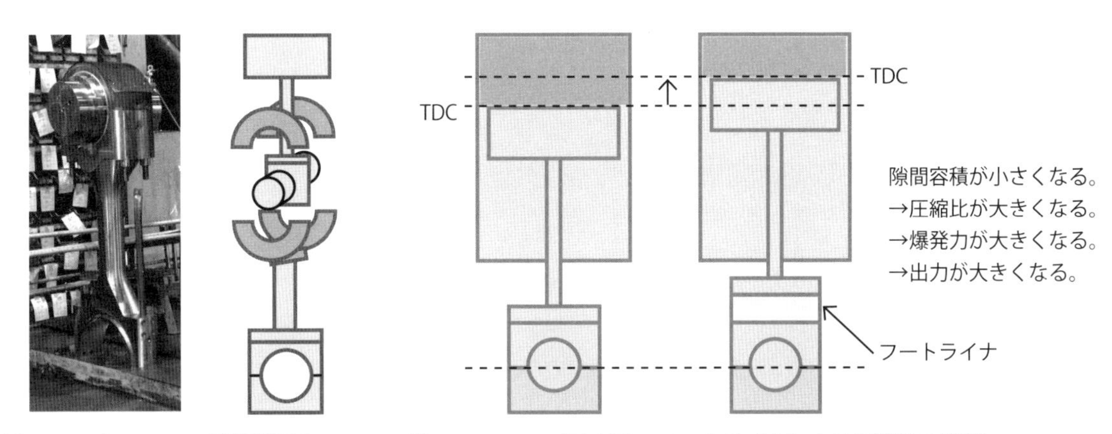

図 4.31　クロスヘッド型機関のコンロッド

図 4.32　フートライナによる圧縮比の調整

大端部（Big end，Large end）は，2つ割りとなりクランクピン軸受の抑えとなる。内側にホワイトメタル，ケルメットまたはトリメタルといった軸受合金をはめ，軸受の損傷を防ぎながら使用する。軸受の合わせ目には軸受隙間を調整するシム（Shim）が挿入されるが，開放高さを減じるななめ割の大端部では，ずれ防止のため**セレーション**と呼ばれる凹凸が付けられる。

大端部の固定には，連接棒ボルトを用いる。連接棒ボルトは，ねじ部に応力がかかりやすい。このため，ボルト軸の断面積をねじの有効断面積より小さくすることでねじ部の荷重を軽減している。曲げ応力はボルトの軸部で受ける形とする。また，大端部の接合部は大きな力が繰り返しかかるため，ボルトナットが緩まないよう，ボルト穴とボルトに隙間ができないように加工された特殊な形のボルトを使用する。連接棒ボルトと呼ばれるが，その形状からリーマボルトとも呼ばれる。

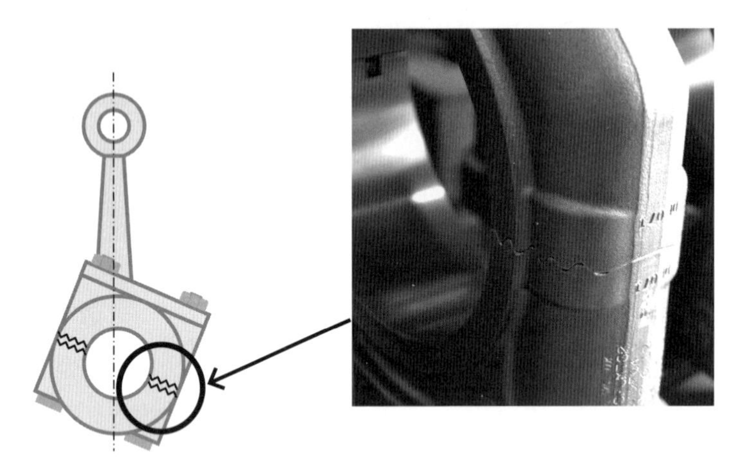

図 4.33　セレーション

ボルト 1 本にかかる力は，ボルトの本数を n，連接棒の向きにかかる力を F，ななめ割の角度を θ とするとき

$$\text{ボルト 1 本にかかる力} = \frac{F\sin\theta}{n} < F$$

となる。

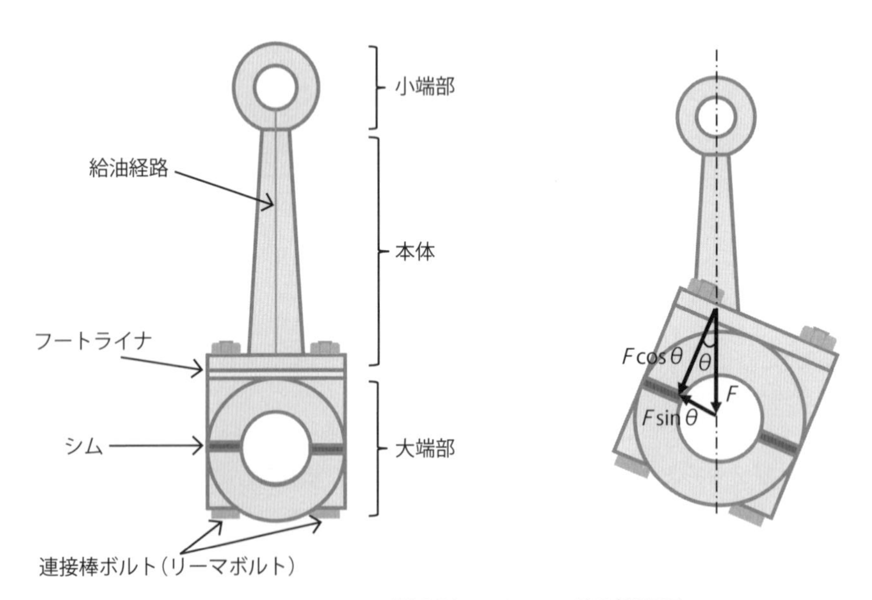

図 4.34　コンロッドの概要図

燃料の爆発力を受け，ピストンは往復運動を行い，コンロッドによりクランクは回転運動する。図 4.35 において，ガス圧を P，ピストン面積を A，ガス圧による力を $F_g = PA$，連接棒にかかる力を F_c，クランク円接線方向の力を F_t とするとき，連接棒の長さを L，クランク半径を R，クランク角を θ，連接棒中心線の傾きを φ とすると，ピストンの上死点からの変位 x は次のように求めることができる。

$$x = (L + R) - (L\cos\varphi + R\cos\theta)$$
$$= L(1 - \cos\varphi) + R(1 - \cos\theta)$$

ここで

$$L \cdot \sin\varphi = R \cdot \sin\theta$$

より

$$\sin\varphi = \frac{R}{L} \cdot \sin\theta$$
$$\frac{L}{R} \equiv k$$

のとき

$$\sin\varphi = \left(\frac{1}{k}\right)\sin\theta$$

となる。また

$$\sin^2\varphi + \cos^2\varphi = 1$$

より

$$\cos^2\varphi = 1 - \sin^2\varphi$$
$$\cos\varphi = \sqrt{1 - \sin^2\varphi}$$
$$= \sqrt{1 - \left(\frac{1}{k}\right)^2 \cdot \sin^2\theta}$$
$$= \sqrt{\left(\frac{1}{k}\right)^2 (k^2 - \sin^2\theta)}$$
$$= \frac{1}{k}\sqrt{k^2 - \sin^2\theta}$$

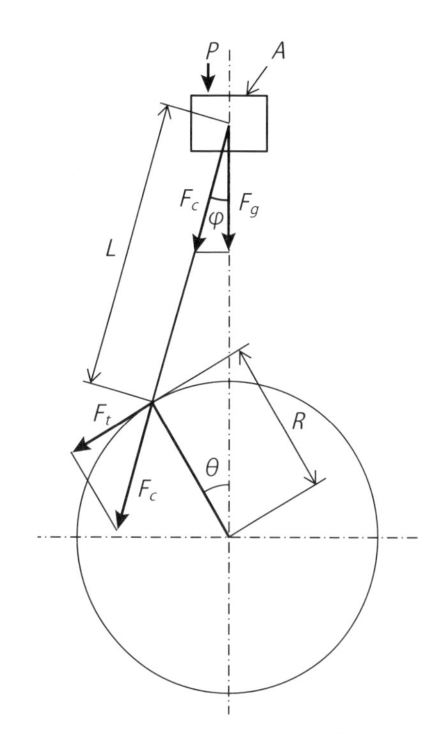

図 4.35　クランク角とピストン，連接棒の関係

したがって，ピストンの上死点からの変位 x は

$$x = L\left(1 - k^{-1}\sqrt{k^2 - \sin^2\theta}\right) - R(1 - \cos\theta)$$

と書くことができる。さらにクランクの回転が角速度 ω の等加速度運動であるとき，ピストンの上死点からの変位 $x(t)$ は，次のように表すことができる。

$$x(t) = L\left(1 - k^{-1}\sqrt{k^2 - \sin^2\omega t}\right) - R(1 - \cos\omega t)$$

また，ピストンが受ける側圧 P_S は

$$P_s = F_g \tan\varphi$$

となる。

4.2.3　クランク（クランク軸，クランクシャフト）

ピストンの往復直線運動を回転運動に変える部品であり，機関運動部の中でも重要な部品である。

クランクは，クランクピン，クランクアーム，クランクジャーナルからなり，一体型と組立型がある。一体型はクランクピン，クランクアーム，クランクジャーナルを統一の鋼材より鍛造したもので，特殊加工機により成形される。組立型は，ピン，アーム，ジャーナルを別々に製作し，焼きばめしたものであり，ジャーナルにピンとアームを一体としたものを圧入または焼きばめしたものを半組立型という。

図 4.36　クランク

焼きばめとは，穴を熱し熱膨張させ，穴の径が広がっている間に軸を入れ，冷えるときの収縮力を利用してはめる方法をいう。

クランク内部は給油経路が開けられ，クランクピンに設けられた潤滑油の出口孔より連接棒大端部の潤滑が行われる。また連接棒に付けられた穴とクランクピンの穴が合うとき潤滑油が連接棒内部を通り，小端部軸受の潤滑を行うものもある。

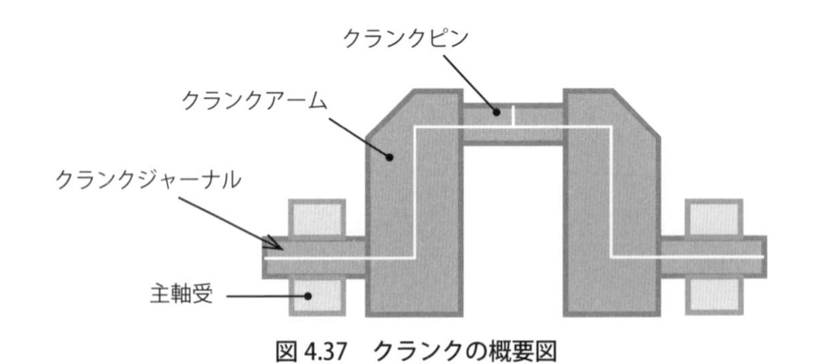

図 4.37　クランクの概要図

クランクはピストンの往復直線運動を回転運動に変えるため，連接棒がクランクピンを押し，またクランクの回転によりクランクピンが連接棒を押す。さらに軸受部などの摩擦や回転数の低いクランクを回す動きが生じる。これにより曲げの力，ねじりの力，せん断応力がクランク各部に生じる。

曲げの力は，ピストンに作用するガス圧や慣性力によりクランクピン，クランクアーム，クランクジャーナルの付け根で生じる。破断面は軸心に直角方向となる。

ねじりの力は，回転運動によりかかり，ねじり応力を生じる。特にクランクアームとクランクジャーナルの付け根において集中応力を受け，亀裂は軸心と約 45［°］をなす。らせん状のクロスマーク（交差線）が見られる。

せん断応力は，ねじり振動や軸心の狂いなどにより付加される。

一般にこれらの応力が組み合わさり，繰り返し作用による疲労（疲労破壊）で，クランク軸に亀裂折損を生じる。折損が起きやすい部分はクランクアーム，クランクアームとクランクピンの付け根，クランクアームとジャーナルの付け根，ピンと油孔の周辺である。

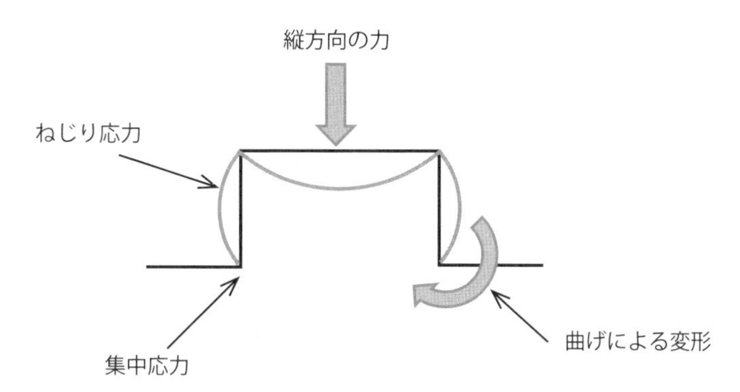

図 4.38　クランクにかかる力

ねじり応力の変動によりクランク軸など機関の回転軸に生じる角振動をねじり振動という。

軸系が回転するとき，軸系自身が持つ自然振動数と，機関のシリンダ内で発生した力が軸系に作用して生じる強制振動数が，共振し大きなねじり振動を生じる回転数を危険回転数という。

危険回転数で機関を運転した場合，機関および船体に激しい振動を生じ，クランク軸をはじめ軸系に大きなねじり力が加わり，亀裂や破損の原因となる。またピストンにも激しい振動が生じ，焼き付きの原因となる。このため，常用運転回転数は危険回転数より低い回転数とするが，変速の途中にある機関では，危険回転数付近の回転速度を素早く変化させなければならない。

また，クランクジャーナルの位置でクランクアームの間隔が拡大・縮小を繰り返すことで，クランク軸が絶えずゆがめられ，繰り返し応力を受けることをクランクアームの開閉作用という。疲労を招き局部に傷が生じ，しだいに傷が拡大することで折損の原因となる。したがって，定期的に開閉量（ディフレクション，Deflection）を測定する必要があり，ダイヤルゲージを用いて開閉度を測定する。

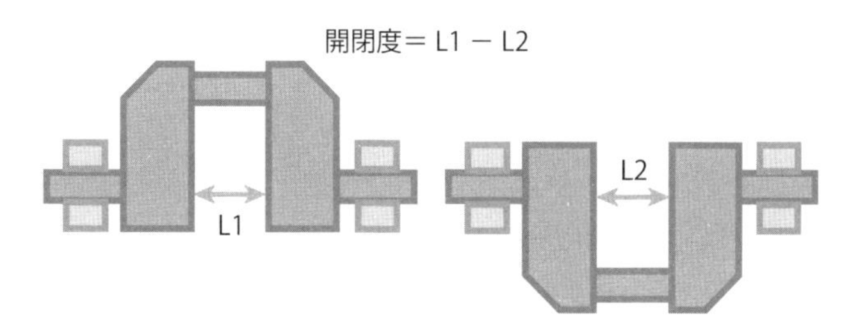

図 4.39　クランクの開閉作用

2 シリンダ以上の機関で各クランク間のなす角度をクランク角度という。

シリンダ数 n が奇数の場合

$$\text{クランク角度} = \frac{2\pi}{n}\ [\mathrm{rad}]$$

で求まる。

また，シリンダ数 n が偶数の 2 サイクル機関は

$$\text{クランク角度} = \frac{2\pi}{n}\ [\mathrm{rad}]$$

シリンダ数 n が偶数の 4 サイクル機関は

$$\text{クランク角度} = \frac{4\pi}{n}\ [\mathrm{rad}]$$

で計算できる。

船首側にあるシリンダを No.1 シリンダとして順次並べられた順番をクランクの位置といい，クランクの位置とクランクを船尾から見たときにできるクランクアームがなす角度を合わせてクランクの配置という。クランクの配置は，回転力を可能な限り均一とするため，等間隔で燃焼が起こる順番とし，各シリンダ間の軸受に作用する力が過大とならないよう，隣り合うシリンダが続けて着火することを避けて行う。また，ねじり振動を小さくし，吸排気干渉を起こさせない配置とする。

4.2.4　バランスウェイト

1～3 シリンダの機関において，クランクアームに付ける重りのことで，クランクピンと反対側に取り付ける。クランク軸が回転するときに生じるクランクピンおよびクランクアームの遠心力につり合わせた重りをクランクアームに取り付けることで，機関の振動を少なくし，円滑な回転にする。材質は，鋳鉄または鍛鋼が多い。

図 4.40　バランスウェイト

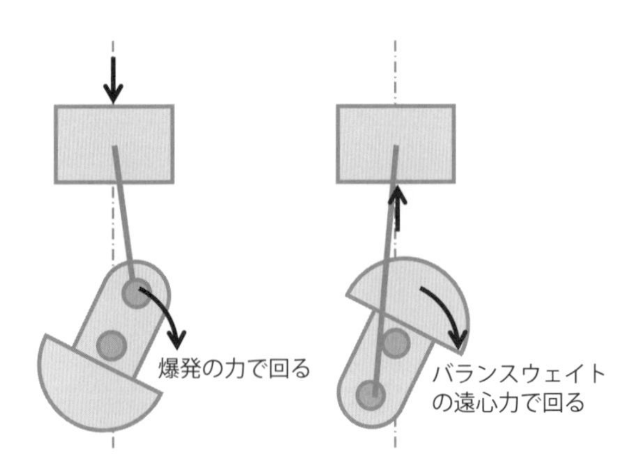

図 4.41　バランスウェイトの働き

4.2.5　フライホイール

機関の端に付ける大きく重量のある円盤であり，主軸を円滑に回転させる役割を持つ。

機関の運転中，回転力は，シリンダ内圧力が上昇する爆発行程のみクランクに与えられる。他の行程では回転力が減少するため，回転にばらつきが生じる。このため，クランク軸の端部に重量のあるフライホイールを取り付け，爆発行程で余分なエネルギーを保存し，他の行程時で慣性力により回転の変動を少なくし，回転を円滑にする。また，弁の調整メモリが刻まれ，クランク角の指示板となる。機関の

調整を行うときや，ターニングを行うときに役立つ。

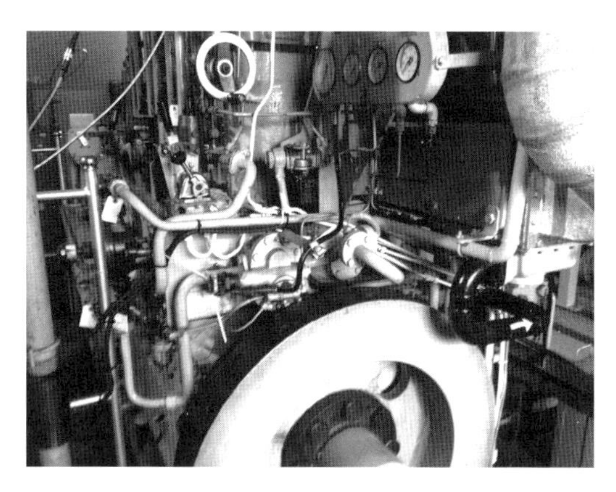

図 4.42　フライホイール

4.3　シリンダ内のガス交換

4.3.1　カムシャフト（カム軸）

クランクの回転に同期させ，クランク軸からカム軸を駆動する一連の歯車またはチェーン装置をカム軸駆動装置という。

カムは突起物のある円盤で，カム軸に固定されカム軸駆動装置により機関の回転と連動して，回転することで，円周上のある点において半径を変化させながら回転する。

カムは，接する弁連動装置を動かし，プッシュロッド，ロッカーアームを連動させ，ロッカーアームの先にある弁を開閉させる。開閉させる弁の種類により，吸気カム，排気カム，燃料カム，始動カムと呼ばれる。吸排気カムや始動カムは，キーによりカム軸に固定される。燃料カムは燃料の噴射タイミングを調整する必要があり，調整金物により間接的に固定される。材料は鋳鋼，肌焼鋼が多く，表面は精密に研磨仕上げされている。

カムの形状は，連動装置の動きに合わせて使用される。形状による分類は，大きく 2 つの円を結ぶ接線の形に着目し，接線カム，円弧カム（凸面カム，凹面カム），定加速度カムがある。

図 4.43　カムシャフトドライビングギア

図 4.44　カム

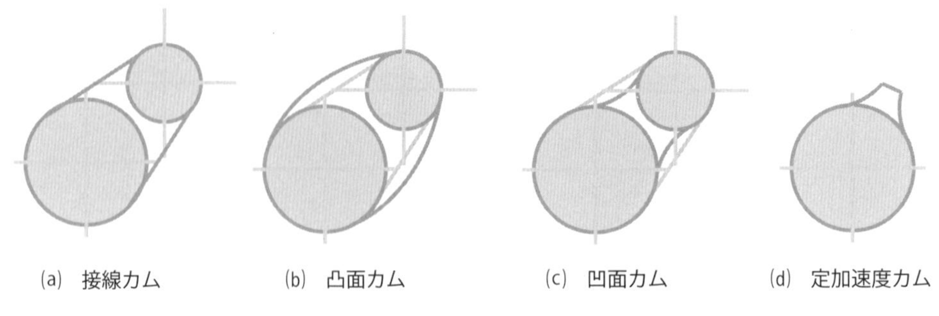

図 4.45　カムの形状

4.3.2　プッシュロッド

カムとロッカーアームの間に設け, カムの動きをロッカーアームに伝える棒を**プッシュロッド**という。

プッシュロッドがカムに接して動くとき, カムの回転に合わせてロッドの接触面が繰り返し擦れるため, カムと接する部分にはカムの運動をプッシュロッドに伝える弁連動駆動装置が付けられる。

弁連動駆動装置には複数種類があり, **ローラ**, **タペット**, **レバー**がある。ローラを取り付けることで, ロッドとカムが触れる摺動面の摩擦が減る。またタペットは弁の開閉が比較的早くなる利点があるため, 小型機関に使用されるが, 加速度を増す結果, 惰力が増える欠点がある。レバーはカムがロッドを押す力をロッドの摺動面にかけず, レバーの軸で受ける特徴がある。

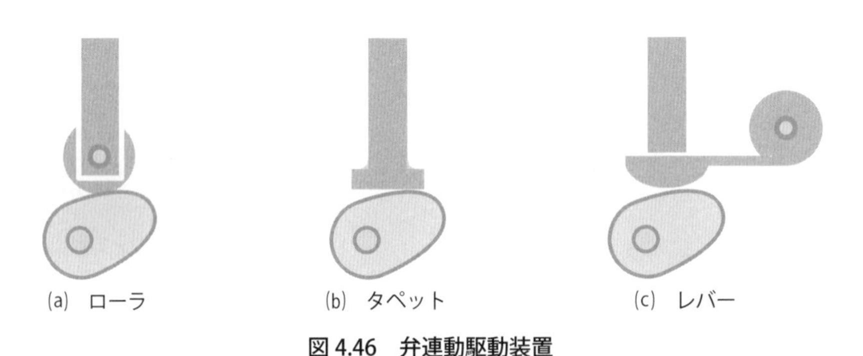

図 4.46　弁連動駆動装置

4.3.3　ロッカーアーム

シーソーのように中ほどに軸があり, 一端はプッシュロッドに接し揺れ動くため, 揺れ腕とも呼ばれる。

一端はプッシュロッドに接し, 他端は弁の頂部に接することで, プッシュロッドの上下に合わせて, ロッカーアームが揺れ動き, 弁を開閉させる。プッシュロッドとの接触は押しねじを用い, 吸排気弁の開閉時期の調整ができる。また弁隙間は, プッシュロッドや弁棒の振動, 熱膨張により弁が不必要に開くことを防ぎ, 弁棒のシー

図 4.47　ロッカーアーム

ト面と弁座の摩耗，その他角運動部に摩擦が生じたときにタイミングを調整するために使用される。

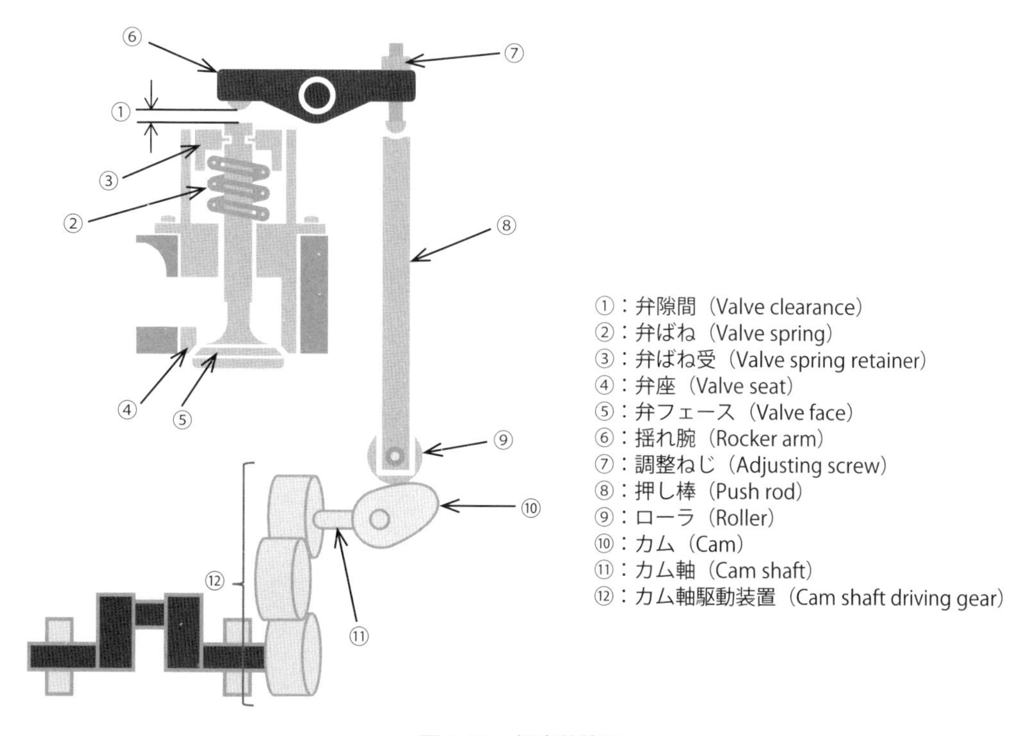

図 4.48　弁連動装置

4.3.4　バルブ（吸排気弁）

吸気孔や排気孔を開閉する弁であり，**吸気弁**は，機関の吸気行程において大気中からシリンダ内に空気または混合気を吸入するときに吸気孔を開く。**排気弁**は，排気行程において排気ガスをシリンダの外に排出するときに排気孔を開く。ともに作用は異なるが，形状や構造は類似したものが多い。

バルブの形状は弁棒の先に弁傘が付けられ，弁傘上部の弁フェースが吸気孔や排気孔とつながる弁箱の弁座に当たるとき，弁が閉じた状態となる。このため，当たり面に亀裂が生じることや異物の混入などにより凸凹ができた場合，孔を塞ぐことができなくなり機関は正常に動かなくなる。また，弁棒には段差が付けられており，これにより弁箱内を弁棒が上下する際，すすなどの異物が入ることで弁が動かなくなることを防ぐ形状となっている。

弁の開閉量はリフトと呼ばれる。熱膨張による開閉タイミングの変化は，ロッカーアームに取り付けられた調整ねじを回し，既定の隙間を設けることで調整される。

吸気は排気と比較し，吸入抵抗により吸入空気量が少なるため，排気弁より大きくすることがある。また，排気弁は，高熱にさらされるため弁座を通して弁箱に熱を逃がす必要があり，弁座の当たり面が大きい。また，シリンダカバーの冷却水で冷やされるようになっており，冷却水のパイプが設けられている。弁の材質はニッケルクロム鋼や耐熱鋼が多い。弁座は硬質の鋳鉄やステライトが使用される。弁箱は良質の鋳鉄でつくられ，複数の部品からなる木枠を用いた鋳造により製作される。

4.3.5　掃気ポンプ

2サイクル機関の掃気作用を助ける送風機を**掃気ポンプ**または掃気送風機という。2サイクル機関における掃気は，掃気孔が開くときにシリンダ内に新気が吸入され行われるが，掃気が不十分であるとき，シリンダの換気を行うために空気を圧縮しシリンダ内に送り込む。掃気ポンプには，クランク室圧縮式，シリンダ下部圧縮式，往復式ポンプ，回転式ポンプ（ルーツ式，エンゲ式，ベーン式）および遠心式ポンプなどがある。

4.3.6　掃気方法

(1)　理想的な掃気方法

2サイクル機関のシリンダ掃気を考える際，理想的な掃気方法として完全層状掃気と完全混合掃気がある。

完全層状掃気とは，新気と燃焼ガスが混合せず，互いに分離しかつ燃焼ガスがすべて排出するまで新気が流出しないと考える掃気方法である。つまり，新気が素通りしない理想的な掃気状態である。

完全混合掃気とは，新気がシリンダに流入すると直ちにシリンダ内にすでにあるガスと完全に均一に混合し，その混合気が排出すると仮定した掃気状態である。

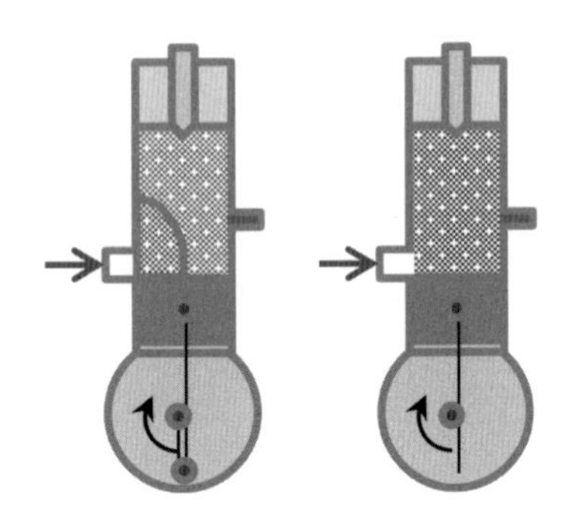

図 4.49　理想的な掃気状態

(2)　実際の掃気方法

実際の2サイクルディーゼル機関の掃気方法は，機関の形によって異なる。

ユニフロー機関では，シリンダ下方から上方に向かい掃除空気を直行させ，排気を追い出し掃除するように掃気する。上部に排気弁があり，高温になる排気ガスは膨張により上部に流れるとともに，掃気ポンプで圧力空気がシリンダ内に挿入されるため，掃気方法としてもっとも優れている。掃気および排気が入り乱れることが少なく，掃気効率がよい。また，非対称掃気型でもあり，後吸気を行うことができる。大型2サイクルディーゼル機関の掃気方法は，ほとんどに**ユニフロー掃気**が採用されている。しかし，構造は他の2サイクル機関と比較し複雑となる。

シリンダの下方に掃気孔と排気孔が向かい合わせて設けられる機関では，掃気孔から入る新気が飛び上がり，シリンダの上方で掃除し，反対側の排気孔から排出するため，横断掃気または**ジャンプ掃気**と呼ばれる。横断掃気またはジャンプ掃気は，掃気の素通り損失が多く，掃気効率が悪い。またピストン摩擦が大きい。しかし弁機構が不要で構造が簡単となるため，小型機関で多く用いられている。

シリンダの同一側に排気孔および掃気孔を並べた機関では，掃気孔から入る新気が，シリンダ上方に入り，回転して掃気孔から排出される。このため**ループ掃気**と呼ばれる。ループ掃気は掃気の素通りが少なく，掃気効率は横断式に比べて高い。しかし排気孔が掃気孔の上部にくるため，排気孔を閉じてから圧縮できる有効行程が小さくなり，掃気孔の面積が大きくとれない。

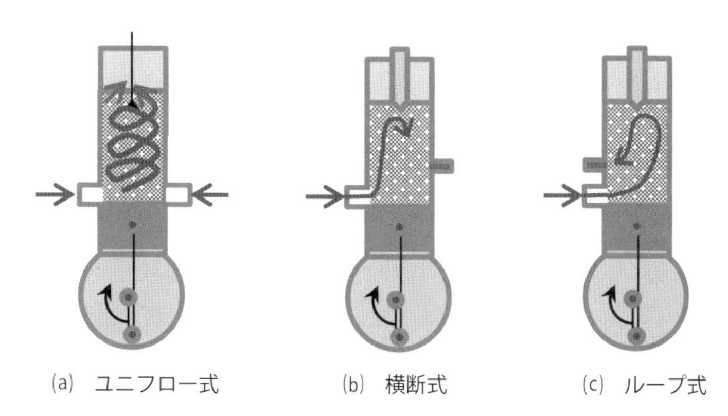

図 4.50　2 サイクル機関の掃気方法

4 サイクル機関において，ピストン頂部の形状や吸気孔の向きを変えることで，シリンダ内での新気の流れ方が変わる。

吸気孔の方向をシリンダ軸の中心ではなく，シリンダ周辺に向けることで接線方向の流れを発生させ，燃焼室内のシリンダ軸に垂直な平面で起きる旋回流を**スワール**という。つまりシリンダ軸を中心とする旋回流である。

対して，燃焼室内のシリンダ軸と直角な平面での旋回流を**タンブル**という。ガスの流動を利用することで燃焼を活発化させる。

また，ピストン頂部に凹みを設け燃焼室とし，凹みに押し込まれる流れを**スキッシュ**という。

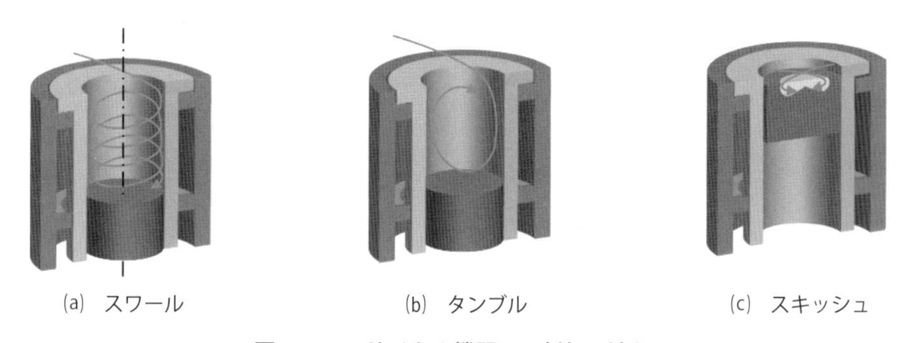

図 4.51　4 サイクル機関での新気の流れ

4.3.7　弁線図

吸排気弁の開閉時期や燃料噴射時期，始動弁の開閉時期などをクランク角度によって示した線図。

弁の開閉時期は機関の性能と燃料消費量に大きな影響を与える。

4 サイクル機関の弁線図は，上死点の手前で吸気弁が開き上死点過ぎで排気弁が閉じきる。また下死点過ぎで吸気弁が閉じ，圧縮燃焼後は下死点手前で排気弁が開く。弁は開き始めてから開ききるまで時間がかかることから，各死点で完全に開いた状態にするため，弁が開くタイミングは死点の手前となる。特に過熱を防ぐため排気弁が速く開く機関もある。弁が閉まるタイミングも死点までに全開にするため，閉まりきる時期は死点より遅れる。このため，上死点では吸気弁と排気弁がともに開いている時期があり，これを**バルブオーバーラップ**という。

2 サイクル機関の弁線図は，ピストンの位置により掃排気孔が開閉するため，掃気孔および排気孔の高さにより開閉時期が異なる。

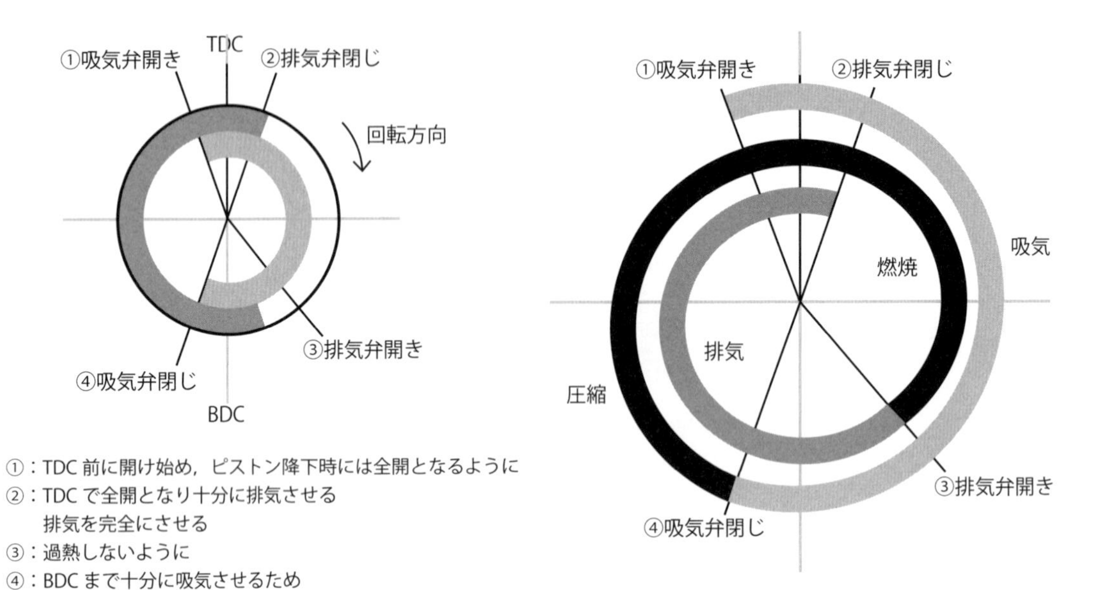

図 4.52　4 サイクル機関の弁線図

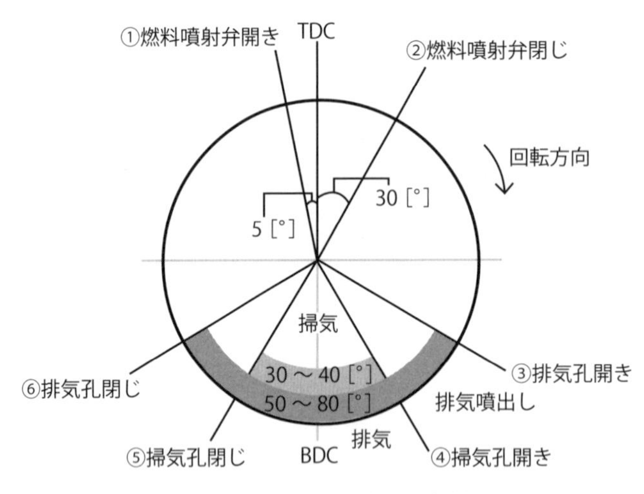

図 4.53　2 サイクル機関の弁線図

4.3.8　ガス交換に関する用語

(1)　過剰空気

実際の機関では，燃焼室や燃料の噴射方法をいかに設計しても，吸入空気を短時間ですべて燃焼させることは不可能である。そこで余分に送り込まれる空気を**過剰空気**という。

(2)　空気過剰率λ

実際に吸い込んだ空気量の理論空気量に対する比率のことである。

λ = （実際に吸入した空気量）／（燃焼に必要な空気量）

一般に，ディーゼル機関では 1.5 ～ 2.0，ガソリン機関では最大 1.4 程度である。空気過剰率を 1.0 よりやや大きくすることにより不完全燃焼を抑えるだけでなく，燃焼温度の低下によって NO_x の排出低減効果を得られる。

(3)　素通り空気

シリンダ内には溜まらないが，吸排気弁がともに開いている（バルブオーバーラップしている）期間に，シリンダ内を通り抜ける空気のこと。過給機関の場合，行程容積の 15 ～ 20［%］程度で，弁の温度低下に役立つ。

(4)　体積効率η_v（Volumetric efficiency）

体積効率とは，行程容積に対して，実際に吸入した空気の体積の割合で，次式により表すことができる。

（体積効率 η_v）＝（実際に吸入した空気の体積：大気状態 V_h）／（行程容積 V_s）

＝ 実際に吸入した空気の重量（大気状態 $\gamma_s V_h$）／

（行程容積を占める空気の重量 $\gamma_s V_s$）

ここで機関運転時の大気状態を，空気温度 T，大気圧 P，および空気の比重量 γ_s とした場合，体積効率は機関運転時の吸い込み能力を示すが，燃焼に与える新気の絶対量ではない。これは大気の状態により空気の密度が変化するためであり，新気の絶対量は充填効率 η_c を用いて表す。

(5)　充填効率η_c（Charging efficiency）

充填効率とは，行程容積に対して，実際に吸入した空気を標準状態に換算した体積の割合で，次式により表すことができる。

（充填効率 η_c）＝（実際に吸入した空気の体積 V_h を標準状態に換算した体積）／（行程容積 V_s）

＝（実際に吸入した空気気の重量）／（標準状態の空気が行程容積を占める重量）

標準状態（温度 15［℃］，大気圧 760［mmHg］（1013［hPa］））における空気比重量を使い表すことで，機関の出力に関する吸入空気の絶対量を示す。

4.4　過給装置

4.4.1　過給機関の概要

(1)　過給の目的

過給の目的は，シリンダ内の**平均有効圧**を高めることにより，機関重量や容積の増加を極力抑えつつ，機関出力を増大させることである。

内燃機関では燃焼ガスがピストンにする図示仕事 W_i [kJ] は式(4.1) で表される。単位を合わせ，これを 3600 [s] で割れば図示出力 [kW] が得られ，式中の各変数を大きくすれば出力が増大する。

$$W_i = P \cdot L \cdot A \cdot N \cdot Z \tag{4.1}$$

ここで，Pは平均有効圧，L はピストン行程，A はシリンダ直径，N は回転数，Z はシリンダ数である。

式(4.1) の中で，平均有効圧 Pで出力を増大すれば，他の出力増大策に比べて機関重量および寸法の増加が少なくてよい。Pを高めるには，燃料の燃焼量を増やせばよいが，それには機関に取り入れる空気の量も増やさなければならない。大気圧とシリンダ内の圧力差で吸気を行う 4 サイクル無過給機関では，ピストンの行程容積とその吸気回数によって吸気量が決まるため，さらに出力を増大させるには，大気圧以上に予圧して密度を高めた空気を機関に供給する必要がある。この空気予圧機が過給機である。

(2) 過給の方法

無過給機関に比べて，過給機関は**バルブオーバーラップ**や，**トップクリアランス**が大きい。なぜか。

① 無過給機関を過給する場合，4 サイクル機関の方が容易である。

それは次の理由による。

4 サイクル機関はガス交換期間が長いうえに，吸排気弁の開閉時期も比較的変更しやすいので，バルブオーバーラップを大きくとれる。したがって，シリンダ内の掃除を行うと同時に，吸入空気による冷却で出力増大に伴う各部熱応力の増加を抑えることができる。しかも，バルブオーバーラップを大きくしても吸気行程があるので，排気弁閉止後の吸気も十分に行える。

これに対し 2 サイクル機関の場合，ガス交換期間が短く完全な掃気が困難である。

② 過給する場合，トップクリアランスを増やさねばならない。

その理由を以下に述べる。

(ア) 過給することにより，圧縮圧力が高くなるうえに，燃料噴射量が増してもクランク軸の一定回転角（約 30 [°]）以内にそのすべてを燃焼しなければならないので，シリンダ内の最高圧力が増す。

(イ) 燃焼量が多くなる分だけ燃焼室の容積を増やさなければ，燃料と空気の混合率が悪くなる。

(ウ) 4 サイクル機関では吸排気量の増加とバルブオーバーラップ拡大のため，吸排気弁の弁揚程を大きくしなければならず，その分だけ全開時の弁とピストン頂面との間隙も大きくする必要がある。

こうしてトップクリアランスを大きくすれば，圧縮比はいうまでもなく小さくなる。

③ 過給機の駆動

過給機は，ブロワー（送風機）とこれを駆動する部分からなる。ブロワーには遠心送風機とルーツ送風機があり，その駆動方法には次のような方法がある。

(ア) 独立の電動機または補助の原動機など別個の動力による方法。

(イ) クランク軸で駆動される歯車，あるいはチェーンによって機関自体の出力の一部を利用する方法で，これを**機械過給（スーパーチャージャー，Supercharger）**という。

(ウ) 排気ガスのエネルギーを利用した排気タービンによる方法で，現在もっとも一般的に用いられており，**排気タービン過給（ターボチャージャー，Turbocharger）**という。詳細は後述する。

(3)　過給機関と無過給機関の性能比較

過給機関の性能を要約すると，出力当たりの機関重量および容積は小さくなり，機械効率は上昇，燃焼温度は変わらない。一方，シリンダ内の最高圧力が高くなり，始動性および低負荷時の燃焼は悪くなる。無過給機関を過給機関にすると，次のように性能が変化する。

① 出力当たりの機関重量および容積が小さく，原価も安くなる。

② 機械摩擦損失は回転速度の増大に伴って大きくなるが，負荷による影響はあまりない。過給して出力が増加しても，この損失はほぼ一定であるから，機械効率はよくなる。したがって，正味熱効率は大きく，正味燃焼消費率は小さくなる。

③ 摩擦面は変わらないので，潤滑油の消費量は無過給機関の場合とほぼ同量に近く，出力増大の割にその消費率は小さい。

④ 空気密度が高いうえ，燃焼室の容積も大きいので燃焼性がよく，低質燃料も使いやすい。

⑤ 機関の構造上，供給熱量と放出熱量の割合は過給してもほとんど変わらないので，図示熱効率はそれほど変化しない。

⑥ 図示平均有効圧が高く，しかもピストン行程は変わらないので，シリンダから出ていく排気圧力は高い。

⑦ 燃料の燃焼に要する空気の割合は一定なので，空気過剰率，圧縮比，吸気温度が一定ならば，燃焼サイクルの温度（燃焼温度）は過給しても変わらない。ところが過給すれば，空気過剰率は大きく，圧縮比は小さくなる傾向があるため，燃焼温度は下がる場合がある。

⑧ ⑦のように燃焼温度がほとんど変わらず，また新気の冷却効果があるので，燃焼室周壁の温度はあまり上がらない。

⑨ 燃焼温度と燃焼ガスの膨張率が変わらなければ，排気ガス温度は変わらない。一般に図示平均有効圧を高めるために膨張率を小さくしており，その点では排気ガス温度は上がるが，吸気の一部が排気に混入すると逆に温度は下がる。したがって，低負荷時の排気温度は下がる場合もある。

⑩ 燃焼温度はほとんど変わらず，燃焼室周壁も吸気で冷却されるので，冷却水に放熱する熱量は出力増大の割に少ない。

⑪ 圧縮圧力は高くなる。

⑫ シリンダ内の最高圧力は上昇する。

⑬ 高性能機関であっても肉厚構造となるため，熱負荷は高くなりやすく，耐用期間も短くなりやすい。

⑭ シリンダ内最高圧力の上昇に対する配慮から圧縮比を下限近くまで下げているので，機関の始動性は劣り，多量の始動空気を使うのみならず，低負荷時の燃焼性もよくない。この傾向は，始動時の風量が極めて少ない排気タービン過給で著しい。

⑮ 排気タービン過給は高速回転体の慣性のため，機関負荷の変動に対して追従が遅れる

4.4.2　排気タービン過給

(1)　排気タービン過給の概念とその利点

排気タービン過給は機関の出力を増大するだけでなく，そのまま捨てられるはずの熱量を回収して機関の熱効率を向上させる。しかも負荷の変動に対して，空気量やその圧力が自動的に調整される。排気タービン過給機関の概念を図 4.54 によって説明する。

シリンダ内のピストン行程は，燃焼ガスのエネルギー利用のために，シリンダ内のガスが大気圧まで膨張するため十分な長さを持つことが理想である。実際の機関でのピストン行程はシリンダ径の 1.0 ～ 2.5 倍の長さであり，ピストンが下死点に達してもシリンダ内の圧力は大気圧まで膨張できない。下死点近くで排気弁④が開くと，高温の排気ガスは排気管⑥に排出され急激に膨張する。これを排気吹き出しエネルギーと呼ぶ。排気管内のガスはその末端にある**タービンノズル**で絞られ，さらに速度を増してタービン翼にあたり，これを回転させる。**タービン**①と同軸に**ブロワー**②があり，大気圧の空気を吸い込み，圧縮して機関へ送る。ここで，過給機によって機関に吸い込まれた空気のことを給気と定義する。

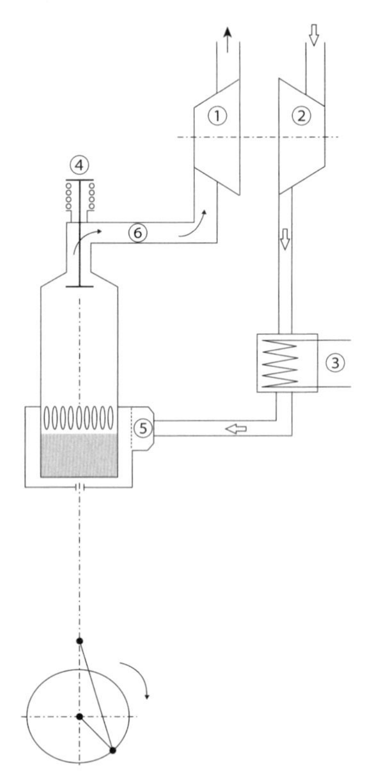

図 4.54　排気タービン過給機関の概要図

図 4.55 はタービンとブロワーを示す。これは，排気ガスのエネルギーの一部が圧縮空気の形で機関に回収されたことになる。ブロワー出口には空気冷却器③を置き，ブロワー②で圧縮され温度が上昇した空気をほぼ大気温度まで冷却し，その密度をさらに増加させるとともに，燃焼室を過熱から守る。

この排気タービン過給には以下に示す利点がある。

①　排気を駆動エネルギーとして利用できるので，別に余分の動力を必要とせず経済的である。

②　タービンの駆動に機械的関連がないので，機械効率は出力の増大によって増加し，正味熱効率や

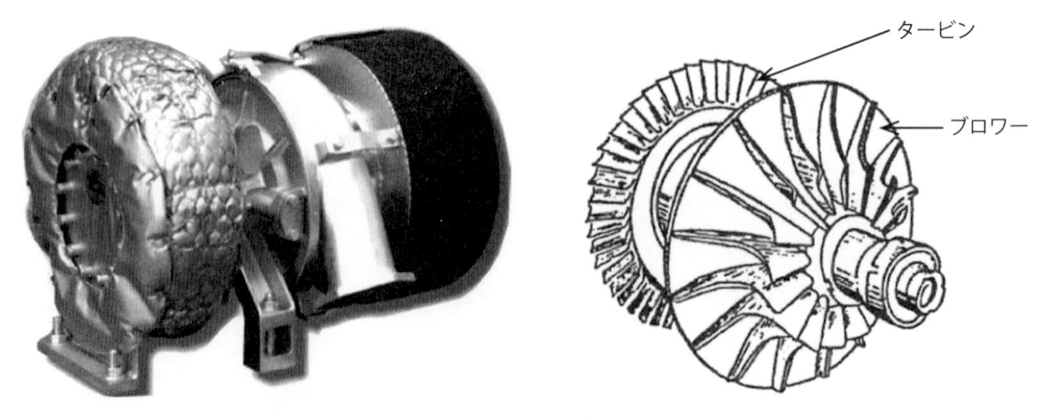

図 4.55　タービンとブロワー

正味燃料消費率は大幅に向上する。

③　特別な操作を要せずに，負荷の変動に対して空気量やその圧力が自動的に調節される。

④　ガスタービンは非常に高速で回転させることができるので，過給装置は極めて小さくてよく，出力あたりの機関重量および容積は他の過給方法よりさらに小さくなる。

(2)　動圧過給と静圧過給

動圧過給は排気吹き出しエネルギーを大いに利用するもので，タービンノズルへは部分流入し，**静圧過給**は排気吹き出しエネルギーをほとんど利用せず，タービンノズルへは全周流入する。

排気タービン過給には動圧タービン，静圧タービンは存在しないが，排気吹き出しエネルギーをどの程度利用するかで，図 4.56 のように配管の様相が異なり，これによって動圧過給と静圧過給に分けられる。

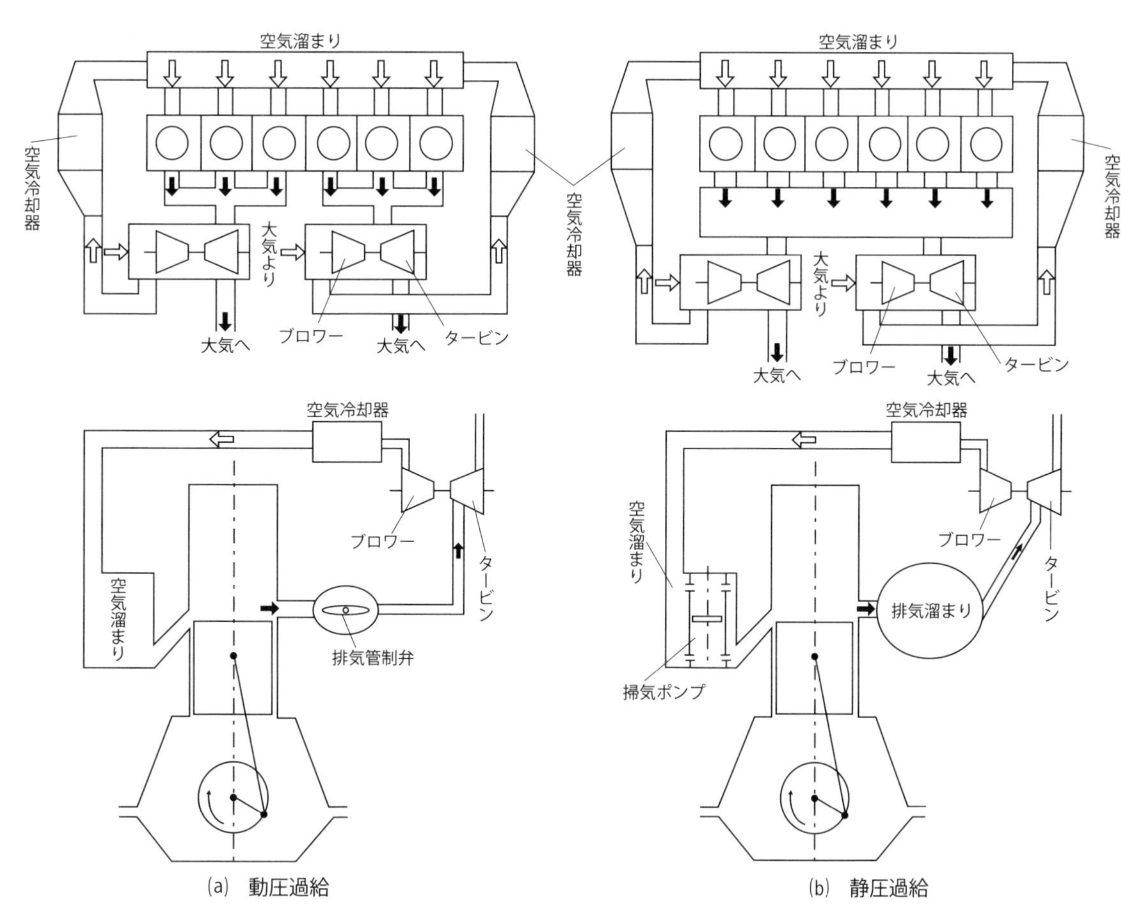

図 4.56　動圧過給と静圧過給

動圧過給は，図 4.56 (a)に示すように，機関からの各シリンダのサイクルごとに激しく排出される排気をそのままの勢いで排気タービンに作用させる方式で，主として排気始めの吹き出しエネルギーを直接タービンの駆動力とするものである。排気孔から排気タービンまでの排気通路は，その間でエネルギーの低下がないように，できるだけ短い方がよく，またその大きさは排気弁または排気孔とほぼ同径ぐらいとする。しかも他のシリンダの排気の逆流や排気干渉を受けないように，同じ排気管に連なる排気間隔は，4 サイクル機関で約 200［°］，2 サイクル機関で約 120［°］以上のクランク角度の差を保つように配列する必要がある。それゆえ，同一排気管に連結できるシリンダ数は 3 つが限度である。

静圧過給は図 4.56 (b)のように，各シリンダの排気を比較的容積の大きい排気溜まりに集めて，排気の脈動圧をほぼ均整にしてタービンに流入する方式で，排気吹き出しエネルギーは排気溜まりの中で熱エネルギーに変わり，排気タービンは全周流入になるのでタービンの効率は動圧式よりも高く，しかも小形にできる。

両者の性能および構造などを，対照表にしたものを表 4.2 に示す。

表 4.2　動圧過給と静圧過給

項目	動圧過給	静圧過給
エネルギー利用度	排気吹き出しエネルギーも利用できる。	排気吹き出しエネルギーはほとんど利用しない。
タービン前の温度・圧力の変動	変動する。	変動は少ない。
タービン効率	部分流入なので劣る。 ＜参考＞　タービンノズルは 4 分割が限度	全周流入なのでよい。動圧過給より 8 ～ 10［%］ほど高い。
タービンの大きさ	部分流入のため大形。	全周流入のため小形。
給気圧	排気吹き出し直後のシリンダ内の低圧期を利用して吸気するので，比較的低い。	背圧（排気溜内の圧力）より高い必要があり，動圧過給より高い。
排気管長	排気の持つ運動エネルギーを減衰させずに利用するため長くできない。	運動エネルギーはほとんど利用しないので，取り付け位置に制限がなく，長くできる。
配管	過給機に入るガス入口枝管が多数のため複雑である。	ガス入口枝管は 1 本でよい。
過給機の必要台数	排気干渉を避けるため，1 本の排気集合管に入るシリンダ数は 3 シリンダが限界。それゆえ，シリンダ数によっては 2 ～ 4 台必要である。	1 台でも可能。
過給度と有効性	給気圧が低いので，ブロワーの断熱圧縮仕事は小さくてよく，低過給では動圧過給の方が有利である。	高過給になると背圧より吸気圧がずっと大きくなり，タービンの断熱膨張仕事に対するブロワーの断熱圧縮仕事が小さくてよいので過給が容易になる。 ＜参考＞　給気圧／大気圧＝ 1.8 以上では静圧過給の方が有利である。
低負荷運転	可能であり，その範囲が広い。	補助の送風機を必要とする。
消音器	排気脈動があるので必要である。	必ずしも必要とせず，過給機故障時の応急用に設ける。
圧縮圧力，最高圧力	給気圧に応じて低い。	給気圧に応じて高い。

過給機への異物の混入	ピストンリングの破片が吹き込まれて過給機損傷の事例があり。	ピストンリングの破片は排気溜で止まる。
過給機の振動	排気脈動の影響により振動しやすい。	動圧過給より小さい。
排気の吹き返し	低圧給気のため，2サイクル機関では排気の吹き返しが起こり排気孔の汚れが早く，時として吸気管火災の誘因となる。	高圧給気のため，この影響は比較的少ない。
サージング	起こりやすい。	比較的少ない。
過給機故障時の出力	出力低下率が比較的大きい。	出力低下率が比較的小さい。

4.4.3　遠心送風機

(1)　遠心送風機の構造

ディフューザー（案内羽根）は速度エネルギーを圧力エネルギーに変えることによって，空気抵抗を少なくするものである。

図 4.57 は遠心式うず巻送風機の構造を示す。羽根車が高速で回転し，中心部から吸い込んだ空気に羽根で回転運動を与え，その遠心力によって速度と圧力を与える。羽根車の円周から飛び出した空気は，羽根車外周のうず室，その外周のディフューザーを通り，うず巻室から吐出管に送り出される。ディフューザーは空気の流れをうず巻室に導くもので，その通路は末広がりになっている。その理由を次に述べる。

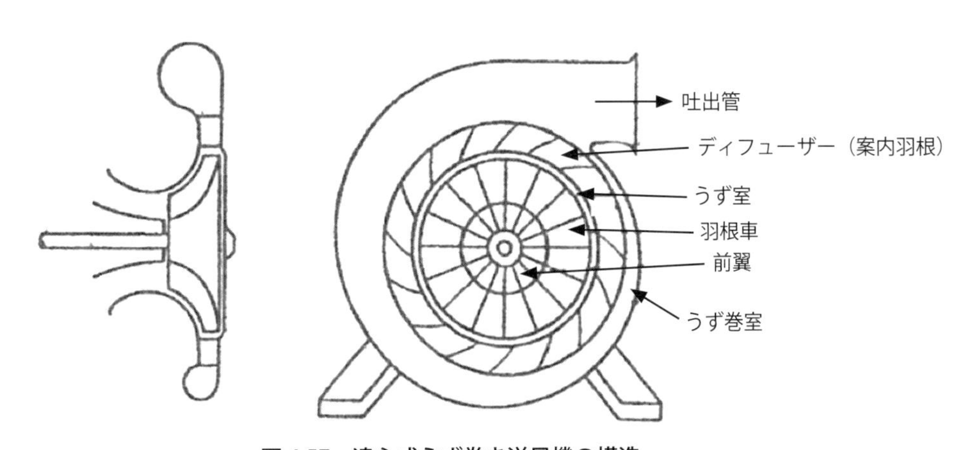

図 4.57　遠心式うず巻き送風機の構造

流体の抵抗は，速度の 2 乗に比例し圧力には無関係である。一方，羽根車で得た空気のエネルギーは速度エネルギーと圧力エネルギーからなる。そこで流体の抵抗を少なくし損失を減らすためには，速度を減少し圧力を増した方がよい。すなわち，ディフューザーは速度エネルギーを圧力エネルギーに変えるのものであり，そのため末広がりなのである。

羽根車の羽根は図 4.58 のように，回転方向に対して(a)**前向き曲がり羽根**，(b)**半径向き直線羽根**，(c)

後向き曲がり羽根の 3 種類がある。羽根車の周速度 u_2 が一定で空気量も等しい場合，空気の半径方向の分速度 w_r は等しいため，ベクトル c_2 は図のように(a)，(b)，(c)の順に大きい。これにより空気に与えられる運動エネルギーは前向き曲がり羽根がもっとも大きく，圧力上昇も最大である。後向き曲がり羽根は運動エネルギー，圧力上昇とも最小で，半径向き直線羽根はその中間である。効率はこの反対で後向き曲がり羽根が最高で，前向き曲がり羽根は最低である。後向き曲がり羽根は最高効率範囲が広く，サージング線から離れている利点もあるが，圧力上昇が小さい。

曲がり羽根は高速回転すれば，羽根に遠心力による曲げモーメントが作用して強度が弱くなりやすいが，半径向き直線羽根はその概念がなく，回転速度を高めることができるうえに，ディフューザーの形状を合理的に整えて効率を十分に上げられる。そのため，排気タービン過給機ではもっぱら半径向き直線羽が用いられる。

うず巻送風機の性能は主として羽根車外周の周速度で決まり，圧力比はほぼその周速度の 2 乗に比例するので，強度の許す限り高速にすることが望まれる。

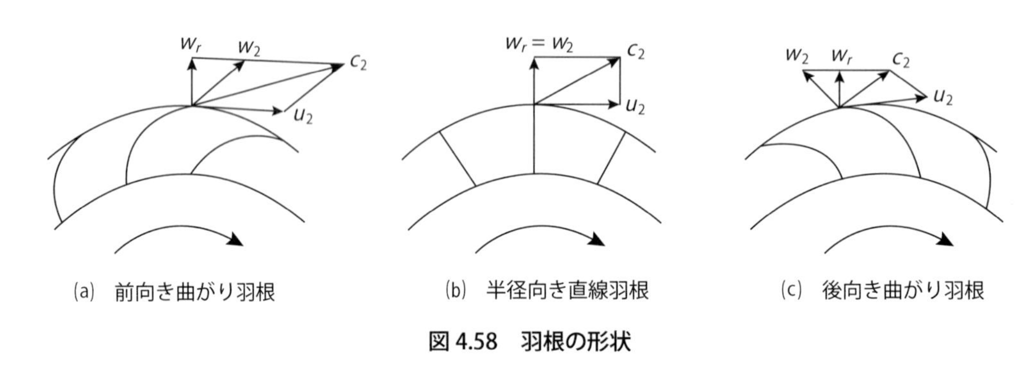

図 4.58 羽根の形状

(2) サージング

サージング線に近いところがブロワーの効率がよく，機関の吸込点もその付近に選ばれている。そのためブロワーの空気流路の抵抗を増やせば，圧力増大と流量減少によって容易にサージングを起こす。

送風機を一定の回転速度で運転しているとき，図 4.59 の排気吐出側の絞り弁を絞っていくと送風量は減って圧力は上がっていく。ある程度以上絞ると振動が起こって空気の流量や圧力は脈動し，騒音を発するとともに運転が不安定となって，ついには連続運転が不可能になる。このような現象を**サージング**という。

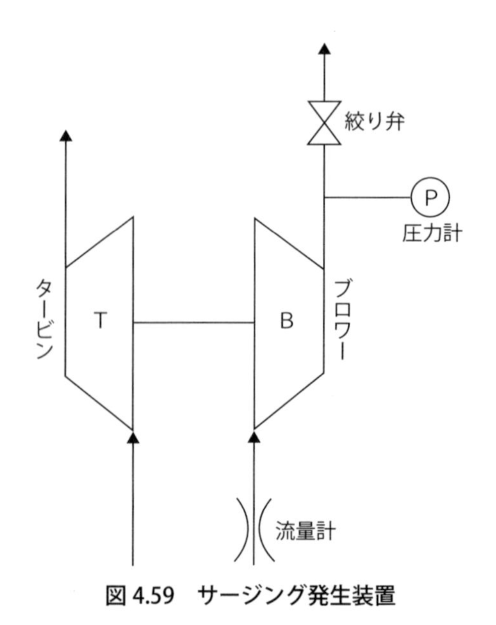

図 4.59 サージング発生装置

羽根が回転していればその前面の圧力が高く，背面（後面）の圧力は低くなるので，羽根間の空気流速は一様ではなく，前面で遅く背面で速い。図 4.60 (a)に示すように，羽根間に空気が満ちているときは，羽根の回転によって空気はそのまま外方に送り出される。今，流量が非常に少なくなったとすると，(b)に示すように羽根の背面の空気が羽根から出た途端に一部の空気は反対側に吸い戻され，羽根の周りをくるくる回るものや，うず巻を生ずるものがある。

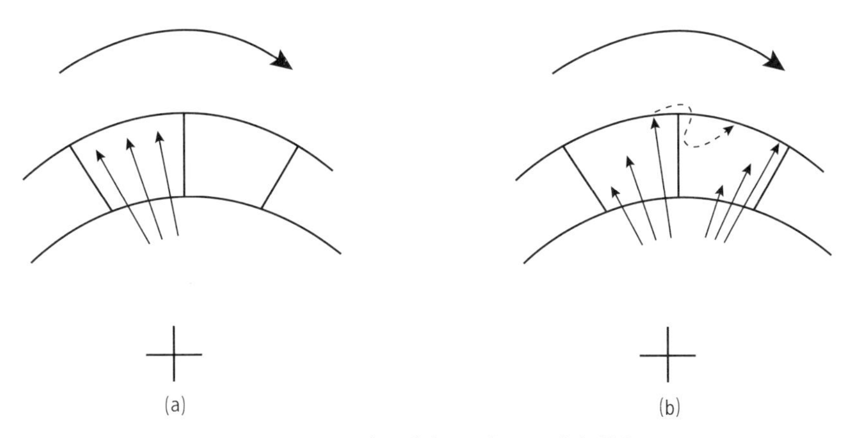

図 4.60　サージング時の羽根間の空気流れ

うず巻送風機のサージングの発生を図 4.61 の特性曲線で考える。排気タービン過給機の動力源は排気なので，排気状態が決まればそれに応じて過給機の回転数も決まり，回転数一定曲線は上に凸である。この右下がりの領域は安定で，左下がりは不安定なサージング領域である。その境界をいくつもの回転数一定曲線でつなげたものがサージング線である。こうしてある回転数における吐出圧力と空気流量が右下がりの領域でつり合って，正常な運転が保持される。ところが，図のようにブロワーの効率はサージング線に近いところが高いので，舶用機関の吸込点も図の一点鎖線のようにサージング線に近いとこ

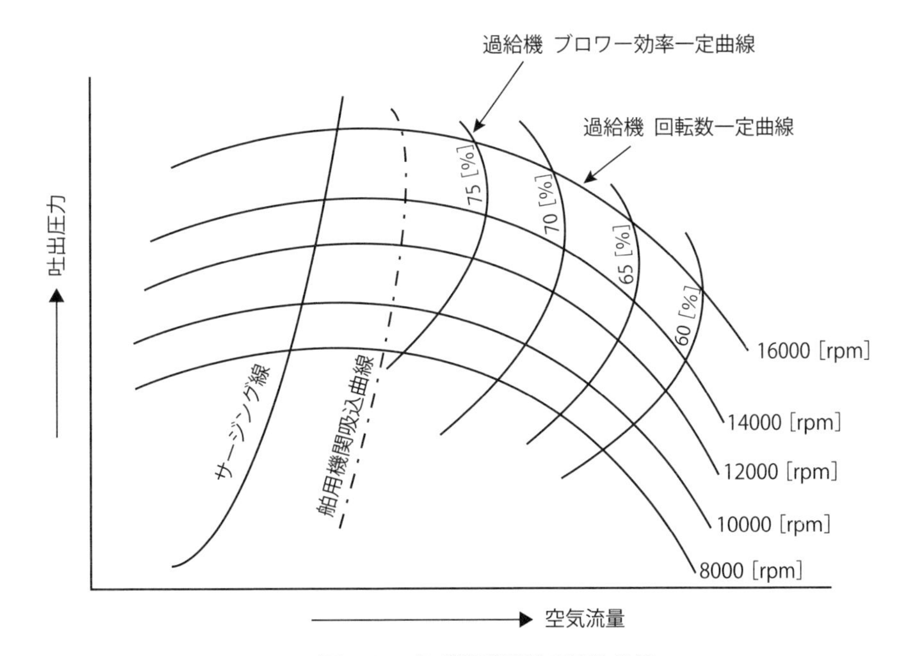

図 4.61　うず巻送風機の特性曲線

ろが選ばれ，この線上に上記のつり合い点がある。したがって，送風機の空気流路にある機器類の汚損などによる抵抗増加によって，圧力の増大，流量の減少を招き，サージング領域に容易に入る。機関回転数の低下による機関の空気取り入れ量の減少も，流路の抵抗増加と同様に考えてよい。

以下にサージング発生の具体的原因をあげる。

① 送風機の吸入側：吸込フィルター，インペラ，ディフューザーの汚れによる抵抗増加。吸入空気温度の上昇や機関室内の気圧低下による流量減少。空気の冷却し過ぎで風圧過剰。

② 送風機の吐出側：空気冷却器，吸排気弁または掃排気孔，タービン入口の保護格子，タービンノズル，タービン翼の汚れ。

③ 機関回転数の低下：減筒運転もしくはあるシリンダの燃料噴射ポンプの固着。荒天航海時や急速旋回あるいは，急速転舵時の負荷急増。急激な機関操作。船体およびプロペラ汚損によるトルクリッチ（回転数に対してトルクが過度に大きい状態）。

サージングが発生すると，そのままでは運転が続行できないので，それが止まるまで負荷を低下させたり，応急的には空気溜から給気の一部を大気に放出すれば給気圧が下がって止むが，いずれも一時的な操作にすぎない。このような場合には掃除などによって過給機の空気流路の抵抗増加を排除したり，船体やプロペラの洗浄あるいはプロペラの加工によってトルクリッチの軽減を図ればよい。

なお，機関の吸込点をサージング線から離し，それでもなお必要な風圧，風量を得ることができる場合，この過給機は機関とのマッチングがよいという。

＜参考＞ 特性曲線の右下がり線上は安定で，左下がり線上は不安定

図 4.62 の A 点で運転している場合，例えばタービンの回転数の変化などにより吐出空気量がわずかに減少すると，送風機の作動点は A から B に移動し，圧力が増す。B 点に移ると送風機出口の各部の絞り（クーラー流路，弁，孔など）は一定であるから，圧力増加に応じて空気流量が増える。流量が増えれば送風機の右下がりの特性から圧力は下がり，元の作動点 A に戻る。次に流量がわずかに増した

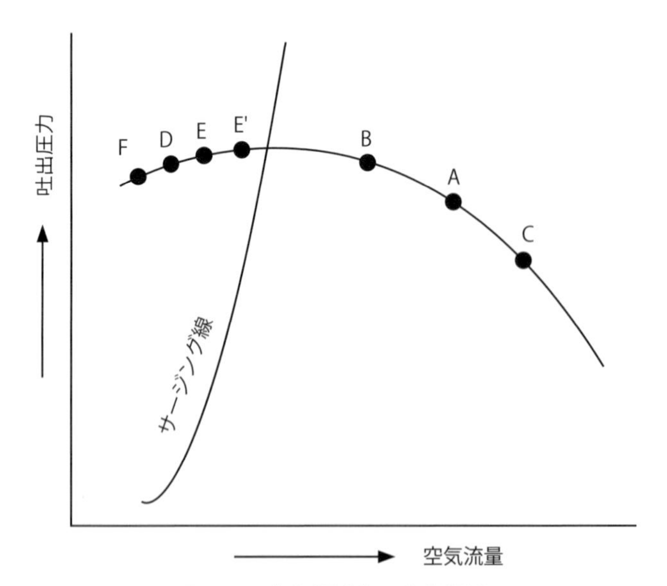

図 4.62　安定領域と不安定領域

とすれば，作動点 A は C 点に移り圧力が下がる。絞りは不変なので流量も減る。流量が減れば右下がりの特性から圧力が上がり，また A 点に戻る。したがって，A 点においては安定した運転が可能である。

これに対して左下がりの D 点で作動しているときに，空気流量がわずかに増加すると，作動点は E 点に移って圧力が上昇する。出口の絞りは不変であるから流量も増す。そうすると左下がり特性であるので圧力も上がり，E 点は E' に移る。流量がわずかに減ったとすると圧力は下がり，D 点から F 点に移動するが，絞りは一定なので流量はさらに減り，作動点は曲線に沿ってますます左方へ移動する。このように左下がりの領域（サージング領域）で運転すると，送風機の吐出圧力と流量の関係は著しく不安定な状態となる。

4.4.4　過給機の管理

(1)　給気の温度，圧力および過給機故障時の負荷限度

高過給化の限度は最高圧力で，過給機故障時の負荷限度は排気温度で，それぞれ抑えられる。

①　給気温度の影響

＜給気温度が高すぎる場合＞

(ア)　空気の密度が減るので吸入新気の重量が減り，出力および効率が低下する。

(イ)　圧縮後の温度が上昇するので燃焼温度も上昇し，燃焼室周囲との温度差が大きくなって冷却損失が増し，燃料消費率が増える。

(ウ)　吸入新気による燃焼室各部の冷却効果が減少するうえ，燃焼温度も上昇するため，ピストン頂部やシリンダ壁，排気弁などの温度が上がる。

＜給気温度が低すぎる場合＞

(ア)　燃焼室の空気温度が低下するため，始動性が悪くなる。

(イ)　着火遅れが大きくなり，ディーゼルノックが発生しやすくなる。

②　給気圧の低下原因

排気タービン過給機関で，同一負荷に対して給気圧が低下した場合，その原因と対策を空気の流れに沿って検討する。

○原因：機関室内の気圧低下

対策→メカニカルベンチレーター（機関室送風機）の手入れ。空気取入口の増設。

○原因：ブロワー吸込フィルターの汚れ

対策→定期的掃除

○原因：羽根車およびディフューザーの汚れ

対策→ひどい場合は分解掃除。軽度のものはブロワー吸込口から清水を注入。

○原因：空気冷却器の汚れ

対策→掃除

○原因：吸気管あるいは排気管から給気または排気の漏れ

対策→修理

○原因：過給機の不調。例えば軸受異常によって回転数が上昇しない。

対策→過給機の開放修理

○原因：タービン背圧の上昇

対策→排ガスボイラの掃除

③　過給機故障時の機関負荷限度

ディーゼル機関では，その燃焼に必要な最小の空気量は燃料噴射量の 14 ～ 17 倍である。これ以下になると一般に不完全燃焼となり，排気は黒色になって機関の熱負荷を増大させる。

機関の回転数を一定とした場合，機関に吸い込まれる空気量は，負荷の変動に関わらずほぼ一定である。一方，燃料噴射量は負荷に応じて変動し，燃料と空気の供給割合が前述の制限値に近づく。したがって，過給機故障時の負荷限度は，排気温度および排気色をその目安とする。

350［PS］の 4 サイクル機関で行った実験の結果，プロペラ負荷時では過給運転時の 1/4 の負荷で，280［℃］の排気温度が故障時には 470［℃］に達する。定格回転数（420［rpm］）で駆動する場合，1/4 の負荷では過給運転時 195［℃］，故障時 198［℃］とほとんど変わらないが，1/2 の負荷になると過給時 329［℃］の排気温度が故障時には 548［℃］にも達する。

4.5　燃料噴射装置

ディーゼル機関において，シリンダ内に燃料を噴射する機構を燃料噴射装置という。**燃料噴射ポンプ**で燃料を加圧し燃料を噴射する時期に**高圧管**（燃料噴射管）に送り，高圧管の先に取り付けられた**燃料噴射弁**により，シリンダ内に燃料を噴射させる。

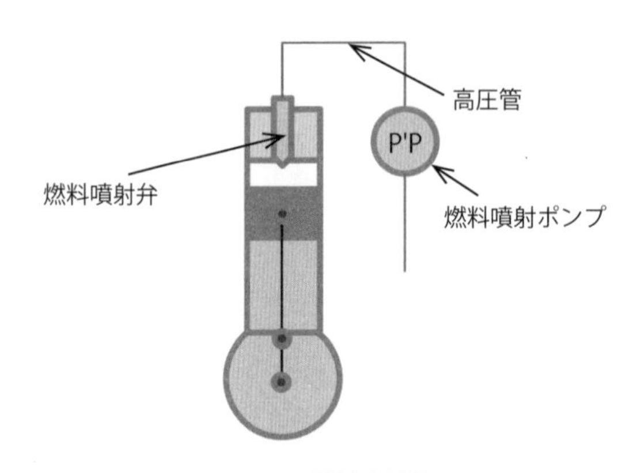

図 4.63　燃料噴射装置

4.5.1　燃料噴射ポンプ

燃料噴射ポンプは，燃料噴射弁と高圧管につながれ，燃料噴射時期の調整や，燃料噴射に必要な圧力をつくり，調速機と連動し燃料噴射量を加減して機関出力を増減させる。燃料噴射に必要な圧力を発生させ，機関の負荷に応じた燃料をクランク角度の適当な時期に，適当な時間だけ，各シリンダに平均的に送り出す。

高圧燃料ポンプの力で燃料だけをシリンダ内に吹き込む方法は無気噴射式と呼ばれ，構造が比較的簡単となる。無気噴射式は，シリンダごとにポンプを持つ単独式（独立式）と，ポンプからの燃料を1つの集中管に押し込み，蓄圧油室（アキュムレーター）によってその中の燃料の圧力を一定にしてから各シリンダへ給油する共通管（コモンレール）形式に分けられる。

燃料噴射ポンプの構造には，噴射量をスピル弁（逃し弁）が開く時期で調節する**スピル弁式**（逃し弁式）と，噴射量を逃し孔で調整する**ボッシュ式**（逃し孔式）がある。ボッシュ式燃料噴射ポンプの内部は，注射器のようにバレルと呼ばれる筒とバレル内を摺動するプランジャがある。プランジャにはリードと呼ばれる切り溝が付けられており，バレル内で回転する機構となっている。噴射ポンプ下部のカムによりプランジャが押し上げられバレルの吸油孔から入る燃料が高圧管に送られるとき，リードとバレルの排油孔が通じることで排油孔に流れ，燃料は高圧管に行かなくなる。リードは斜めに切られており，プランジャを回転させることで，リードと排油孔がつながる距離が変わり，噴射量が調整される。

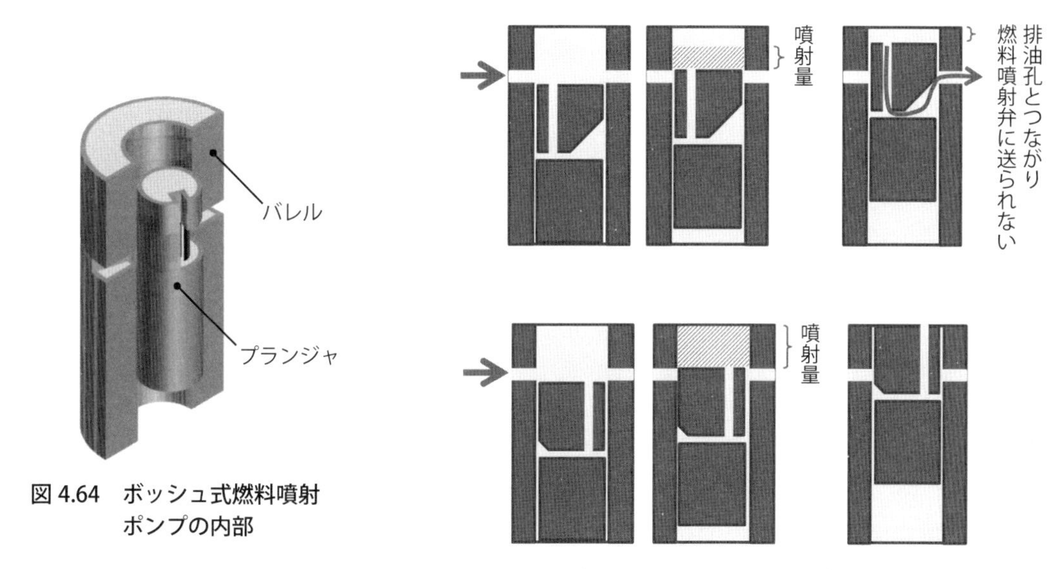

図 4.64　ボッシュ式燃料噴射ポンプの内部

図 4.65　ボッシュ式燃料噴射ポンプの燃料噴射量の調整

4.5.2　燃料噴射弁

シリンダヘッドに付けられ，燃料噴射ポンプから送られる高圧の燃料油をシリンダ内に微細な霧状にして噴射する弁を燃料噴射弁という。

開口型噴射弁は，弁の中央に燃料油通路があり，その先端にノズルが取り付けられている。

閉止型噴射弁には，カム開閉弁（機械的開閉弁）式と自動弁式がある。カム開閉弁式では，蓄圧器に蓄えられ噴射弁に送られた高圧油が，カムにより機械的に開く噴射弁により噴射される。自動弁式燃料噴射弁（自動燃料噴射弁）では，燃料ポンプから送られる高圧燃料油が，ノズル，ニードル弁の下部に達し，ニードル弁を抑えるばねの力に打ち勝ち弁を押し上げることで，燃料が噴射される。ポンプからの送油が止まると，油圧が低下しニードル弁が閉じ噴射が止まるため，ニードル弁の開閉は油圧により自動的に行われる。

燃料噴射弁のノズルは一般的に円形の孔が用いられ，その構造には燃料油の霧化および噴射量によりさまざまなものがある。噴射孔や噴射孔を塞ぐニードル弁の形状により，単孔ノズル，多孔ノズル，ピントルノズル，スロットルノズルに分けられる。多孔ノズルにおいて噴口の中心線がなす円錐の角度を**噴口角**（Hole angle）という。また噴口の出口における噴霧の角度を**噴霧角**（Angle of spray），噴霧の先端が到達する距離を**噴霧到達距離**（Fuel spray travel）といい，燃焼に大きな影響を及ぼす。

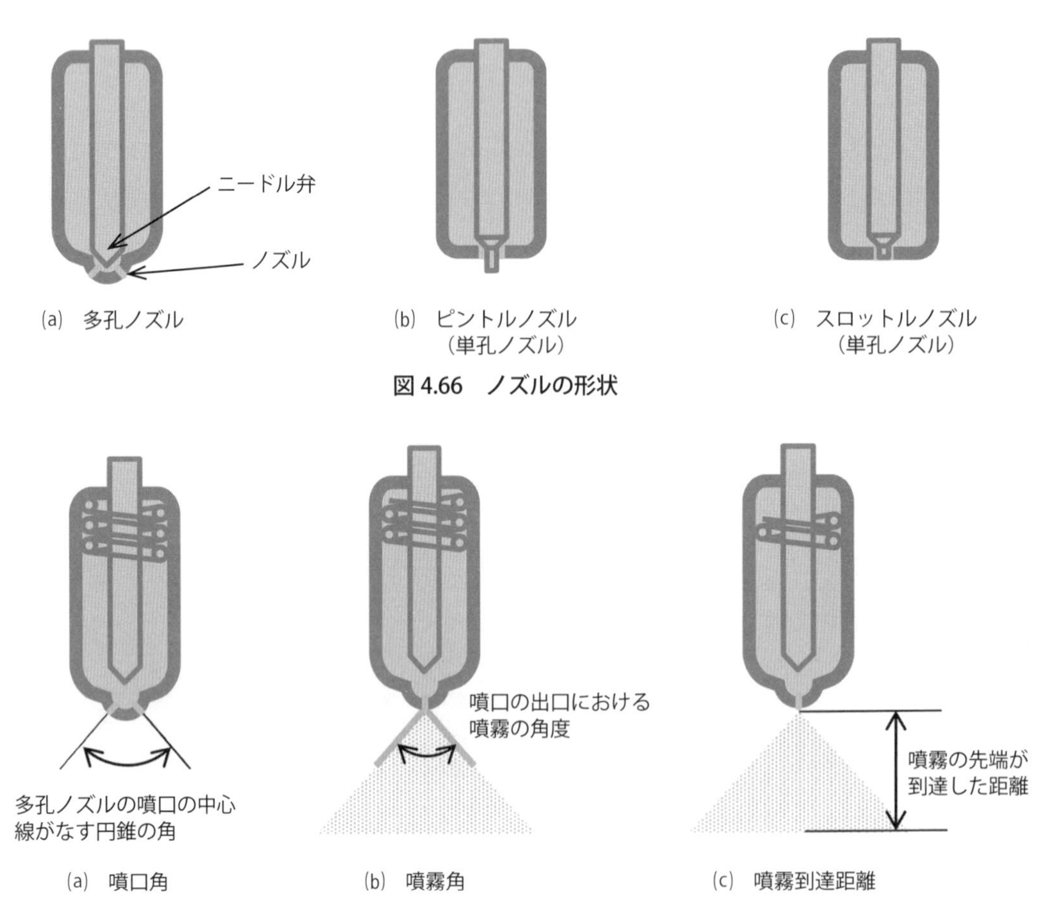

図 4.66 ノズルの形状

図 4.67 燃焼に関わるノズルおよび噴霧の名称

シリンダ内に燃料を噴霧させる要件には，霧化，貫通力，分布の 3 つがある。

霧化（Atomization）とは，油粒が小さくなり霧状になることである。

噴射圧力（噴流速度）が高くシリンダ内圧が高いほど空気摩擦が増加し，油粒が小さくなる。また，ノズルの直径が小さいほど油粒は小さくなり，油を細かく粉砕し霧状になる。油粒が小さいほど気化燃焼が速やかに行われる。

貫通（Penetration）とは，油粒がシリンダ内を突き進む状態を示す。油粒が静止している燃焼ガスに包まれるとき燃焼は進行しないため，燃焼しきるまで空気中を突き進む力を持たなければならない。貫通力を大きくするためにはノズル直径を大きくし，油粒の直径を大きくする。これは，霧化と相反する条件となる。貫通力はシリンダ内圧力が増すに従い減少する。ノズルの直径を大きくすれば貫通力は増すがその効果は限定的である。

分布（分散，Distribution）とは，噴霧の広がりのことで，噴射圧力，背圧，ノズル形状に影響され，その状態が良好であれば油粒は燃焼室全体の空気と接することができる。

一般に円錐状に広がるため，角度を大きく取れば分布はよくなる。しかし，到達距離は減少する。

したがって分布と霧化は互いに促進できるが，分布と貫通力は相反する。このため3条件を同時に満たすことはできず，燃焼室の形状および空気の連動状態により最良のノズル直径あるいは噴射角などを決める必要がある。

4.5.3　調速機（ガバナ）

（ガソリン機関は空気吸入量を調整し機関回転数を制御するが,）ディーゼル機関では空気吸入量の調整をしないため，機関回転数は燃料噴射量によって制御される。**ガバナ**は燃料噴射装置を構成する機構の一つで，燃料ポンプ本体の燃料噴射量調節機構とつながれ，機関運転状態における回転数と，負荷に応じて燃料噴射量を調整する。

主に,機関回転数の検知と目標回転数との差を検知し,差に応じて噴射量を調整するためのコントロールラックを動かす作動力を発生させる。

作動方法により，慣性ガバナ，遠心ガバナに分けられ，用途により，定速ガバナ，非常ガバナ，オールスピードガバナに分けられる。

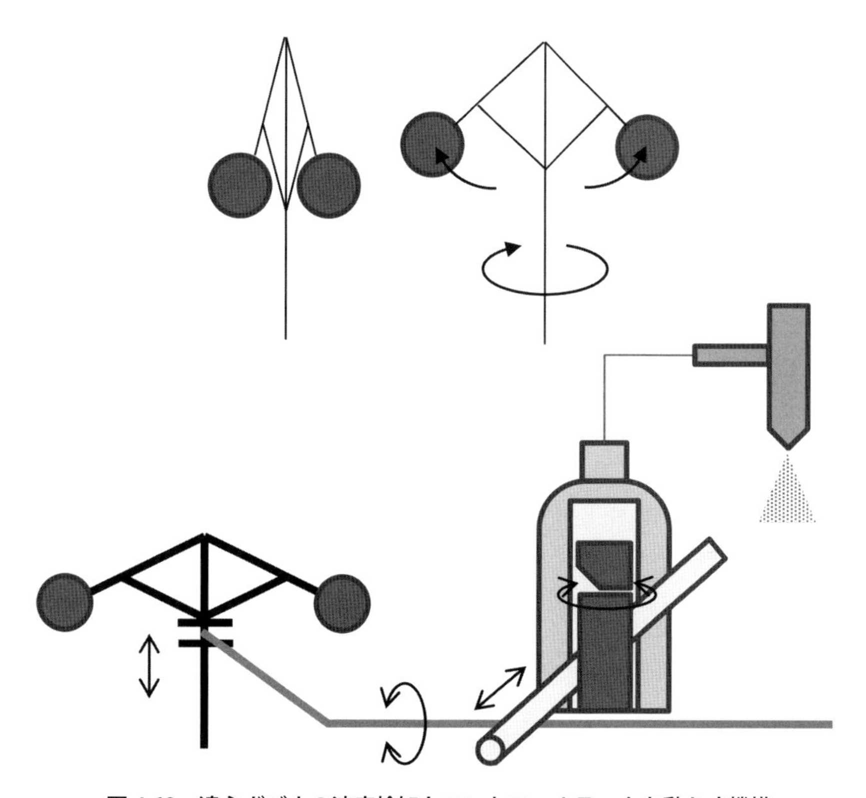

図 4.68　遠心ガバナの速度検知とコントロールラックを動かす機構

練習問題

問 4-1　クロスヘッド型機関において，シリンダライナ下部の水密部からの漏水を発見しやすいようにするための構造を説明しなさい。

問 4-2　右図はシリンダライナのフランジ部を示す。シリンダヘッドを締め付けた場合，フランジ部にはどのような力が加わるのか図で示しなさい。

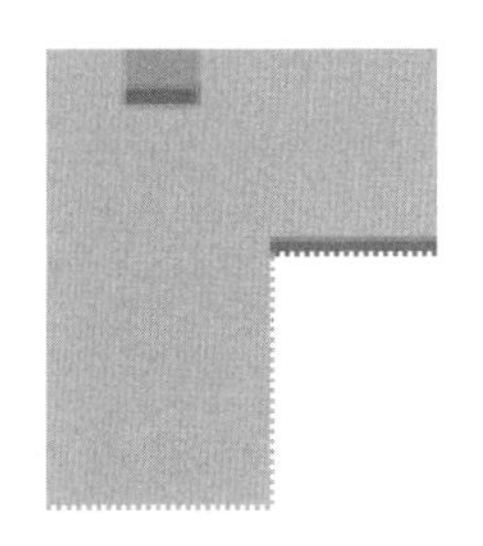

問 4-3　シリンダヘッドボルトの役割を説明しなさい。

問 4-4　トランクピストン型ディーゼル機関のクランク室内の爆発について，原因を説明しなさい。また，爆発の被害を減少させるためのクランク室の構造を説明しなさい。

問 4-5　ディーゼル機関の軸受に関して，トリメタルはどのような材料によって構成されているか説明しなさい。

問 4-6　ディーゼル機関のタイロッドは，何を締め付けるものか。図を描き説明しなさい。また，タイロッドを用いるとどのような利点があるか説明しなさい。

問 4-7　ディーゼル機関のピストン頂面で割れを生じやすい場所はどこか説明しなさい。

問 4-8　ディーゼル機関のピストンリングについて，リングフラッタとはどのような現象か説明しなさい。

問 4-9　連接棒ボルトのねじ部に応力が集中しないようにするため，工作上どのような考慮がなされているか説明しなさい。

問 4-10　トランクピストン型ディーゼル機関の連接棒について，大端部の形状を 2 種類，略図を描いて説明しなさい。

問 4-11　クランクアームの開閉量を計測したところ，クランクピンが上死点にあるときのダイヤルゲージの読みが－8，下死点付近にあるときの読みが 0 であれば，クランク軸心はどのような状態になっているか図を描き示しなさい。

問 4-12　4 サイクルディーゼル機関の吸気弁および排気弁の弁駆動装置の一部を示す。各名称と利点を書きなさい。

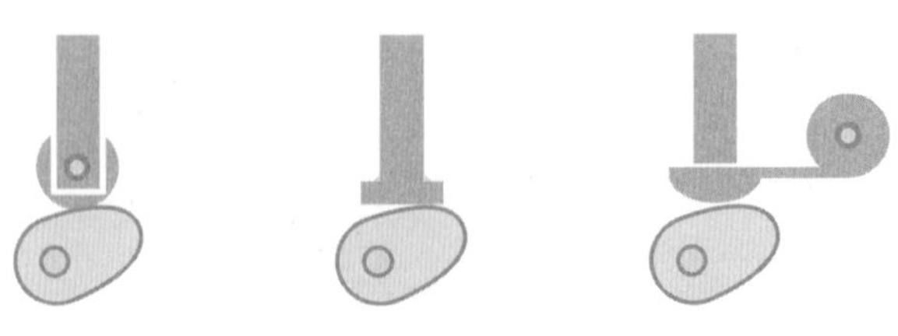

問 4-13　吸排気弁について，弁座の当たり面の幅は一般にどちらを大きくするか理由とともに説明しなさい。

問 4-14　2 サイクルディーゼル機関の掃気について，ユニフロー掃気が，横断掃気やループ掃気に比べて有利な点および不利な点をそれぞれ説明しなさい。

CHAPTER 5

燃料と燃焼

船舶を安全かつ計画的に運航することは，海技士に求められるもっとも重要な使命の一つである。機関士は主機をはじめとする多くの機械を扱うが，これらが大きなトラブルなく長時間動き続けるように整備や点検を行わなくてはならない。また大型船舶の主機は燃料の消費量が非常に多く，船舶の運航コストに占める燃料代の割合は大きい。そのため主機を適切に運用し，燃料消費を抑えることも求められる。

また排出ガスに関する規制は年々厳しくなっている。国際海運分野においては，国際海事機関（IMO：International Maritime Organization）により定められたMARPOL条約などの中に窒素酸化物（NO_X）や硫黄酸化物（SO_X）に関する項目があり，各成分の排出について厳しい制限が設けられている。

以上のように燃料と燃焼は，船舶の安全運航，コスト，環境保護の観点から重要な要素である。いずれの要求も満たすためには、主機をはじめとする燃焼機器での適正な燃焼がカギとなる。本章では，これらを実現するために必要な燃料および燃焼の基礎理論について解説を行う。

5.1　燃料

5.1.1　石油の蒸留

内燃機関で扱う油として，燃料油（Fuel oil, 略称 FO）と潤滑油（Lubricating oil, 略称 LO）があるが，本章では燃料油を扱う。一般的に内燃機関に用いられる燃料油は石油由来である。ただし，掘削により得られた石油はさまざまな留分（成分）が混ざっており，また産油地によってもその留分は異なる。これらのことから，石油をそのまま燃料として内燃機関で扱うことは不可能であるため，各成分の揮発性の違いを利用して**蒸留**（Distillation）を行う。

図 5.1 に蒸留による石油精製の概略を示す。タンクから送られた石油は加熱炉で約 350［℃］まで温められ，さらに蒸留装置下部へ送られる。蒸留装置内には段が設けられており，装置上部にいくにつれて各段の温度は低くなる。蒸留装置の下部に送られてきた石油は，はじめは高温であるため，蒸気として装置上方へ移動していく。しかし，上に進むほど徐々に温度が低下するため，石油中の高沸点の留分から液化し，回収される。図 5.1 に基づいて説明をすると，はじめに軽油に相当する留分が液化して回収され，その後，灯油留分，ガソリン留分の順にそれぞれ液化したものが回収される。石油を加熱炉から蒸留装置内に送った際，蒸発しなかった成分は残渣油（重油，アスファルト）として回収され，一方低温でも液化しなかった成分は石油ガス留分として回収される。

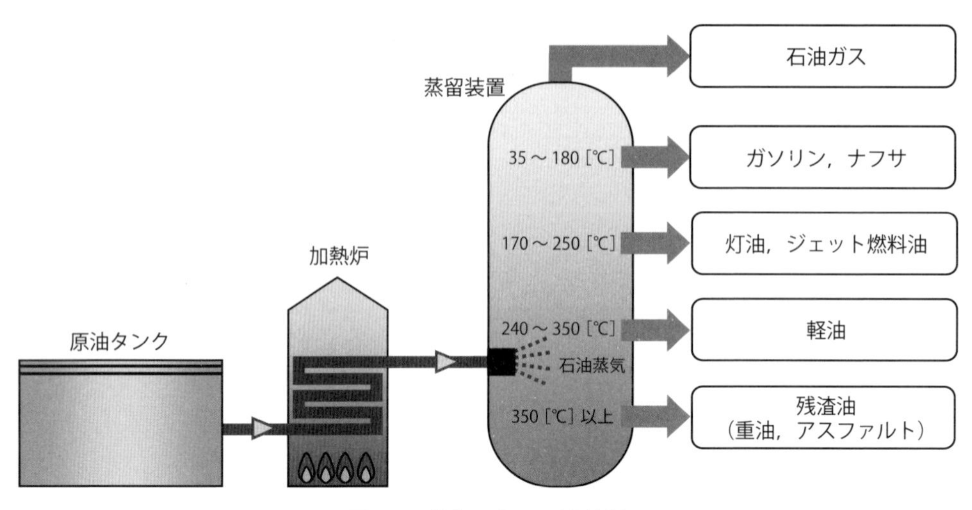

図 5.1　蒸留による石油精製

5.1.2　各種燃料の特性

前項で述べたとおり，石油は揮発性の違いにより蒸留され，各留分はその燃料特性に適した機関に供給され，燃焼が行われる（表 5.1）。ここでは，各種燃料の主要特性について説明する。

表 5.1　各種燃料の利用分野

燃料	機関利用分野
液化石油ガス	タクシー
ガソリン	普通乗用車（ガソリン車）， 軽自動車，船外機，草刈り機※
軽油	普通乗用車（ディーゼル車）， トラック，建設機械， 電気式気動車（発電用機関として）
重油	舶用主機関

※ガソリンに対して数 [%] 程度のエンジンオイルを混合した“混合ガソリン”を使うことが多い。

(1)　液化石油ガス

液化石油ガスは LPG（Liquefied Petroleum Gas）と称して，ガスコンロやライターなどの燃料としてよく用いられる。主成分はプロパン（C_3H_8），ブタン（C_4H_{10}）であり，これらは常温大気圧では気体である。ただし，常温でもプロパンは約 2 気圧，ブタンは約 8 気圧で液化することが可能であり，ガス（気体）時に比べて体積を大幅に低減できるため，貯蔵や輸送に適しているといえる。

(2)　ガソリン

ガソリン（Gasoline）は，炭素数 4 ～ 10 程度の炭化水素（Hydrocarbon）の混合物である。引火点（Flash point）は約－ 40 [℃] と極めて低く，常温においては火を近づけると容易に着火する。また揮発性が高いという特徴もあり，蒸発したガソリンと空気が適度な濃度で混合すると，静電気のようなわずかなエネルギーでも着火する可能性がある。さらに機関の熱などにより燃料配管中に気泡（ガソリン蒸気）が溜まり，配管中のガソリンの流れを妨げる現象（ベーパーロック，蒸気閉塞）が発生することもある。以上のように，ガソリンの取り扱いにはさまざまな注意が必要である。

ガソリンの性質を示す代表的な指標として，**オクタン価**（Octane number）がある。この指標は 0 ～ 100 で示されるものであり，値が大きいほど自着火性が低く，ノッキングといわれる異常燃焼が起きにくい（アンチノック性が高い）ことを意味する。0 は n- ヘプタンと同程度，100 は iso- オクタン（2,2,4 トリメチルペンタン）と同程度のアンチノック性を持つことを意味する。ガソリンスタンドでは「ハイオク」や「レギュラー」と称してガソリンが販売されているが，これらはオクタン価により分類されている。JIS 規格では，1 号ガソリン（ハイオク）はオクタン価 96.0 以上，2 号ガソリン（レギュラー）は 89.0 以上と規定されている（JIS K2202）。

(3)　灯油

灯油（Kerosene）は炭素数 9 ～ 18 程度の炭化水素の混合物であり，家庭では暖房機器やランプなどの燃料として用いられる。JIS 規格では引火点は 40［℃］以上と，常温では引火しない。また発火点（Autoignition point）は約 250［℃］である。ジェット機の燃料も灯油に近い成分であるが，上空での凍結防止のため，水分が取り除かれている（高度 1 万［m］では気温マイナス 50［℃］にもなる）。

(4)　軽油

軽油（Light oil）は炭素数 12 ～ 20 程度の炭化水素を主成分とする混合物である。ディーゼル機関（大型船舶の主機関を除く）の燃料として用いられる。日本では乗用車の大半がガソリン機関であるなどの理由から，軽油は国内需要に対して生産過剰となる傾向にあり，石油の精製後，輸出しているのが実情である。

軽油の主要な指標として**セタン価**（Cetane number）があり，これは重油にも適用される。15 ～ 100 の値（かつては 0 ～ 100）で示されるものであるが，値が大きいほど着火性が高いことを意味する。セタン価 15 はイソセタン（2,2,4,4,6,8,8- ヘプタメチルノナン），100 はノルマルセタン（ヘキサデカン），かつての基準として使われていたセタン価 0 は 1- メチルナフタレン（芳香族炭化水素の一種）に相当する。表 5.2 に JIS 規格に記載されている軽油の分類および性状を示す。

(5)　重油

重油（Heavy oil）は炭素数 17 以上の炭化水素を主成分とする混合物である。前述の燃料と比較すると密度が大きく，文字どおり " 重い " 油であるが，その密度は約 0.80 ～ 0.95［g/cm^3］と水より軽い。そのため，海洋で重油の流出事故が起きた場合には，重油は海面を漂うことになる。

燃料用途としては，大型船舶のディーゼル主機関のほか，ボイラでも用いられる。重油は軽油と残渣油を混合したものであるが，その割合により動粘度が異なり，これを基に A，B，C 重油に分類される。各重油は，硫黄分質量や水分容量などにより，さらに細分化される（表 5.3）。一般的に，農作機械や漁業用の中・小型船舶のディーゼル機関，大型船舶においても発電用の小型ディーゼル機関は A 重油が用いられることが多い。大型の舶用ディーゼル主機関では C 重油が用いられる。C 重油の中に含まれるアスファルテンは乳化性能を持ち，W/O（Water in Oil，油中水滴）型エマルションを形成するため，水分の分離には注意が必要である。

表 5.2　軽油の JIS 規格（JIS K2204 より抜粋）

<table>
<tr><td rowspan="2">性状／燃料</td><td>引火点</td><td>留出性状 90％留出温度 *1</td><td>流動点</td><td>目詰まり点</td><td>10%残油の残留炭素分質量</td><td>セタン指数 *2</td><td>動粘度（30℃）</td><td>硫黄分質量</td></tr>
<tr><td>℃</td><td>℃</td><td>℃</td><td>℃</td><td>%</td><td></td><td>mm^{2}/s（＝ cSt）</td><td>%</td></tr>
<tr><td>特 1 号</td><td rowspan="3">50 以上</td><td>360 以下</td><td>＋ 5 以下</td><td>—</td><td rowspan="5">0.1 以下</td><td>50 以上</td><td>2.7 以上</td><td rowspan="5">0.05 以下</td></tr>
<tr><td>1 号</td><td>360 以下</td><td>− 2.5 以下</td><td>− 1 以下</td><td>50 以上</td><td>2.7 以上</td></tr>
<tr><td>2 号</td><td>350 以下</td><td>− 7.5 以下</td><td>− 5 以下</td><td>45 以上</td><td>2.5 以上</td></tr>
<tr><td>3 号</td><td>45 以上</td><td>330 以下 *3</td><td>− 20 以下</td><td>− 12 以下</td><td>45 以上</td><td>2.0 以上</td></tr>
<tr><td>特 3 号</td><td>45 以上</td><td>330 以下</td><td>− 30 以下</td><td>− 19 以下</td><td>45 以上</td><td>1.7 以上</td></tr>
</table>

＊ 1：T90 と称することもある。元の試料に対して体積分率 90％が蒸発する温度。
＊ 2：セタン指数はセタン価を用いることもできる。
＊ 3：動粘度（30℃）が 4.7 mm^{2}/s（＝ 4.7 cSt）以下の場合には，350℃以下とする。

表 5.3　重油の JIS 規格（JIS K2205 より抜粋）

<table>
<tr><td colspan="2" rowspan="2">燃料＼性状</td><td rowspan="2">反応</td><td>引火点</td><td>動粘度（50℃）</td><td>流動点</td><td>残留炭素分</td><td>水分</td><td>灰分</td><td>硫黄分</td></tr>
<tr><td>℃</td><td>cSt</td><td>℃</td><td>質量％</td><td>容量％</td><td>質量％</td><td>質量％</td></tr>
<tr><td rowspan="2">1 種（A 重油）</td><td>1 号</td><td>中性</td><td>60 以上</td><td>20 以下</td><td>5 以下</td><td>4 以下</td><td>0.3 以下</td><td>0.05 以下</td><td>0.5 以下</td></tr>
<tr><td>2 号</td><td>中性</td><td>60 以上</td><td>20 以下</td><td>5 以下</td><td>4 以下</td><td>0.3 以下</td><td>0.05 以下</td><td>2.0 以下</td></tr>
<tr><td colspan="2">2 種（B 重油）</td><td>中性</td><td>60 以上</td><td>50 以下</td><td>10 以下</td><td>8 以下</td><td>0.4 以下</td><td>0.05 以下</td><td>3.0 以下</td></tr>
<tr><td rowspan="3">3 種（C 重油）</td><td>1 号</td><td>中性</td><td>70 以上</td><td>250 以下</td><td>—</td><td>—</td><td>0.5 以下</td><td>0.1 以下</td><td>3.5 以下</td></tr>
<tr><td>2 号</td><td>中性</td><td>70 以上</td><td>400 以下</td><td>—</td><td>—</td><td>0.6 以下</td><td>0.1 以下</td><td>—</td></tr>
<tr><td>3 号</td><td>中性</td><td>70 以上</td><td>400 を超え 1000 以下</td><td>—</td><td>—</td><td>2.0 以下</td><td>—</td><td>—</td></tr>
</table>

引火・発火・着火・点火

「引火・発火・着火・点火」はいずれも言葉の意味は似ているようであり，また英語ではいずれも “Ignition” と訳すことができる。しかしながら，火炎が発生する過程によって区別がされている。

引火…火種を燃料付近まで近づけると，燃料表面に火が移り火炎が発生する。この現象を引火といい，火種から火が燃え移る最低の燃料温度を引火点という。

発火…酸化熱や分解熱などにより物質が空気中で自然に発熱し，やがて火種がなくても自然に火炎が発生する。このときの温度を発火点という。

着火…火種がない状態で自然に火炎が発生することを指し，発火に近いともいえる。ディーゼル機関（圧縮着火機関）でしばしば用いられる。「燃料が着火する」というように自動詞として用いる。

点火…何らかの火種を用いて，人為的に火炎を発生させること。ガソリン機関（火花点火機関）でしばしば用いられる。（人が）「混合気を点火する」というように他動詞として用いる。

5.2　燃焼概論

5.2.1　燃焼とは

一般的に燃焼とは「発熱と火炎を伴う酸化反応」と定義される。燃焼には「空気」「可燃物」「熱源（点火源）」の 3 要素が必要である。点火源については，火気・静電気・落雷・摩擦熱・発酵熱など多岐にわたる。ディーゼル機関を例に 3 要素について説明すると，「空気：燃焼室内の空気」「可燃物：燃料油」「熱源：圧縮行程を経て高温となった燃焼室内の空気」となる。

燃焼の 3 要素について逆をいえば，何か燃焼しているものを消火するためには，どれか一つの要素を取り除けばよい。可燃物を取り除けば火炎の拡大を防ぐことができ，酸素を断つことによっても燃焼は停止する。また燃焼物に大量の水をかけて冷却することにより，燃焼の継続を断ち切ることができる。

ただし燃焼物の種類によっては，水をかける行為がかえって危険を誘発することもある。高温の油に水を投入すると一気に蒸発して水蒸気となり，油を周囲に飛散させるとともに火炎を急激に拡大させる可能性がある。他にもカリウムやナトリウムは，水との反応により水素ガスを発生する。水素はもっとも燃焼性の高い物質の一つであり，これも非常に危険である。

5.2.2　石油の基本的な燃焼反応

石油の主成分が炭化水素であることは前述のとおりであるが，燃焼反応の基本となる元素は炭素，水素，硫黄である。これらの燃焼反応は，石油の燃焼を把握するための基本となる。次に，熱化学方程式（化学反応式に発熱量を加えたもの）を示す。

$$\mathrm{C} + \mathrm{O_2} = \mathrm{CO_2} + 394 \quad [\mathrm{kJ/mol}] \tag{5.1}$$

$$\mathrm{C} + 1/2\mathrm{O_2} = \mathrm{CO} + 123 \quad [\mathrm{kJ/mol}] \tag{5.2}$$

$$\mathrm{CO} + 1/2\mathrm{O_2} = \mathrm{CO_2} + 283 \quad [\mathrm{kJ/mol}] \tag{5.3}$$

$$\mathrm{H_2} + 1/2\mathrm{O_2} = \mathrm{H_2O} + 242 \quad [\mathrm{kJ/mol}] \tag{5.4}$$

$$\mathrm{S} + \mathrm{O_2} = \mathrm{SO_2} + 297 \quad [\mathrm{kJ/mol}] \tag{5.5}$$

以上の熱化学方程式は，いずれも右辺の反応熱の符号が（+）であるが，これは周囲に熱を放出する発熱反応であることを意味する。一方，窒素と酸素が反応し，一酸化窒素が生成する（これは燃焼反応ではない）ときの熱化学方程式は以下のとおり示される。

$$\mathrm{N_2} + \mathrm{O_2} = 2\mathrm{NO} - 181 \quad [\mathrm{kJ/mol}] \tag{5.6}$$

反応熱の符号が（−）であるが，これは周囲から熱を奪う吸熱反応であることを意味する。

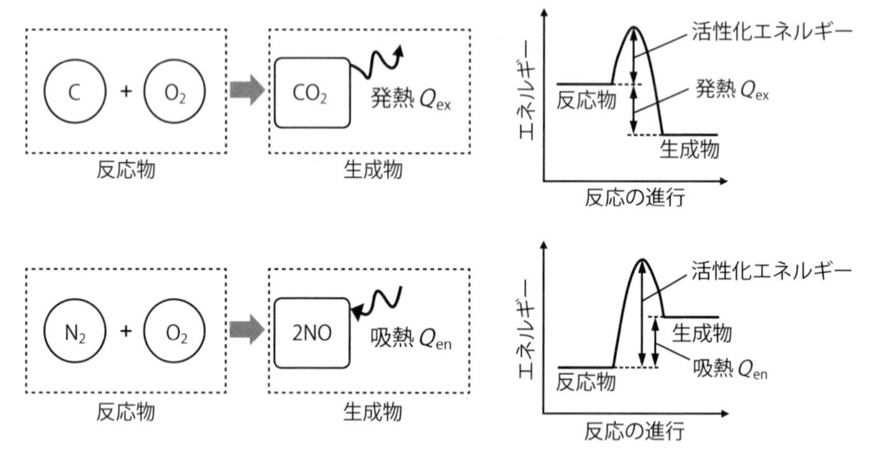

図 5.2 反応によるエネルギー遷移

発熱量（Heat value）は，高位発熱量と低位発熱量の 2 つに分類される。H_2 が燃焼すると生成物として H_2O が得られるが，熱エネルギーを動力に変換するような機関では，燃焼室内，排出ガス温度はともに 100［℃］以上であるため，水蒸気の状態である。

$$\mathrm{H_2} + 1/2\mathrm{O_2} = \mathrm{H_2O}\,(\text{水蒸気}) + 242 \quad [\mathrm{kJ/mol}] \tag{5.7}$$

また水蒸気（気体）が水（液体）に戻るとき，凝縮熱（Condensation heat）を発生する。上式の水蒸気を水とし，さらに凝縮熱を加えると

$$\mathrm{H_2} + 1/2\mathrm{O_2} = \mathrm{H_2O}\,(\text{水}) + 286 \quad [\mathrm{kJ/mol}] \tag{5.8}$$

と表される。式(5.7) で示される凝縮熱を考慮しない反応熱を**低位発熱量**（Low heat value），式(5.8) の凝縮熱を含めた反応熱を**高位発熱量**（High heat value）という。熱機関で生成された H_2O は水蒸気のまま排出される。つまり凝縮熱は動力として取り出されず，外部に排出される。このことから燃焼に関する計算の多くは低位発熱量を用いる。表 5.4 に各種燃料の高位発熱量および低位発熱量，参考として沸点も記載しておく。

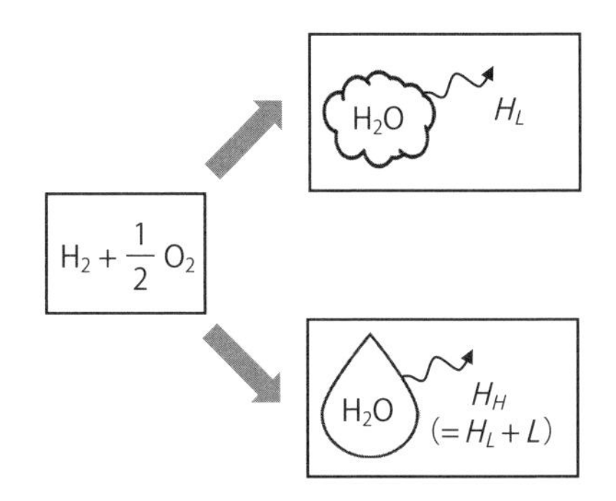

図 5.3　高位発熱量および低位発熱量

表 5.4　各種燃料の高位発熱量，低位発熱量，沸点

物質名	分子式	高位発熱量（HHV）	低位発熱量（LHV）	沸点
		MJ/kg	MJ/kg	℃
水素	H_2	141.8	120.0	− 252.7
一酸化炭素	CO	10.1	10.1	− 191.5
メタン	CH_4	55.5	50.0	− 161.5
エタン	C_2H_6	51.9	47.5	− 89.0
プロパン	C_3H_8	50.3	46.3	− 42.1
n- ブタン	C_4H_{10}	49.5	45.7	− 0.5
n- ヘキサン	C_6H_{14}	48.7	45.1	68.7
アセチレン	C_2H_2	49.9	48.2	83.6
メタノール	CH_3OH	23.8	21.1	64.7
ガソリン	—	47.2	44.9	—
軽油	—	45.6	43.3	—
C 重油	—	44.7	43.6	—
LPG（民生用）	—	50.4	46.4	—
都市ガス（13 [A]）	—	54.4	49.0	—

ある炭化水素燃料（C_mH_n）1 [mol] が酸素または空気と反応するときの反応式は，以下のように示される。ただし，簡単化のために空気の組成は体積比で窒素 79 [%]，酸素 21 [%] とし，その他の微量成分（アルゴン，二酸化炭素，ネオンなど）は考慮していない。

$$\mathrm{C_mH_n} + \left(\mathrm{m} + \frac{\mathrm{n}}{4}\right)\mathrm{O_2} \rightarrow \mathrm{mCO_2} + \frac{\mathrm{n}}{2}\mathrm{H_2O} \tag{5.9}$$

$$\mathrm{C_mH_n} + \frac{100}{21}\left(\mathrm{m} + \frac{\mathrm{n}}{4}\right)\mathrm{Air} \rightarrow \mathrm{mCO_2} + \frac{\mathrm{n}}{2}\mathrm{H_2O} + \frac{79}{21}\left(\mathrm{m} + \frac{\mathrm{n}}{4}\right)\mathrm{N_2} \tag{5.10}$$

前述の式より，燃料（C_mH_n）の組成がわかっていれば，1 [kg] の燃料が過不足なく反応できる空気の質量を求めることができ,これを**理論空気量**（Stoichiometric amount of air）または量論空気量という。

理論空気量について，メタン（CH_4，分子量 16 [g/mol]）の場合の計算例を紹介する。メタン 1 [mol] に対して過不足なく反応する Air は，m = 1，n = 4 を式(5.10)の左辺第 2 項に代入して 9.52 [mol] と求まる。Air の平均分子量は 28.8 [g/mol] であるから，メタン 16 [g] の燃焼には 9.52 × 28.8 = 274 [g] の空気が理論的には必要であることが求まる。これをメタン 1 [kg] あたりに換算すると 17.1 [kg] の空気が必要であることがわかり，これが理論空気量に相当する。また理論空気量での燃焼をストイキ燃焼という。

空気質量を燃料質量で除した値を空燃比というが，燃料と空気中の酸素が過不足なく反応するときの**理論空燃比**（A/F）st [kg/kg] は上述の計算結果より 17.1/1 = 17.1 と容易に求められる。また**理論燃空比**（F/A）st [kg/kg] という指標もあるが,これは理論空燃比の逆数であり 1/17.1 = 0.0583 と求まる。

燃焼現象を理解するうえで，燃料／空気混合気の伝播速度（燃焼速度ともいう）や最高燃焼温度は重要な指標である。一般的にこれらは量論比付近で最大となり，量論比よりも希薄側・過濃側にシフトすると，伝播速度は遅くなり，また燃焼温度は低下する。

ところが実際の燃焼では理論空気量どおりに制御することは難しく，また意図的にこの値からずらしている場合も多い。理論空気量に対してどの程度の空気を供給しているかを示す値として，**空気過剰率** λ（Excess air ratio）がある。空気過剰率 $\lambda > 1$ では理論空気量よりも多くの空気を供給している（**希薄燃焼**，Lean combustion）ことを意味する。一方，$\lambda < 1$ では理論空気量よりも少ない空気しか供給しておらず，相対的に燃料が多い（**過濃燃焼**，Rich combustion）ことを意味する。例えば前述のメタンを例にあげると，メタン 1 [kg] を空気過剰率 2 で燃焼することは，理論空気量の 2 倍の量を消費することを意味し，17.1 × 2 = 34.2 [kg] の空気が必要であると求まる。**当量比** φ（Equivalent ratio）という指標もあり,これは空気過剰率の逆数である。空気過剰率 2 は,当量比に換算すると 1/2 = 0.5 である。図 5.4 に当量比，空気過剰率，空燃比の関連性をまとめた。

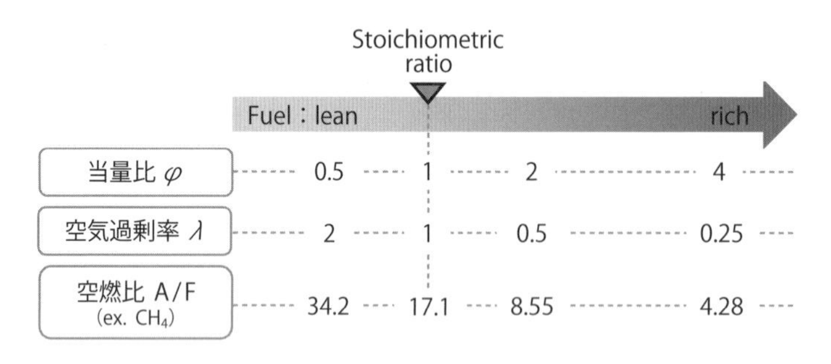

図 5.4　当量比，空気過剰率，空燃比の関連性

燃料と空気の混合割合に関する指標について述べてきたが，燃料が濃すぎても薄すぎても燃焼は進まない。燃焼が進行するには適度な範囲の割合（**可燃範囲**，Combustible range）で燃料と空気が混合している必要がある。図 5.5 に代表的な燃料の可燃範囲を示す。ここに示されているデータは，燃料と空気を均一に混ぜた混合気を着火し，火炎伝播の成否を観察する実験により得られたデータである。なお可燃範囲は，実験時の温度や圧力，火炎の伝播方向などによりデータがやや異なるため，注意が必要である。希薄可燃限界とは量論比に比べて空気が多く（＝燃料が薄い），過濃可燃限界とは燃料が濃い（＝空気が少ない）状態を指す。また図 5.5 に記載している濃度は，混合気全体に対する燃料の体積割合である。再びメタンを例としてあげると，メタン 1［mol］と過不足なく反応する空気は 9.52［mol］であり，モル数の比は気体の体積比でもある。混合気全体 10.52［mol］に対するメタン 1［mol］の割合は，$1 \div 10.52 \times 100 = 9.5$［%］，つまり量論比のときのメタン濃度は 9.5［%（vol/vol）］と求まる。可燃範囲は約 5.0 ～ 15.0［%］であることから，当量比に換算すると 0.53 ～ 1.58 の範囲内のときに燃焼が進行することがわかる。

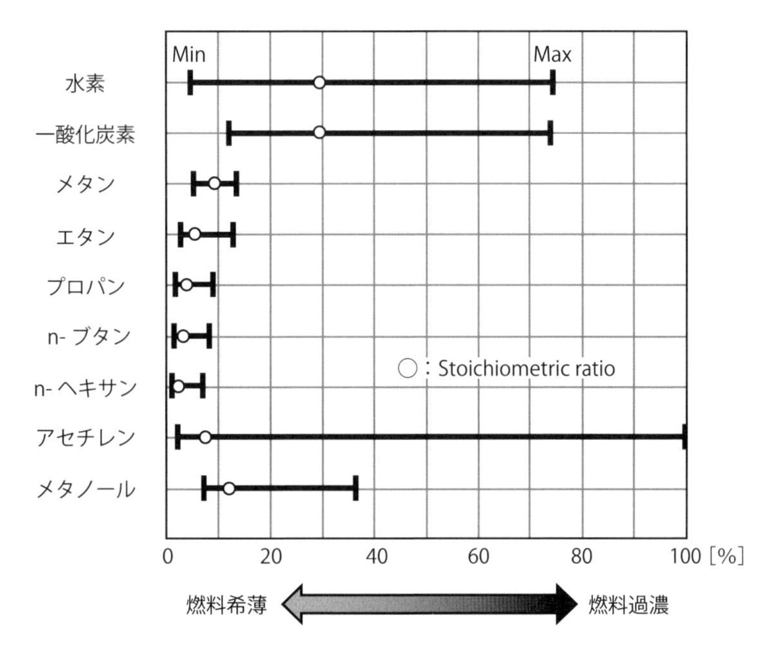

図 5.5　代表的な燃料の可燃範囲（燃料と空気の混合気に対する燃料蒸気の体積割合）

5.2.3　燃焼ガス

ここまで燃料の燃焼に関する概論を述べてきたが，燃焼ガス（排出ガス）の存在を忘れてはならない。石油由来燃料の主成分が炭素と水素であることは，前述のとおりである。これらを完全燃焼すると，二酸化炭素と水（水蒸気）が発生する。二酸化炭素には温室効果があり，今日の地球温暖化の主要因であると考えられている。一方，燃焼不良により発生する一酸化炭素，未燃炭化水素，粒子状物質（PM）などは環境汚染の原因物質であり，人体にも直接的な害を及ぼす。また燃料中に硫黄分が含まれている場合は硫黄酸化物（SO_X）が生成され，燃料や空気に含まれる窒素分からは窒素酸化物（NO_X）が生成される。燃焼ガス中の SO_X が大気中に放たれ空気中の酸素や水蒸気と反応すると硫酸を形成し，NO_X も酸素や水蒸気と反応すると硝酸を形成する。これらは酸性雨となって降り注ぎ，土壌や湖沼の酸性化，鉄筋（橋梁など）の腐食などの悪影響を及ぼす。また内燃機関などでも硫酸や硝酸が生成されるが，これらは金属部品の腐食につながる。この他にも，燃焼物に塩素が含まれているとダイオキシン類が排出されるなど，重大な環境問題を引き起こすものが多い。ここからは燃焼ガス中に含まれる代表的な成分と，その排出を低減するための対処法についてそれぞれ説明していく。

(1)　一酸化炭素

炭化水素が燃焼するときの反応を詳細に見ると，まず熱分解により低級炭化水素（炭素数が1，2程度と小さい炭化水素）となる。その後，一酸化炭素や水素を経由して，最終的には二酸化炭素や水蒸気となる。ところが燃焼の途中で外的な要因により冷却されると，燃焼反応が途中で停止してしまい，**一酸化炭素**（Carbon monoxide）や未燃炭化水素が排出される。一酸化炭素の生成量は燃料過濃燃焼（空気が少ない）のときの方が多くなる。燃料希薄燃焼（空気が多い）ではその生成量は少なくなるものの，ゼロになるわけではない。一酸化炭素の排出を抑制するためには，燃料希薄燃焼を行うことや，燃料と空気の混合をよく行うこと，低温空気との混合や低温表面との接触によるガス温度の急激な低下を避けなければならない。

(2)　未燃炭化水素

炭化水素の燃焼（酸化）反応を示す式(5.9)はシンプルにまとめられているが，実際には多くの素反応が連鎖しており，中間生成物としてさまざまな低級炭化水素や水素が生成する。一酸化炭素のところで述べたとおり，燃焼反応が停止すると燃料の燃焼が完結しないまま，中間生成物が排出される。これを**未燃炭化水素**（UHC：Unburned Hydro Carbon）という。また液体燃料の噴霧燃焼では，霧化が不十分である場合には，サイズの大きな油滴は蒸発を完了しないまま燃焼領域から出てしまうこともある。未燃炭化水素の排出低減の手法は一酸化炭素と類似しており，また燃料噴霧の霧化特性をよくすることも重要である。

(3)　粒子状物質

粒子状物質（PM：Particulate Matter）は大気中に存在するさまざまな種類・大きさの粒子の総称である。自然界から発生するPMとしては砂埃などがあり，人工的に発生するものとしては燃料の燃焼によるものがある。PMのうち粒径が10［μm］以下の粒子をSPM（浮遊（Suspended）粒子状物質）ともいう。PMは主に炭素からなるSoot部位と，そこに付着する炭化水素やサルフェート，有機溶媒可溶成分（SOF：Soluble Organic Fraction）から構成されると考えられている。Soot部の主成分は無定形炭素と考えられており，SOFやNO_Xを吸着できる特性も持つと考えられている。サルフェートは燃料中に含まれる硫黄分が酸化され生成した硫黄酸化物の総称であり，酸性雨の原因となるほか，呼吸器系に対する刺激作用も報告されている。SOFは燃料油や潤滑油の未燃成分に由来する有機成分のことである。アレルギー作用があるといわれており，さらに中には数個のベンゼン環を持つ多環芳香族炭化水素も含まれていることから，発癌性が懸念されている。

燃焼によるPMの発生は特にディーゼル機関で問題となることから，ディーゼル機関を例に説明する。ディーゼル機関は，シリンダ内の高温空気中に燃料を噴射することにより，燃料と空気の混合気が形成される。その後，自着火に必要な温度・適切な当量比となっている特定の領域で自着火し，燃焼が進行する。ところが混合気は不均質であり，燃料過濃の領域もあれば燃料希薄の領域もある。燃料過濃領域では酸素が不足し，すす（Soot）が発生する。

また一般的に，機関負荷によってもPM成分が変化するといわれている。高負荷時には固体の炭素成分が多く発生し（黒煙），低・中負荷時には燃料の燃焼過程における中間生成物が多く排出され（青煙），低温始動時には燃料や潤滑油が未燃のまま排出される（白煙）。

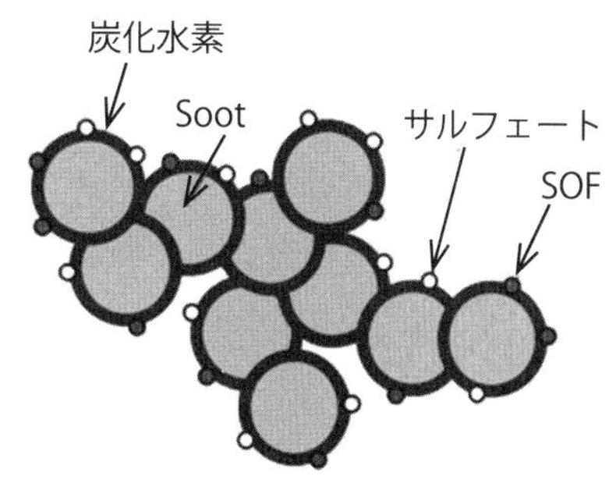

図5.6　PMの構造

PMの環境対策としては，機関の排気系にフィルターを設置して排出ガス中のPMを捕集し，触媒や電熱線を用いることにより除去する方法がある（ディーゼル微粒子除去装置，DPF：Diesel Particulate Filter）。ただしフィルターに捕集できるPMの量にはもちろん限界があり，やがて目詰まりを起こす。このような場合，燃料を多めに供給して排気温度を上げるなどして，DPF内のPMを焼き，フィルターを再生する（DPFの再生については，5.4.4にあるポスト噴射を参照）。

(4)　硫黄酸化物

もっとも代表的な**硫黄酸化物**（Sulfur oxide）としてSO_2（二酸化硫黄，無色・気体）があげられるが，この他にもSO（酸化硫黄，無色・気体），SO_3（三酸化硫黄，白色・固体），S_2O_7（七酸化二硫黄，無色・油状）がある。燃焼方式の改善によるSO_X総発生量の抑制は不可能であり，低硫黄燃料油や天然ガスへの燃料転換をするか，SO_Xスクラバー（脱硫黄装置）による排出ガスの脱硫を行うかの2つの手法に限られる。

日本国内では，2008年よりガソリンや軽油中の硫黄分は10［ppm］（0.0010［%］）という規制が設けられており，硫黄酸化物の排出低減のために大きな役割を果たしている。またバンカー重油（船の燃料のこと）の硫黄分規制は，一般海域において2020年から0.5［%］となり，排出規制海域（ECA：Emission Control Area）においては2015年より0.1［%］となっている。脱硫方式には，海水やアルカリ水溶液，石膏や石灰石のスラリー（懸濁液）でSO_2を吸収する湿式，活性炭などにSO_2を吸着させる乾式などがある。

(5)　窒素酸化物

代表的な**窒素酸化物**（Nitrogen oxide）として，NO（一酸化窒素，無色・気体），NO_2（二酸化窒素，赤褐色・液体または気体），N_2O（一酸化二窒素または亜酸化窒素，無色・気体），N_2O_5（五酸化二窒素，無色・固体）がある。また窒素酸化物は，その生成メカニズムや窒素の起源によって，サーマルNO_X，プロンプトNO_X，フューエルNO_Xに分けられる。以下，3種類のNO_Xについて述べていく。

①　サーマルNO_X

空気中の窒素由来であり，燃焼温度が1300［℃］以上になると，温度上昇に伴うサーマルNO_Xの生成量は急激に増加する。次に示す拡大ゼルドヴィッチ機構に基づいて生成される。

$$N_2 + O \Leftrightarrow NO + N \tag{5.11}$$

$$O_2 + N \Leftrightarrow NO + O \tag{5.12}$$

$$N + OH \Leftrightarrow NO + H \tag{5.13}$$

これらの反応による NO 生成量は，空気過剰率や燃焼圧力などのさまざまな因子により大きく変化する。また NO はある一定の割合まで NO_2 に変化していく。サーマル NO_X を低減する燃焼技術を以下に紹介する。

(ア) 希薄予混合燃焼

燃焼方式を予混合燃焼とし空気過剰率を高くすることにより，燃焼温度を低下させる。後述するプロンプト NO_X を低減することも可能である。

(イ) 排気再循環

排気再循環（EGR：Exhaust Gas Recirculation）は，燃焼室から排出した燃焼ガスの一部を改めて燃焼室内に取り入れて酸素濃度を低下させ，燃焼温度を抑制することにより NO_X の生成を抑える方法である。一旦排出された燃焼ガスを吸気行程で燃焼室内に吸い戻す内部 EGR と，燃焼ガスを排気管から分岐し，専用の配管を通して吸気管の途中で空気に混入させる外部 EGR（図 5.7）に大別される。EGR 制御バルブの開度や開弁時間により，流量調整および開閉を行う。NO_X の抑制以外にも，ガソリン機関では部分負荷時の燃料消費率向上，ポンプ損失を低減するメリットもある。

燃焼温度を下げる効果を高めるために，EGR ガスの流路の途中に冷却装置（EGR Cooler）を装備したクールド EGR システムが主流となりつつある。このシステムはガソリン機関におけるノッキングを抑えるメリットもあり，従来は点火時期を遅らせることによりノッキングを回避していた運転条件においても，点火時期を維持することができる。

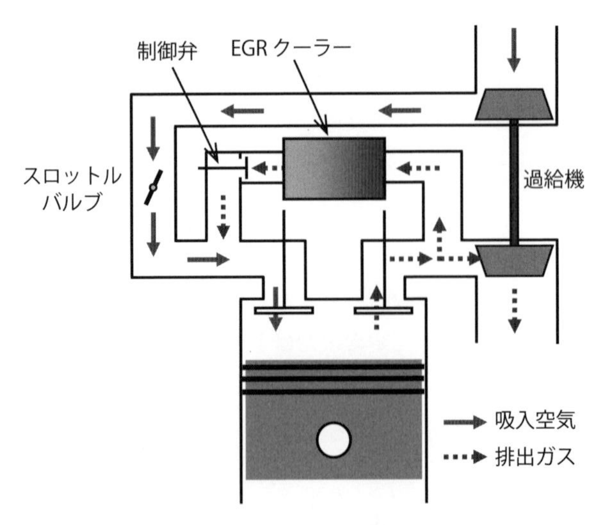

図 5.7　外部 EGR システム（過給ガソリン機関）

(ウ)　エマルション燃焼法

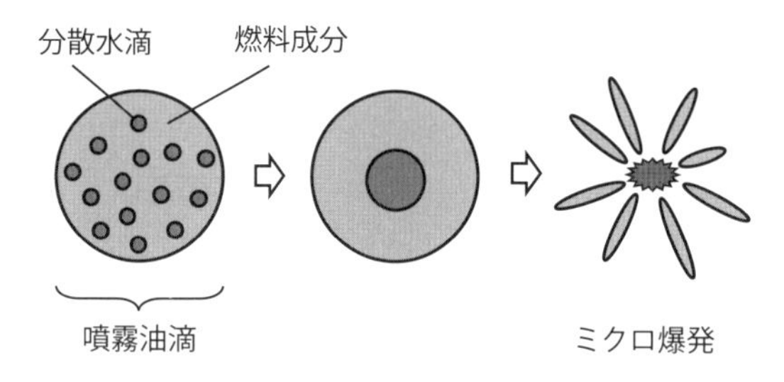

図 5.8　エマルション燃料のミクロ爆発

エマルション燃焼法では，液体燃料に水と少量の界面活性剤を混ぜて水乳化したエマルションを用いる。エマルションの基本的な微視構造には油中水滴（W/O）型と水中油滴（O/W）型の 2 種類があり，燃料としての実用例は W/O 型の方が多い。エマルション燃焼法の特徴として，水の蒸発潜熱による燃焼温度の低下，また図 5.8 に示すように燃料成分中において分散水滴が凝集，その後水滴の突沸によりミクロ爆発が発生することがあげられる。ミクロ爆発により，燃料液滴の二次微粒化や空気との混合が促進され，より良好な燃焼を実現できる。

②　プロンプト NO_X

空気中の窒素と燃料中の炭素，水素が反応して中間生成物であるシアン化水素（HCN）やアンモニアが生成され，これを経由して火炎帯後半部で NO_X となったものを指す。一般的にはサーマル NO_X に比べその生成量は少ない。量論比よりやや燃料過濃側で生成濃度が最大となり，また温度依存性はあまり強くないことから，燃料希薄燃焼以外の有効な対策は存在しないのが実際のところである。

③　フューエル NO_X

フューエル NO_X は石油や石炭中に含まれる窒素化合物（アンモニア，シアン化水素）が燃焼帯において酸化され，生成する窒素酸化物を指す。フューエル NO_X を低減するには，窒素含有量の少ない燃料を用いることが必要となる。

ここまでは燃料や燃焼の改善による NO_X の排出低減について述べてきたが，排ガスに含まれる NO_X を除去する脱硝技術というものがある。我が国でもっともメジャーな手法の一つとして**選択触媒還元脱硝**（SCR：Selective Catalytic Reduction，乾式に分類される）があり，ディーゼル機関や焼却炉などさまざまな分野で採用されている。

燃焼ガスには ppm オーダーの NO_X と，数［%］の残留酸素が含まれる。還元剤を用いる脱硝法の目的は NO_X の還元であるが，還元剤は残留酸素にも反応してしまう。そこで触媒を用いることにより，還元剤と NO_X を優先的に（選択的に）反応させる手法である。NO_X の還元剤としてはアンモニア水，尿素（$CO(NH_2)_2$），シアン化水素などがある。ここでは還元剤としてアンモニアを使用する場合のメカニズムについて詳細を説明する。

排ガス中にアンモニアを投入し，反応器内に設置された触媒を介して NO_X を選択的に還元し，窒素と水に分解する。

$$4NO + 4NH_3 + O_2 \rightarrow 4N_2 + 6H_2O \tag{5.14}$$

$$2NO_2 + 4NH_3 + O_2 \rightarrow 3N_2 + 6H_2O \tag{5.15}$$

触媒の主成分は二酸化チタンであり，活性成分であるバナジウムやタングステンなどが添加されている。触媒が還元反応に寄与するのは触媒表面付近のみであり，触媒の表面積やガスの移動速度は脱硝性能を左右する重要な要素である。触媒は格子状や板状，ハニカム状とし，ガスが触媒表面に対して平行に流れるような構造になっている。また還元反応に適した温度域（300 ～ 400 [℃] 程度）が存在するため，反応器内のガス温度が適切であるかを監視する必要がある。

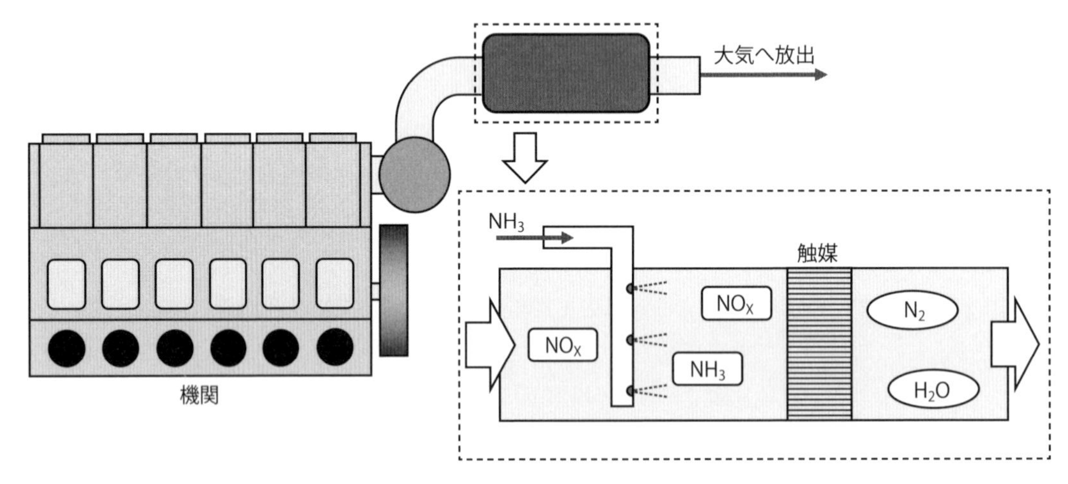

図 5.9　アンモニアを用いた選択触媒還元脱硝

触　媒

熱機関において触媒（Catalyst）は燃焼ガスの浄化のために使われており，環境保護の観点から欠かせない存在となっている。他分野を見渡すと，石油の水素化脱硫，石油改質，水素やアンモニア，医薬品，農薬，染料の生成，プラスチック製品の製造，燃料電池の電極，オゾン分解，抗菌，不快な臭いの脱臭など，工業用途から家庭用途まで幅広い分野で利用されている。

アンモニアを生産するハーバー・ボッシュ法（1918 年），ポリエチレンなどの高分子を生産するチーグラー・ナッタ触媒（1963 年），不飽和炭化水素の結合を組み替えるメタセシス反応（2005 年），2 つの化学物質を選択的に結合させるカップリング反応（2010 年）は，いずれも触媒を利用する反応である。これらは人々の生活に大きな恩恵をもたらしたことが評価され，ノーベル化学賞を受賞している（括弧内は受賞年）。

5.3　ガソリン機関の燃焼

5.3.1　燃料供給

今日の**ガソリン機関**（Gasoline engine）の多くはインジェクタを用いて燃料供給を行っているが，かつては**キャブレター**（Carburetor）が主流であった。キャブレターは電気などの動力源を利用することなく，燃料と空気を混合できる点が大きな特徴である。図 5.10 にキャブレターによる燃料供給の原理を示す。吸入空気の流路の途中に，ベンチュリといわれる流路を絞った構造が設けられている。この部分では吸入空気の流速が増加するが，式(5.16) に示すベルヌーイの法則に基づき静圧が低下する。

$$P + \frac{1}{2}\rho v^2 + \rho g z = const. \tag{5.16}$$

※キャブレターの場合，位置エネルギーの変化は他のエネルギーの変化に比べて小さいため無視できる。つまり圧力エネルギーと速度エネルギーの和が一定と考えればよい。一方のエネルギーが増大すれば，もう一方は減少することがわかる。

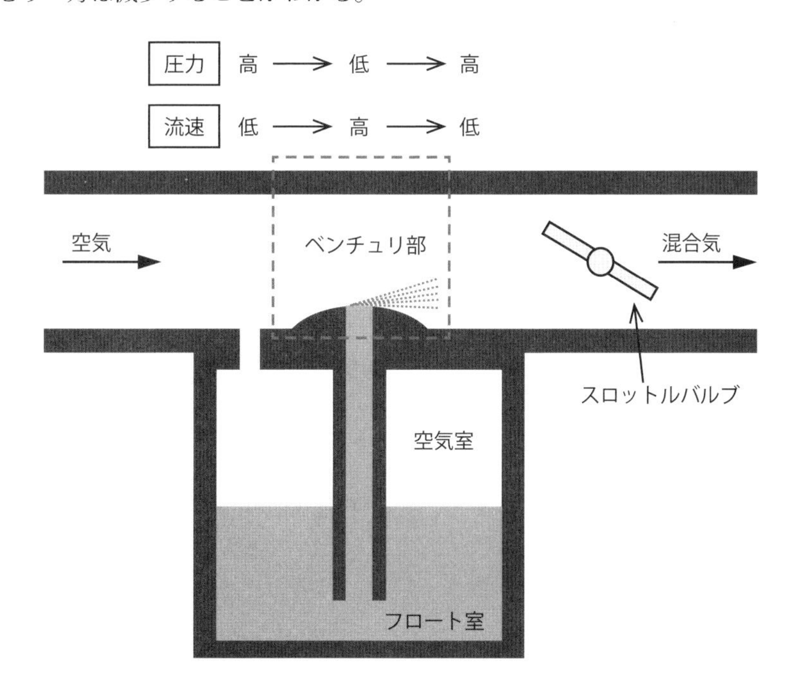

図 5.10　キャブレターによる燃料供給の原理

一方，空気室は大気圧に保たれているため，圧力の低いベンチュリの方に燃料が吸い出される。吸い出された燃料は吸入空気中に霧状となって噴出する。その後蒸発しながら拡散，混合気となり燃焼室内に取り込まれていく。自動車を例としてあげると，アクセルペダルと連動するスロットルバルブを吸気管の途中に設け，流路を適宜塞ぐことにより空気の取込み量を調整する。部分負荷の場合，スロットルバルブの開度を下げるため，ポンプ損失が全負荷（スロットルバルブ全開）のときより大きくなる欠点がある。

また，近年主流となっているインジェクタによるガソリン供給は，図 5.11 に示すような**ポート噴射式**（Port fuel injection）と**筒内直噴式**（Direct injection）の 2 種類に大別される。ポート噴射式は，吸気弁直前の吸気ポートにおいて燃料を噴射することから名前が付いている。吸気ポートで空気とガソリンをよく混合できるため，濃度の均一な混合気がシリンダ内全体に供給される。このように均一な混合気をシリンダ内に供給し，燃焼させることを均質燃焼という。ポート噴射式は混合を得意とするが，ガソリンの気化特性を考慮した精密な噴射制御が難しいといった弱点もある。

一方，筒内直噴式が実用化されたのはポート噴射式より遅く，1990 年代に登場した技術である。ディーゼル機関と同様に，吸気管からは空気のみを吸入し，またガソリンはシリンダ内に取り付けられているインジェクタから直接噴射する。火花点火のタイミングに合わせてガソリンを噴射することで，点火プラグ付近にのみガソリンの濃い領域を形成し，燃焼可能な空燃比としている。しかし，シリンダ内全体でみれば燃料が薄いことを意味し，つまり燃料希薄燃焼となる。このように燃料の濃い領域と薄い領域をシリンダ内で形成し，全体としては希薄燃焼を行わせる手法を成層燃焼という。この手法は 2000 年代初頭まで多く採用されており，ガソリンの理論空燃比が 14.7 であるのに対し，成層燃焼の採用により 50 を超える超希薄燃焼が実現されていた。ところが排ガス規制の厳格化への対応により燃費の向上効果が低減したことなどから，希薄燃焼のガソリン機関は姿を消し，近年はストイキ燃焼が一般的となっている。

筒内直噴式では噴射したガソリンはすべて筒内に供給されるため，精密な噴射制御が可能となる。またガソリンの蒸発潜熱により燃焼室温度が低下するため，後述するノッキングという異常燃焼（ガソリンの意図せぬ自着火により発生する現象）を避けやすくなり，機関の圧縮比を高められるというメリットもある。また混合気温度が低下する分，同じシリンダ容積でもより多くの空気を吸い込むことができ，それに見合うだけ燃料の噴射量を増やすこともできるなど，さまざまなメリットがある。一方で，ガソリン噴射の高圧化による各パーツのコストの増加，インジェクタが汚れやすいなどのデメリットもある。

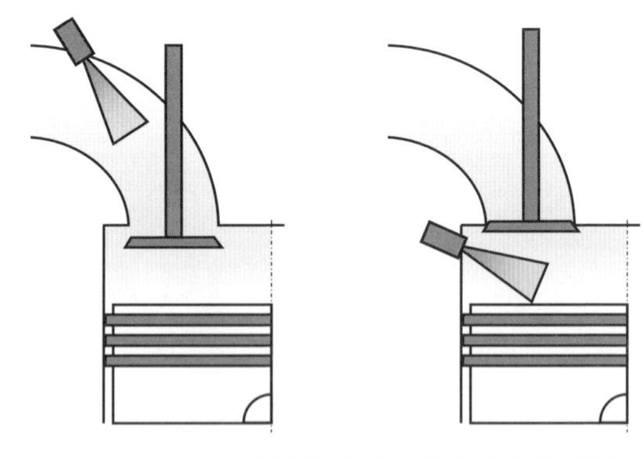

図 5.11　ポート噴射式（左），筒内直噴式（右）

5.3.2　火花点火

前項ではガソリンの供給方法について述べたが，シリンダ内の混合気をガソリン機関では火花により点火させる（**火花点火**，Spark ignition）。ただし 5.3.4 で述べる HCCI 機関は，ガソリンを燃料とするが，圧縮着火であることに注意されたい。ガソリン機関は回転数が高いものが多いため，限られた時間で確実に混合気の燃焼につなげられる強力な火花が必要であり，また機関負荷に応じて適切なタイミングで火花点火を行うことも求められる。

身近な火花放電に静電気がある。絶縁体といわれる物体の間にある一定以上の電位差が生じると，急激に放電するものであり，これを絶縁破壊（Breakdown）という。通常大気圧で 1 [mm] の間隔があるところでは，放電するのに 1000 [V] の高電圧が必要であり，必要な電圧は間隔が広がるとともに大きくなる。シリンダ内で火花放電を行うのは圧縮行程の後期であるが，このときシリンダ内は高圧になっている。つまり通常よりも多くの分子が電極間に存在しており，同じ間隔であってもより高い電圧が必要となる。一般的なガソリン機関では，スパークプラグの電極間隔は 1 [mm] 程度であるが，圧縮行程で高圧となったシリンダ内で火花放電をさせるためには 1 万～ 3 万 [V] 程度が必要となる。点火系で特に重要な 2 つの部品について，以下概略を説明する。

(1)　スパークプラグ（点火プラグ）

燃焼室内にプラグの先端が飛び出るように，シリンダヘッド部に取り付ける。先端には中心電極（プラス側）と接地電極（マイナス側）があり，これら 2 つの電極間で放電が起きる。また中心電極側の部品と設置電極側の部品の接触や漏電を防ぐために，碍子（がいし）（陶磁器製の絶縁体）がプラグ後端部の基本構造として用いられている。電極部を尖らせると放電が起きやすくなり，また火花は強くなる傾向がある。さらには消炎作用（中心電極に熱が奪われ，火炎が成長しにくくなる）が低減され，着火性が向上する。これらのことから電極の先端は細いことが望ましいが，繰り返しの放電や熱により先端部は消耗する。高温下においても耐久性を保持するため，中心電極にイリジウムコーティングを施すことが主流となっており，中には設置電極にも同様のコーティングが施されているものがある。

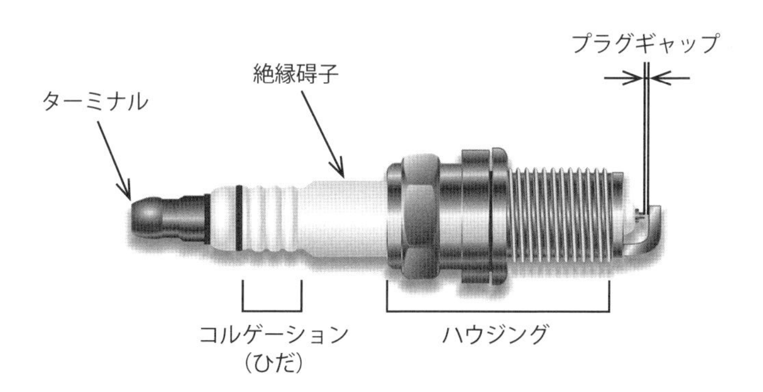

図 5.12　スパークプラグの構造

(2)　イグニッションコイル（点火コイル）

相互誘導作用の原理を用いた変圧器であり，内部には鉄芯（コア）が 1 つと，これを共有する 2 つのコイルが並べられている。巻き数が少ないコイルを一次コイル，多い方を二次コイルという。一次コイルに電流が流れている状態でスイッチを瞬間的に開いて電流を遮断すると，一次コイルには自己誘導作用により電圧が生じる（12 [V] → 瞬間的に数百 [V] まで昇圧）。さらに相互誘導作用により，二次コイルにも巻き数の比に比例した電圧が生じる（二次コイルにより数百 [V] から数万 [V] までさらに昇圧）。以上の過程を経てバッテリーの低電圧からプラグの放電に必要な高電圧を得る。

二次コイルに発生した高圧電流を，各シリンダの点火時期に合わせてプラグに送るために，かつてはディストリビュータ（分配器）が使われていた。ところがこの方法では，機械的な接点機構の消耗や接触不良，プラグコードが長いため電力ロスが大きいこと，また高回転数に適応できないという問題があった。そのため，現在はディストリビュータを用いずに，二次コイルで発生した高圧電流を直接点火プラグに供給する方式（ダイレクトイグニッション）が一般的になっている。この方式では，ECU（Electronic Control Unit）から各シリンダに配置されたコイルに電気信号が送られ，着火時期の制御が行われている。

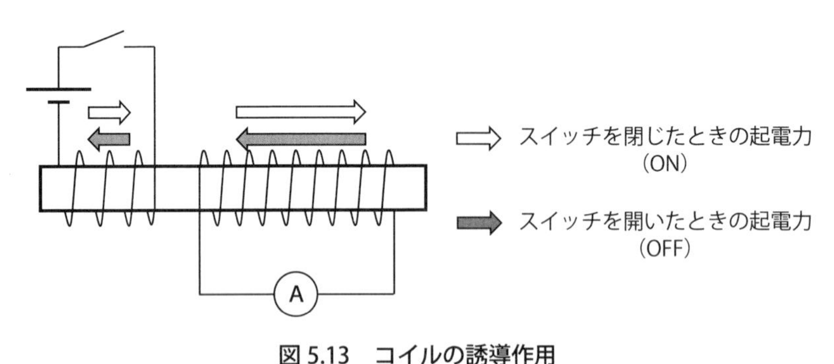

図 5.13　コイルの誘導作用

5.3.3　ガソリン機関における燃焼

プラグで火花を発生させることにより電極付近に火炎核が形成され，これを起点として燃焼室内を火炎が伝播していく。火花点火機関における火炎伝播を学ぶにあたり，まず把握しておくべき項目を以下にあげる。

① 常温・常圧においてガソリンと空気の混合気の層流燃焼速度は約 0.4 [m/s] である。

② 層流燃焼速度は温度および圧力に依存して変化する。また圧縮行程の後期以降，シリンダ内は高温・高圧である。

③ シリンダ内の混合気は，吸気やピストンの運動により激しく流動しており，層流ではなく乱流である。また，乱流強度は混合気の乱流燃焼速度と密接に関連する。

層流燃焼速度（Laminar burning velocity）および**乱流燃焼速度**（Turbulent burning velocity）の概略を図 5.14 に示す。層流燃焼速度は予混合気中に形成される平面火炎が，未燃混合気側に伝播していく速度である。図では火炎は右から左に伝播しているが，火炎の右側には燃焼ガス（既燃ガスともいう）が存在する。前述のとおり温度と圧力に対して依存性があり，これらと混合気の組成（燃料成分，混合

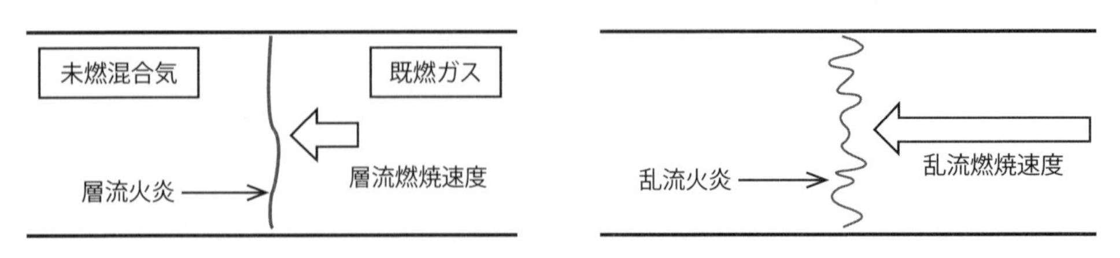

図 5.14　層流燃焼速度，乱流燃焼速度

比）が決まれば，層流燃焼速度は原則として一義的に決まる。ただし実験により速度を正確に求めるのは難しく，古くは角度法や面積法，近年では球状伝播火炎や対向流火炎を用いる手法などが提案されている。しかしながら，手法によって算出速度が異なるといった課題は未だに残っている。

乱流火炎は火炎面に凹凸が存在する非定常なものであり，その形からしわ状火炎ともいわれる。火炎形状にしわがあることによって火炎の面積は増大し，乱流燃焼速度は層流燃焼速度より大きくなる。一方で，火炎伸長や反応未完了による局所的な消炎も発生し得る。さまざまな因子が相互に影響しあう複雑さゆえ，未解明な点が多く残っている。乱流燃焼に関する評価手法についても，長きに渡って研究が続けられている。

シリンダ内における全伝播距離のはじめの 0 ～ 10［%］程度は，火炎核形成期間である。火花放電が壁（シリンダ）近傍で行われたと仮定すると，壁近傍において流動は比較的小さいため滑らかな火炎面が同心円状に広がっていく。全伝播距離の 10 ～ 95［%］程度は，乱流火炎の伝播が行われる。最後の 5［%］程度は壁近傍での燃焼であり，乱流強度の低下や混合気が低温であることから伝播速度が低下する。さらに壁に近づいたところで消炎する。このため，シリンダ内にあった混合気の数［%］は，未燃焼のまま膨張行程が終わることになる。

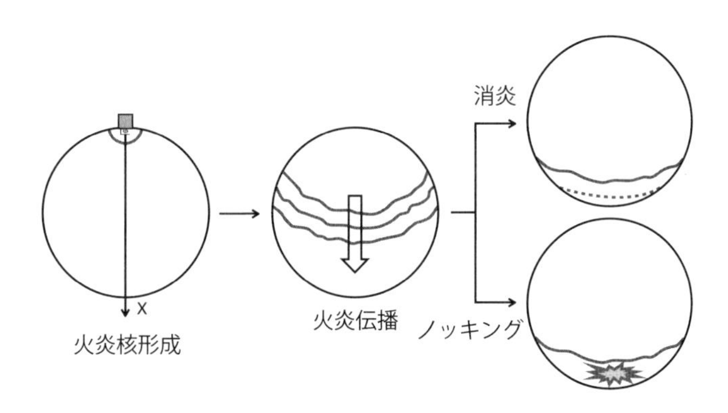

図 5.15　シリンダ内における火炎伝播，ノッキングの発生

点火プラグによる火花点火を起点として火炎は伝播していくが，その前方にある未燃混合気（エンドガスともいう）は，その手前で生成した燃焼ガスの膨張により圧縮され高温になる。未燃混合気が自着火温度を超えると，火炎が伝播するより先に自着火する。このときシリンダ内にある混合気の数十［%］（質量割合）が極めて瞬間的に燃焼するため，この部分の圧力が他の領域よりも極端に高いという状況になる。この不均衡により圧力波が生じ，場合によっては衝撃波が発生する。この現象を**ノッキング**（Knocking）という。ノッキングが発生するかしないかは，未燃混合気において燃料の分解，酸化反応（前炎反応）が進行し，熱炎爆発が起きるより先に火炎が伝播してくるか否かで決まる。例えばガソリン機関の回転数が上がるにつれて乱流強度は大きくなり，火炎伝播は速くなる。このため，一般的には 2000［rpm］まで上げれば，急激な熱発生を伴う熱炎が発生するより先に火炎が燃焼室内全体に伝播し，ノッキングは発生しない。ところが，1000 ～ 2000［rpm］の範囲では伝播速度が遅いためノッキングが発生する（低速ノックともいう）。

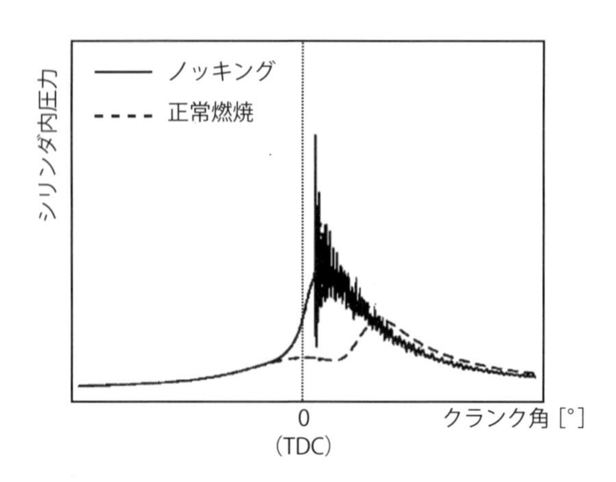

図 5.16　正常燃焼とノッキング発生時の圧力線図の比較

また 4000 [rpm] 以上の高回転域でも，ノッキングが起きることがわかっている（高速ノック）。高速ノックが発生すると，例えばピストン頂面が溶ける，頂面に穴が開くといった激しい損傷が生じる。低速ノックでも異常音は発生するが，これほどの激しい損傷は起きず，高速ノック特有の損傷であると考えられている。通常，燃焼室の壁面付近には急激な温度勾配となる領域（温度境界層）があり，燃焼ガスが 2000 [℃] 以上と高温であっても壁面温度はたかだか数百 [℃] と，金属融点よりも十分に低く保たれる。ところが高速ノックにより生じた圧力波が温度境界層を圧縮して破壊することにより，高温の燃焼ガスが直接壁面に接触し融解する。ノッキングの発生を防ぐ代表的な方法を以下にあげる。

① オクタン価の高いガソリンを使用する。

② 圧縮比の設定を高くし過ぎない。

③ 火炎が燃焼室末端まで伝播する時間を短くする。

④ 点火進角を遅らせる。

圧縮比を高くすると，理論的には熱機関の種類に依らず熱効率は高くなる。また圧縮行程の終わりにはシリンダ内の圧力，温度ともに高くなり，燃料の自着火が起きやすくなる。ディーゼル機関では望ましいことではあるが，ガソリン機関において未燃混合気の自着火は望ましくない。このため乗用車用のガソリン機関では，圧縮比を 10 程度に抑えることが多い。しかし近年では，ノッキング対策技術を組み合わせることで，圧縮比が 10 を大きく超えるガソリン機関も開発され実用化されている。

ガソリン機関では，出力が最大を示すのは最大圧力が上死点後（ATDC：After Top Dead Center）10 [°] 程度であることが目安となり，このタイミングに合うように火花点火を行っている。具体的には圧縮行程の終わりごろ，つまり上死点前（BTDC：Before Top Dead Center）で火花を発生させ混合気を点火する。例えば図 5.17 に示すように，BTDC25 [°]，15 [°]，5 [°] の 3 条件で火花点火を行うとする。点火する時期が遅くなるほど，シリンダ内の燃焼による最大圧力は低くなり，ガソリン混合気の自着火が起きにくい条件となる。ノッキングが発生するとキロヘルツオーダーの振動が発生するが（シリンダサイズにより周波数は異なる），これをノックセンサーが感知する。ノッキングの発生頻度が高くなると点火進角を遅らせるよう制御しており，これによりノッキングの回避が可能となる。ただし，機関の出力や熱効率が下がることに留意しておく必要がある。ノッキングの回避は，点火進角を遅らせる手法の他に前述の排気再循環（EGR）でも可能である。

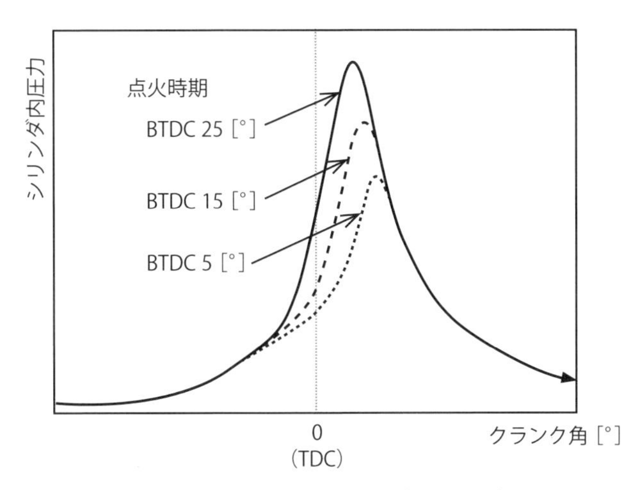

図 5.17　点火進角による圧力履歴の違い

5.3.4　HCCI 機関

次世代のガソリン機関に HCCI（Homogeneous Charge Compression Ignition，予混合圧縮着火）機関というものがある。ガソリンと空気の希薄混合気をシリンダ内に吸入，混合気の圧縮による温度上昇で自着火，燃焼させるという，従来の機関とは異なる新しい燃焼方式である。予混合燃焼であることから，拡散燃焼に比べて PM の排出が少ない。また希薄混合気を形成するために大量の空気を吸入することになり，スロットルバルブの開度が大きいためポンプ損失を抑えられる。さらに従来のガソリン機関のようなスパークプラグ電極付近一点での点火ではなく，図 5.18 に示すようにガソリンと空気の希薄混合気の多点同時着火であり，良好な燃焼状態を実現できるとともに CO_2 の排出低減にもつながる。ただし，圧縮着火のタイミング制御が困難であること，運転可能領域の狭さが大きな課題として存在する。ガソリン機関では火花放電の制御により，点火時期を決めることが容易にできていたが，希薄混合気の自着火を適切な時期に起こすには困難が伴う。またHCCI では混合気温度を高くしなければ着火しないこと，高負荷領域においてノッキングが発生するといった問題があり，これらは運転可能領域を狭める要因となっている。着火性の問題に対しては混合気の温度やシリンダ内圧力を高くすることがキーポイントであり，EGR やブローダウン過給などの利用が検討されている。また高負荷時にノッキングが起きることに対しては，運転領域によって HCCI と従来の火花点火を切り替える対処法が採られることになると考えられている。

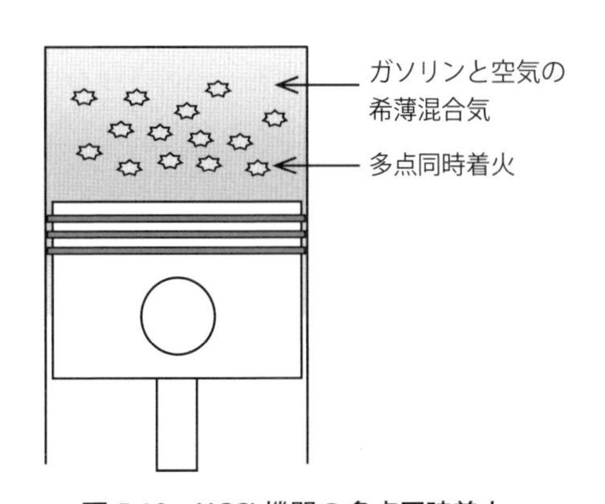

図 5.18　HCCI 機関の多点同時着火

5.4　ディーゼル機関の燃焼

5.4.1　燃料噴霧

前述のとおり，ガソリン機関には混合気をシリンダ内に吸入する方式（ポート噴射式）と，燃料をシリンダ内に直接噴射する方式（筒内直噴式）の 2 種類がある。一方，**ディーゼル機関**（Diesel engine）は筒内直噴式のみである。空気は吸気ポートから取り込まれるが，吸気系の経路内に絞りがないことから，絞りのあるガソリン機関に比べてポンプ損失が小さい。

ピストンにより空気が圧縮されると（圧縮行程）空気の温度は上昇し，圧縮行程の終わりごろには 500［℃］以上に達する。図 5.19 に噴霧火炎の概要を示す。高温空気中にインジェクタから燃料を噴射すると，燃料油滴の霧化，蒸発，空気との混合，自着火，油滴間の火炎伝播など複数の過程が相互に影響を及ぼし合いながら燃焼が進行する。このことから，噴霧燃焼は非常に複雑な現象であるといえる。

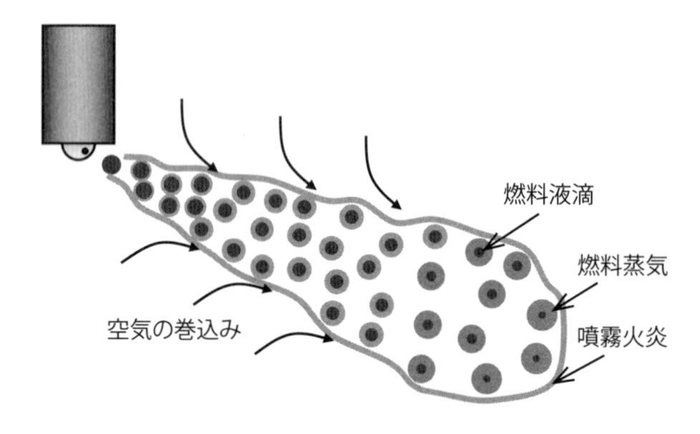

図 5.19　噴霧火炎の概要

燃料噴霧（Fuel spray）の代表的な指標に**霧化**（Atomization），**貫通力**（Penetration），**分布**（Distribution）がある。これらは単位時間に燃焼する燃料の質量，つまり単位時間あたりの発熱量に影響を及ぼす重要な因子である。霧化は燃料油滴の粒径を小さくすることであり，粒径が小さいほど霧化の状態がよいことを意味する。トータルが同質量の燃料でも一滴一滴のサイズが小さくなると，液滴の総表面積は増大し，液滴表面からの燃料の蒸発が促進されるとともに燃焼性も高くなる。噴霧液滴の平均粒径については，液滴の全体積と全面積の比から求められる**ザウター平均粒径**（SMD：Sauter Mean Diameter）が用いられる（章末の練習問題を参照）。貫通力は噴霧全体の到達距離，分布は燃焼室内において噴霧液滴がどのような分布で存在しているかを示すものである。上述の霧化，貫通力，分布は，インジェクタの噴孔径や噴射圧，燃料および空気の粘度など，さまざまな因子が影響する。例えば燃料の噴射圧が高くなると，霧化は促進される。また噴出速度が大きくなることにより，基本的には油滴の到達距離は長くなるが，ある値を超えると油滴が小さくなることによる運動量の減少のため，到達距離はあまり変わらなくなる。理想的な燃料噴霧は，油滴のサイズが小さくてかつ均一，油滴が燃焼室内で均一に分布している状態である。ところが，シリンダ径が大きい大型ディーゼル機関では，インジェクタ 1 本で燃焼室の隅々まで燃料を到達させることは困難である（ただしピストン頂面やシリンダライナに付着することは望ましくない)。そのため，1つのシリンダに対してインジェクタを2本あるいは3本配置することで，理想に近い噴霧状態を実現している。近年の傾向として噴射圧力は高くなる傾向にあり，例えば大型船用ディーゼル機関では100 [MPa]（1000気圧）を超えるものがあり，乗用車のディーゼル機関では250 [MPa] に達するものが実用化されている。従来，数 [μm] から大きい油滴で数百 [μm] と広く分布していた油滴径は，燃料噴射高圧化の恩恵によりスケールダウンに成功し，良好な燃焼を実現している。

5.4.2　圧縮着火

前項では燃料噴霧について述べたが，インジェクタから噴射された油滴が直ちに着火することはなく，若干のタイムラグを経て着火に至る。このタイムラグを**着火遅れ**（Ignition delay）という。着火遅れは物理的遅れと化学的遅れの2つの要素に大別でき，順番としては“物理”が先，“化学”が後となる。

噴射された油滴は，まず周囲の高温空気によって加熱され，蒸発が進行するとともに沸点まで温度上昇する。図5.20に示すように，油滴表面においては燃料蒸気の分圧は高く，表面から離れたところではその分圧はほぼゼロである。分圧の差があるため，分子拡散により燃料蒸気は油滴表面から拡散し，油滴から離れるに伴い燃料の分圧は徐々に減少するようになる。一方で酸素の分圧は油滴から十分に離れたところでは一定であるが，油滴付近では酸素の分圧は低くなる。自着火が発生するのは，燃料と酸素の混合気が量論付近であり，その混合比における自着火温度を超えている領域である。また燃料と酸素が燃焼反応する火炎帯付近において，どちらも消費されて分圧がゼロに近づく。混合気が自着火温度に到達するまでが物理的着火遅れ期間であり，この間は主に油滴の温度上昇と蒸発が行われている。なお厳密には，自着火温度は量論比よりもやや燃料過濃の領域でもっとも低くなり，それより濃くても薄くても自着火温度は高くなる。また圧縮圧（圧縮行程終盤におけるシリンダ内圧力）が高くなるほど，自着火温度は低くなる傾向がある。混合気が自着火温度に到達するや否や自着火するわけではなく，ここでも時間差がある。混合気が可燃範囲に入ってから自着火に至るまでの化学反応が行われる期間を化学的着火遅れ期間という。

一般的に物理的着火遅れ期間は，シリンダ温度により受ける影響が化学的着火遅れ期間よりも小さい。シリンダ内温度は化学反応速度に顕著な影響を及ぼすため，低温である始動時などは化学的着火遅れ期間は長くなる。また通常運転時には，シリンダ内温度が高くなるほど，化学反応速度は指数関数的に増大するため（＝化学反応に要する時間が短くなる），相対的に物理的着火遅れ期間の方が長くなる。また油滴の大きさや空気との相対速度など，着火遅れに影響する因子は他にも存在する。

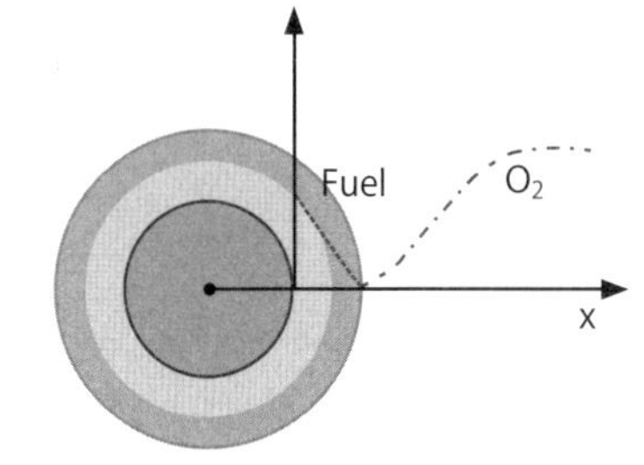

図5.20　油滴近傍における燃料および酸素の分圧

5.4.3　ディーゼル機関における燃焼

ディーゼル機関の燃焼過程は，着火も含めると4つに大別できる。ここでは図5.21の $P-\theta$ 線図に基づいて，各過程の詳細を進行順に説明していく。

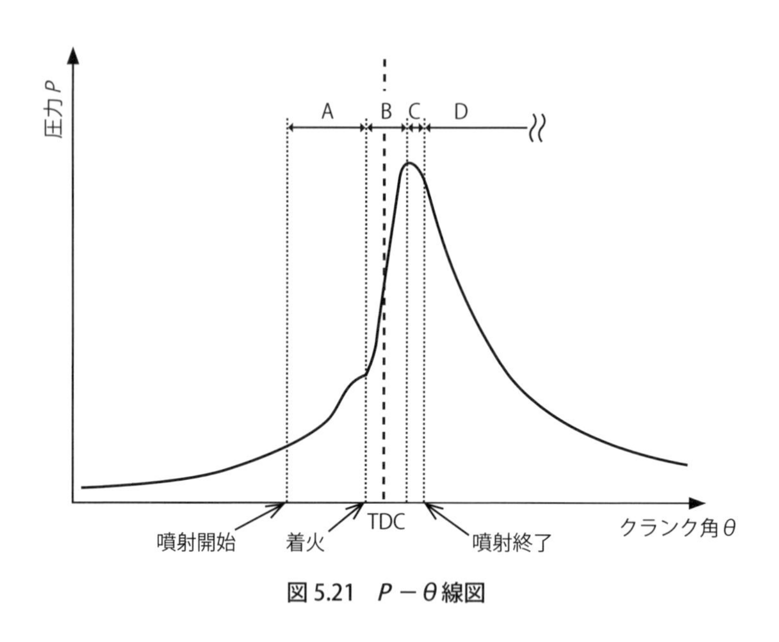

図 5.21　$P-\theta$ 線図

(1)　着火遅れ期間（A）

燃料噴射から着火までの期間。詳細は 5.4.2 を参照。

(2)　爆発的燃焼期間（B）

可燃範囲（混合比，温度）の混合気がある部分から自着火するが，一箇所で発生するわけではなく，ほぼ同時期に複数個所で着火する。このタイミングまでに供給されていた燃料が一斉に燃焼するため，シリンダ内圧力は急激に上昇する。つまり着火遅れが長くなるほど，圧力上昇および圧力上昇率が大きくなる。この期間での燃焼は油滴間の火炎伝播はなく，混合気の着火（予混合燃焼）であると考えられる。

(3)　制御燃焼期間（C）

シリンダ内圧力が最高値を示した後も，燃料の噴射は継続している。ここでは噴霧火炎に向かって燃料が噴射されることになるため，噴射とほぼ同時に油滴が着火する。つまりインジェクタの噴孔から噴霧火炎が噴出しているような状態となる。噴射量を調整することにより，圧力上昇や熱発生速度をある程度制御できる。この期間の燃焼は拡散燃焼にあたる。

(4)　後燃え期間（D）

燃料噴射が終わった後も，一部の燃料は未燃のままシリンダ内に存在しており，緩やかな燃焼を続ける。噴射の終盤において油滴は大きくなる傾向があり，また燃焼室内の酸素濃度は低く，膨張行程の進行によりシリンダ内温度は徐々に低下している。つまり燃料の良好な燃焼が行われにくい条件となっており，後燃え期間が長くなるとすすや PM の発生量が増加する。また排ガス温度の上昇といった悪影響も出る。

5.3.3 ではガソリン機関のノッキングについて述べたが，ディーゼル機関でもノッキング（**ディーゼルノック**（Diesel knock）ともいう）が存在する。異常燃焼の一種であるが，その発生原理はガソリン機関とは全く異なる。発生原因としては燃料の着火性の低さによることが多い。着火遅れ期間が長くなると，その分燃焼室内に多くの燃料が供給，蓄積されながら，空気との混合気を形成することになる。ある時期に着火すると正常時よりも多く存在する燃料が一斉に燃焼を始めるため，シリンダ内圧力の急激な上昇とともに振動や騒音を引き起こす。ノッキングが激しくなると，機関の構造部品に対して過大な応力が加わり，疲労破壊を起こす可能性がある。

ノッキングの発生を防ぐには，着火性の高い燃料，つまりセタン価の高い燃料を用いること，圧縮圧を高くするために燃焼室の気密性を高めることや圧縮比を高く設定すること，シリンダを過度に冷却しないことなどがあげられる。ただし圧縮比を高めると，必然的に燃焼最高圧力が増大するため，構造部品の強度の観点から一定の制約は受けることになる。

5.3.3 ではガソリン機関のノッキング，本項ではディーゼル機関のノッキングの概要について解説したが，それぞれの機関でノッキングを防止するための方針を表 5.5 にまとめた。ガソリン機関とディーゼル機関を比較すると，ノッキング防止の方針がすべての項目において逆である。ガソリン機関においては燃焼室の端まで火炎が伝播する前に自着火が起きないようにすることが求められ，ディーゼル機関においては早い時期に自着火することが求められるといった，正常な燃焼の前提が逆であることに起因する。

表 5.5　ノッキング防止のための方針

	ガソリン機関 （火花点火）	ディーゼル機関 （圧縮着火）
着火遅れ時間	長い	短い
燃料の着火温度	高い	低い
機関回転数	高い	低い
圧縮比	低い	高い
燃焼室サイズ	小さい	大きい
燃焼室壁面温度	低い	高い
吸気温度	低い	高い
吸気圧力	低い	高い

予混合燃焼，拡散燃焼

予混合燃焼（Premixed combustion）は文字どおり，予め気体燃料と空気を混ぜた混合気を燃焼させる形式であり，火炎全体が青くなるのが特徴である。拡散燃焼（Diffusion combustion）は非予混合燃焼（Nonpremixed combustion）ともいわれることからわかるように，燃料と空気が別々に供給される形式である。燃料のみを機器から燃焼領域に供給し，空気は火炎外側から拡散作用により供給される。すすの発光により火炎上部が橙色・黄色になるのが特徴である。日常生活に関わる火炎を例にあげると，調理用ガスコンロは予混合火炎，ろうそくは拡散燃焼に分類される。

5.4.4 電子制御ディーゼル機関

従来のディーゼル機関は，カムや燃料噴射ポンプにより燃料噴射を制御していた（機械制御）。**電子制御ディーゼル機関**（Electronic controlled diesel engine）はこれらの機械的結合をなくし，燃料噴射（噴射量，噴射時期）や排気弁の開閉などの制御をコンピューターにより行うことで自由度を高めたものである。これにより高負荷から低負荷までのあらゆる運転条件において，燃焼状態の最適化を行うことができる。機械制御に比べて，特に低負荷時における課題であった連続安定燃焼を実現するだけでなく，燃料消費率の低減，NO_X の排出低減も同時に実現できる。他にも機関重量の低減，機関構造の簡略化，部分負荷時の燃焼改善による燃焼室付近の部品の長寿命化，低回転化への対応，始動性の向上，機械結合の廃止による機関振動の低減，保守管理の低減など数多くのメリットがある。

電子制御ディーゼル機関は大きく 2 タイプに分類される。一つは従来のカム軸を油圧制御装置に置き換えたもの，もう一つはすべてのシリンダに共通の燃料高圧管を持つ**コモンレールシステム**（Common rail system）である。後者は自動車用ディーゼル機関ではすでにメジャーになっており，舶用ディーゼル機関でも普及が進んでいる。図 5.22 はコモンレール式燃料噴射システムの概略図である。燃料の加圧はサプライポンプが行い，すべてのシリンダに共通（コモン）している金属製の頑丈なパイプ（レール）内に高圧の燃料を一旦蓄える。その後，各シリンダのインジェクタに燃料を分配し噴射する。ECU の燃料噴射制御に基づいて EDU が電磁弁式インジェクタに駆動高電圧を印加することにより，精密な開弁制御が行われている。弁の開閉にはピエゾ素子が使われることが多いが，これは電荷をかけることに

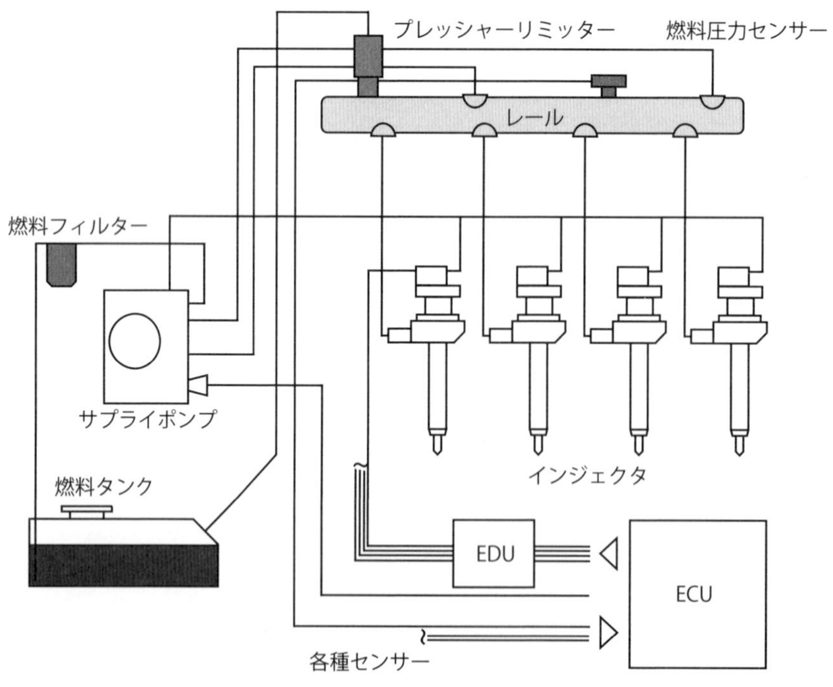

図 5.22 コモンレール式燃料噴射システムの概略

より素子自体が伸縮する特性（圧電効果）を利用したものである。電気的な機構であるため，従来の機械式に比べて応答性や自由度が高い。機械式の場合には燃料噴射は一行程につき一回だけであるが，図5.23 に示すように電磁式の場合，パイロット噴射・プレ噴射・メイン噴射・アフター噴射・ポスト噴射というように多段階の噴射を一行程の間にでき（**多段噴射**，Multi stage injection），噴射時期や噴射期間の制御も精密にできる。さらに超高圧で燃料噴射が行われ，燃料の霧化，蒸発が促進されることから，より理想的な燃焼状態に近づけることが可能となっている。これらのことから燃料消費の低減，燃焼室内の圧力・温度の急上昇の抑制，NO_X や PM の排出低減を同時に実現できる。

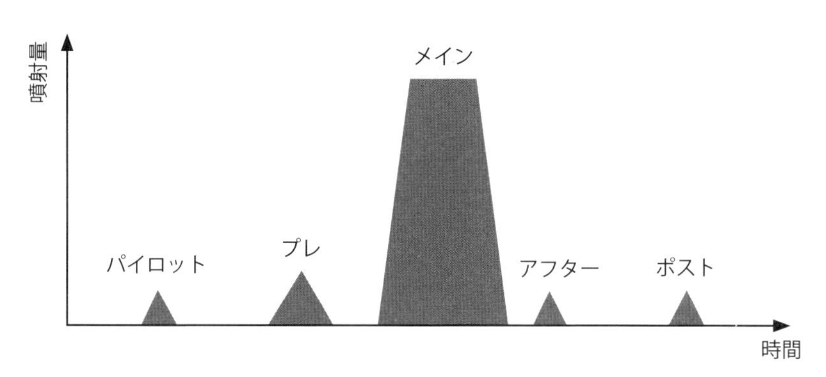

図 5.23　多段噴射（噴射タイミングと噴射量）

表 5.6　多段噴射（各噴射の概要）

パイロット噴射	メイン噴射の前に少量の燃料を噴射する。この燃料が燃焼することにより，燃焼室内の温度が上昇し，メイン噴射での着火性を向上させる。
プレ噴射	メイン噴射の前に少量の燃料を噴射して火種を作り，メイン噴射での急激な燃焼および NO_X の生成を抑制する。
メイン噴射	出力を得るための噴射を行う。
アフター噴射	メイン噴射後に少量の燃料を噴射する。燃え残っている燃料を完全に燃焼させ，PM の発生を低減する。
ポスト噴射	排気管に燃料を送り，DPF（ディーゼル微粒子除去装置）に堆積した PM を燃焼させ，DPF を強制的に再生する。

5.5　ガス機関の燃焼

本節では，今後舶用ディーゼル機関で普及が予想される**ガス機関**（Gas engine）について述べる。舶用ガス機関では，LNG（液化天然ガス，主成分メタン）を気化させたガス燃料が主流になると考えられている。ガス燃料全般にいえる着火および燃焼の基本特性として，以下の 2 つがあげられる。

① 自着火温度が液体燃料に比べて非常に高く，重油よりも圧縮着火が困難である。
（例えば，メタンの自着火温度は約 600［℃］，重油は約 350［℃］）

② ノッキングと失火の発生を考慮して，出力と空気過剰率に制約がある。

燃焼室内でガス燃料を連続的に安定して着火するためには補助が必要となり，これにはいくつかの方法がある。また5.3のガソリン機関は予混合燃焼，5.4のディーゼル機関は拡散燃焼と，一種類の機関につきその燃焼方式も基本的には一種類であったが，ガス機関についてはどちらのタイプもある。ガス機関は作動原理や構造が多様であることから，まず4つの分類方法を紹介する。

＜燃料ガスの供給方法＞

- キャブレターなどによるガスミキシング
- 吸気ポート内低圧噴射
- 主室内高圧噴射

＜着火方式＞

- 火花点火
- グロー点火
- パイロット燃料のシリンダ内での圧縮着火
- パイロット燃料の予燃焼室での圧縮着火
- 火花点火とパイロット着火の組み合わせ

＜燃焼方式＞

- 予混合燃焼（理論混合比燃焼または希薄混合気燃焼）
- 拡散燃焼（ガスジェット燃焼）

＜燃焼室＞

- 副室式
- 主室式

以上のように，ガス機関は燃焼に関する基本項目だけでもさまざまに分類されることがわかる。ここからは各分類の詳細について述べる。

5.5.1　燃料ガスの供給方法

ガスミキシングはキャブレターのように，空気の流路を絞ったところでは流速が増加し，静圧が低下する現象（ベルヌーイの定理）を利用して，吸気管内にガス燃料を吸い込む方式である。この方式は，燃料供給の精密な制御が難しいという弱点があり，燃料消費や排出ガス性状に関する性能要件が高くなるとともに，後述する噴射方式が主流にとってかわっている。

吸気ポート内低圧噴射では，噴射弁を用いて吸気管内にガス燃料を噴射する。噴射弁により噴射時期や噴射期間の精密な制御が可能となる。上述のガスミキシングと吸気ポート内低圧噴射は，吸気管内で混合気を形成した後にシリンダ内へ混合気が供給され，燃焼が進行していくため，予混合燃焼に分類される。

一方，主室内高圧噴射は圧縮行程後半にガス燃料をシリンダ内に直接供給（噴射）し，短期間で空気との混合，着火が行われる。この方式ではグロープラグまたはパイロット燃料により着火が行われる。

5.5.2　着火方式

火花点火方式のガス機関はガソリン機関と同様に点火プラグを用いる。比較的シンプルな手法ではあるが電極部が摩耗しやすく，船舶のように長期間連続運転する場合には注意が必要である。

グロー点火方式は，低電圧（数十［V］）をグロープラグのコイルに流して常時赤熱させておき，この高温部に接触するようにガス燃料を噴射し点火する。構成機器が少なく火花点火方式よりもシンプルではあるが，点火エネルギーが低いという問題がある。確実な点火を行うためには，グロープラグの適切な配置が重要となる。

パイロット着火方式には，少量のパイロット燃料（重油または軽油）をシリンダ内に噴射し，圧縮着火，燃焼させる方式と，予燃焼室内にパイロット燃料を噴射し，着火した後フレームジェットをシリンダ（主室）内に導く方式がある。パイロット燃料の燃焼により発生した火炎は，ガス燃料と空気の混合気の着火をサポートし，その後混合気の燃焼が進行する。パイロット着火によるエネルギーは，火花点火の数千倍から高くて1万倍程度と考えられている。ストイキ燃焼に比べ，着火に大きなエネルギーが必要となる燃料希薄燃焼では必須の技術である。またこの技術で使う燃料噴射弁は，点火プラグに比べて寿命が長いこともメリットとしてある。

火花点火とパイロット着火を併用する方式もあるが，機関始動時はシリンダ内温度の上昇が十分ではなく，パイロット油も着火しない可能性がある。そのため始動時に限っては，点火プラグをサポートとして併用するものである。

5.5.3　燃焼方式

(1)　理論混合比燃焼

液体燃料と同様に，ガス燃料も理論混合比であれば着火に必要なエネルギーは小さくてよく，また燃焼は比較的安定して進む。一方，燃焼ガスの温度は高くなるため，NO_X の排出濃度が高くなるといった欠点がある。NO_X の排出低減対策としては，図 5.24 の**三元触媒**（Three way catalyst）システムによる脱硝がある。三元触媒は白金・ロジウム・パラジウムを含んでおり，NO_X のみならず，一酸化炭素と炭化水素も酸化・還元し，同時に浄化することができる。また図 5.25 に示すように，量論比付近のウインドウといわれる領域で三成分とも浄化率が高くなり，この領域からどちら側に外れても浄化率は急激に低下する。このことから，三元触媒を用いる場合はストイキ燃焼を行う必要があり，燃焼ガス中

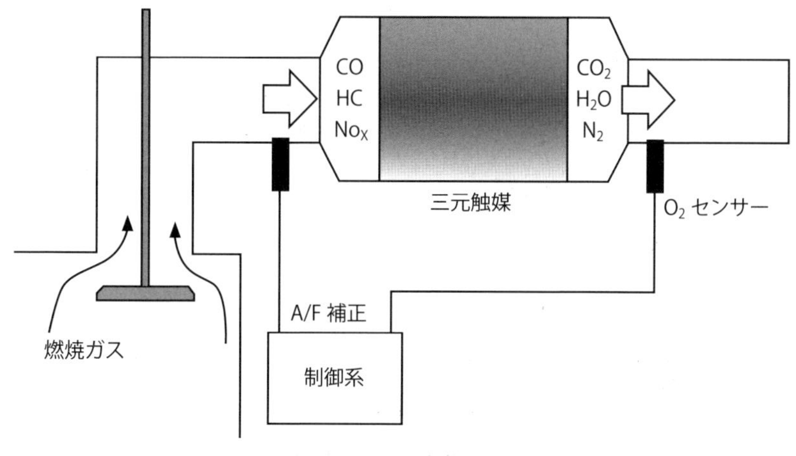

図 5.24　三元触媒システム

の酸素濃度のモニタリング，運転状態へのフィードバック制御が行われている。三元触媒は一般的なガソリン機関でも多く用いられるが，ディーゼル機関や燃料希薄燃焼のガソリン機関では，燃焼ガス中に酸素を多く含み三元触媒の浄化性能が著しく低下するため使用できない。

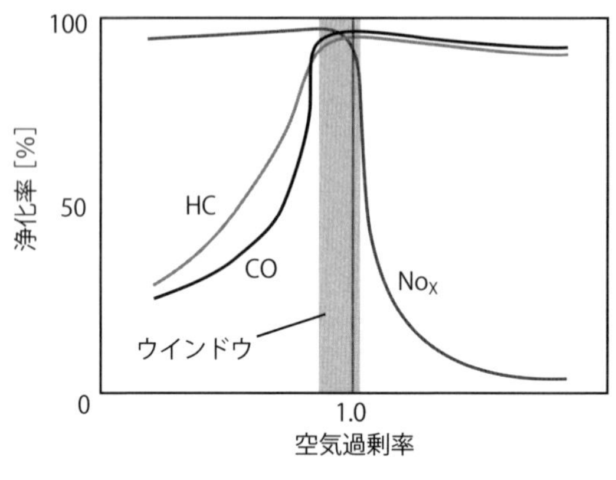

図 5.25　三元触媒の浄化率

(2)　燃料希薄燃焼

理論空気量の数倍程度の空気と燃料を混合し燃焼させる方式を，燃料希薄燃焼という。理論混合比燃焼に比べて燃焼温度が低く NO_X の生成を抑えられるだけでなく，熱効率の向上，ノッキングの抑制といった様々なメリットがある（図 5.26）。一方で燃料ガスが薄いため着火が難しく，燃焼が始まったとしても不安定で失火や回転の変動が起きるといった弱点もある。この対策として，副室式（副室内にガス燃料がやや過濃の混合気を形成）やパイロット着火方式（ここでは副室内にパイロット油を供給）がある。これらは副室内の燃焼で生成した燃焼中間生成物を主とする**フレームジェット**（Flame jet）を副室内から主室（シリンダ内）へ噴出させ，これにより燃料希薄混合気を着火する方式である。

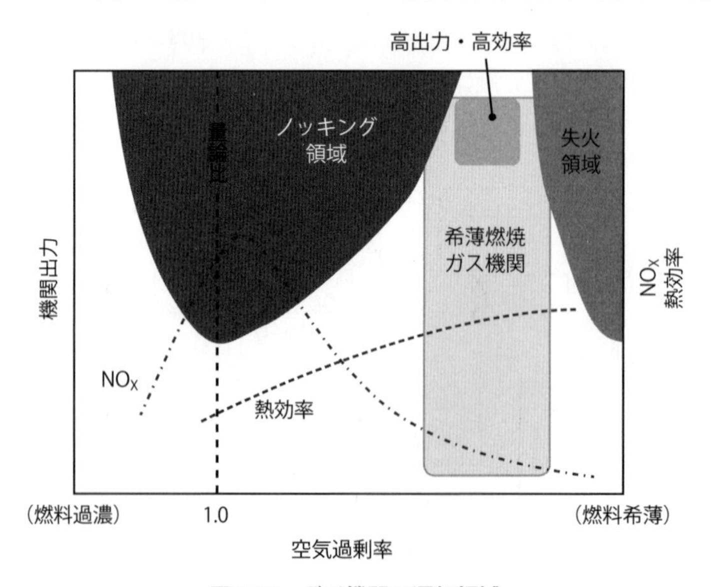

図 5.26　ガス機関の運転領域

(3)　ガスジェット燃焼

5.5.1 の主室内高圧噴射に相当する。

5.5.4　燃焼室

(1)　副室式

副室式は大小 2 つの燃焼室を持つ構造をしている。「大」は主室である。「小」には予室燃焼と渦流室の 2 種類があり，この 2 種類を総じて副室という。主室での燃焼が行われるより先に，副室で予め燃焼をある程度進ませる。副室と主室は連絡孔でつながっており，副室で発生した燃焼中間生成物はフレームジェットとして，主室へ高速で噴出する。このフレームジェットが主室内の混合気を着火し，燃焼が進行していく。予燃焼室はシリンダの上部に配置されている。渦流室はシリンダヘッドの隅に斜めに取り付けられ，フレームジェットは主室内の混合気を着火する役割と，主室内の混合気を攪拌（かくはん）して火炎伝播がうまく進むようにする役割を持っている。

ガス燃料のみを使用するガス専焼機関（図 5.27）の多くは，まず副室内に燃料のやや過濃な混合気を，主室内にやや希薄な混合気を形成する。その後，副室内で火花点火により過濃混合気を着火すると，主室へとフレームジェットが噴出し，主室内の希薄混合気を着火，燃焼させる形態をとっている。

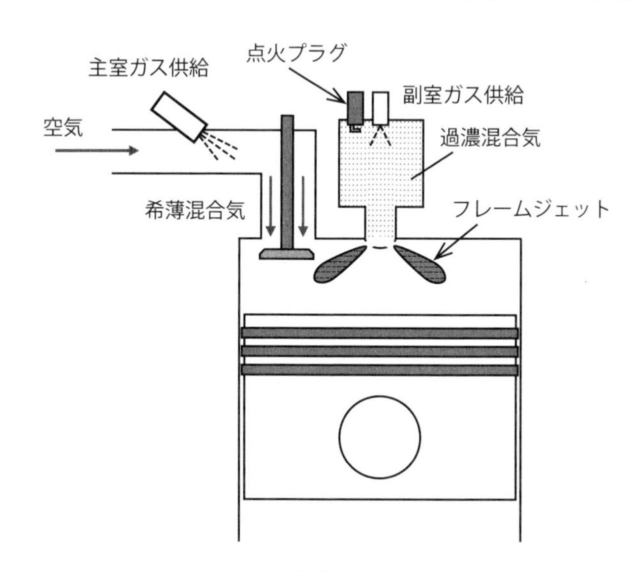

図 5.27　ガス専焼機関の作動原理

(2)　単室式

単室式（主室式，主燃焼室式ともいう）は主室のみで構成される。副室式に比べシリンダ上部の構造が簡単であり，また連絡孔での絞り損失がないことがメリットとしてあげられる。しかしながら，副室式で主室内混合気の安定な着火を実現するフレームジェットは，単室式では存在しない。ガス燃料と空気の燃料希薄混合気は着火が難しいため，前述のパイロット着火方式やグロープラグが用いられる。

5.5.5 デュアルフューエル機関（二元燃料機関）

デュアルフューエル機関（DF 機関，Dual Fuel engine）は液体燃料（重油など）とガス燃料を併用し運転するものである。ガス燃料を用いる機関の排出ガスはNO_XやSO_X, PMの生成が少ないというメリットがあり，排出ガスの規制強化に対応するため DF 機関の運用に向けた動きが近年加速している。また既存のディーゼル機関を DF 機関にガス化転換する技術も提案されている。DF 機関は「ディーゼルモード」と「ガスモード」の切り替えを適宜行いながら運転を行うのが特徴である。ディーゼルモードは液体燃料のみで運転するもので，従来のディーゼル機関と作動原理は同様である。一方ガスモードでは，ガス燃料をメインに機関を作動させるが，ガス燃料の着火安定のためのパイロット燃料として液体燃料（総発熱量の数［%］程度）も供給する。

機関始動時はディーゼルモードとし，全シリンダの燃焼が安定したことを確認した時点でガスモードに切り替える。また運転中にガス燃料供給系統の異常が確認された場合には，機関の出力や回転数を下げることなく，短時間でディーゼルモードに切り替えるというような運転も可能である。

図 5.28 は 2 ストロークサイクル DF 機関の一例である。シリンダ上部に液体燃料およびガス燃料のインジェクタがそれぞれ設けられている。ガス燃料は圧縮空気中に噴射され，その後少量の液体燃料がパイロット燃料として供給され着火し，燃焼が進行していく。従来の DF 機関にはストイキ燃焼方式のものもあったが，希薄混合気の弱点である着火の安定化技術，ノッキングや失火を抑制する制御系の確立に伴い，近年は希薄燃焼方式が主流となっている。舶用 DF 機関は今後広く普及していくと予想されるが，産地によって天然ガスの性状（例えばメタン価）が異なることへの対応，2 種類の燃料を同一シリンダ内で燃焼させることに起因する潤滑油選定の難しさ，運転可能範囲の拡大，負荷変動時の過渡応答性の改善などさまざまな課題もあり，メーカーや研究機関がこれらの課題に取り組んでいる。

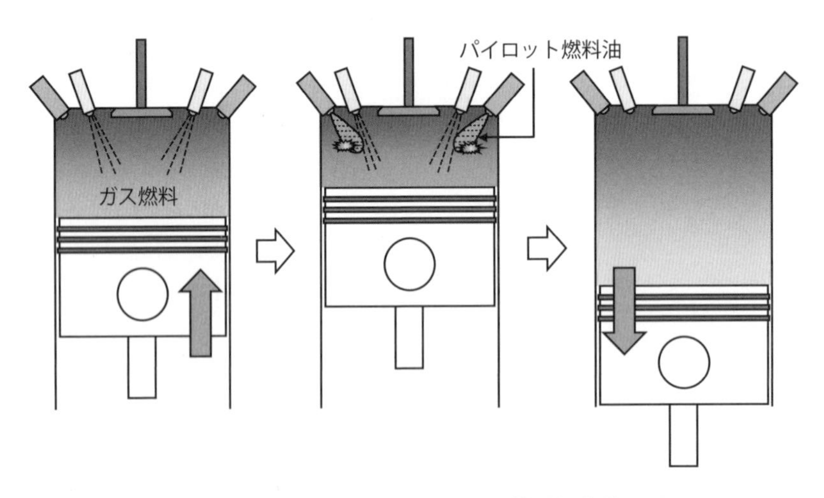

図 5.28　2 ストロークサイクル DF 機関の作動原理

参考文献

1. 水谷幸夫，燃焼工学（第3版），森北出版，2002

練習問題

問 5-1 エタン（C_2H_6）3 [m^3N] を空気過剰率 1.2 で燃焼させるのに必要な空気の質量 [m^3N] を求めよ。（[m^3N] は標準状態における体積）

問 5-2 質量比で炭素 86 [%]，水素 12 [%]，硫黄 2 [%] からなる燃料油が 1 [kg] ある。

① 燃料油の硫黄含有量を質量 [ppm] に換算するといくらになるか。

② 燃料 1 [kg] 中に含まれる炭素原子，水素原子，硫黄原子の質量およびモル数を求めよ。ただし，原子量は炭素 12，水素 1，硫黄 32 とする。

③ 各成分を燃焼させるのに必要な酸素のモル数および合計モル数を求めよ。

④ ③の結果を用いて，必要な酸素質量の合計 [kg] を求めよ。

⑤ 空気の組成が質量比で酸素 23 [%]，窒素 77 [%] であることを用いて，この燃料油 1 [kg] を燃焼させるのに必要な理論空気量 [kg] を求めよ。

⑥ この燃料の理論空燃比（A/F）を求めよ。

⑦ この燃料 1 [kg] を当量比 0.8 で燃焼させる場合に必要な空気量 [kg] を求めよ。

問 5-3 回転数 60 [rpm] で運転している 9 気筒 2 ストロークサイクルディーゼル機関が，1 分あたり C 重油 90 [L] を消費している。

① 各シリンダに 1 回あたりの噴射で供給される燃料の質量と発熱量を求めよ。ただし C 重油の密度は 0.9 [kg/L]，低位発熱量は 43 [MJ/kg] であるとする。

② このディーゼル機関では，供給熱量の 40[%]が軸出力に変換されているとする。この場合，ディーゼル機関の軸出力は何 [kW] であるか。

問 5-4 ある空間に油滴が多数分布している。噴霧中の油滴サイズの評価にはザウター平均粒径 d_{32} が使われるが，以下の式で求められる。これと表中の値を用いて，油滴のザウター平均粒径を求めよ。ただし小数点第 1 位まで解答することとする。

$$d_{32} = \frac{\sum {x_i}^3 n_i}{\sum {x_i}^2 n_i}$$

液滴直径 x_i [μm]	2	4	6	8
個数 n_i	100	300	120	50

問 5-5 直径 5 [μm] の油滴が 8 個ある系 A，直径 10 [μm] の油滴が 1 個ある系 B について，以下の問いに答えよ。ただしいずれの油滴も球体であり，密度は等しいと仮定する。

① 系 A と系 B の油滴総体積を比較せよ。

② 系 A と系 B の油滴総表面積を比較せよ。

CHAPTER 6

熱力学

本章では，熱効率の考え方および熱機関に必要な熱力学の基礎事項について述べる。まず，熱と仕事はエネルギーの一形態であり，相互に変換することができるという熱力学の第一法則ならびに，熱移動の方向性およびエネルギーの質に関する法則である熱力学の第二法則について述べる。また，熱機関の作動流体として用いられる空気などの実在気体を理想化した理想気体の状態変化から理想的な熱機関のサイクルについて述べる。

6.1　仕事とエネルギー

6.1.1　力と仕事

力（Force）とは，静止している物体に運動を起こさせたり，運動している物体の速度や方向を変化させたり，物体に変形を生じさせたりする作用のことをいう。力の大きさは，ニュートンの第二法則より，「力＝質量×加速度」で定義される。質量 1 [kg] の物体に 1 [m/s^2] の加速度を生じさせる力の大きさを，1 ニュートン（1 [N]）という。

図 6.1 に示すように，物体に力 F [N] が作用して物体が x [m] 移動したとき，力は**仕事**（Work）をしたという。仕事の大きさを W とすると，仕事の大きさは，力の大きさ F [N] と物体の動いた距離 x [m] との積で表され，単位にはジュール [J（＝N•m）] が用いられる。

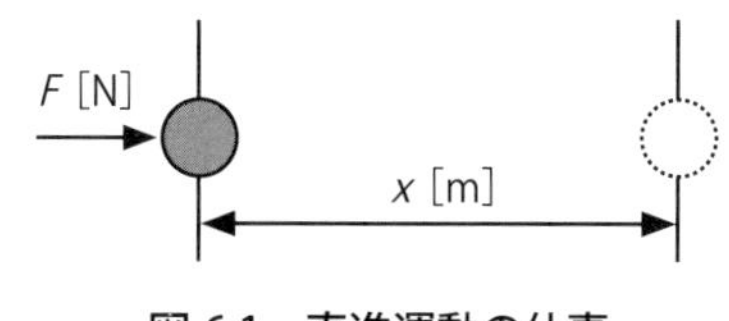

図 6.1　直進運動の仕事

$$W = F \times x \tag{6.1}$$

6.1.2　動力とエネルギー

ある物体に仕事をしたとする。同じ仕事をするのに 1 分要した場合と 30 分要した場合とでは，仕事をする能力が異なる。この仕事をし得る能力，すなわち単位時間あたりの仕事量を**仕事率**（Power，または動力）という。この値が大きいほど，同じ仕事を達成するにも能率がよいといえる。

ある物体に仕事 W [J] をするのに t [s] の時間を要したときの仕事率 P_W は，次のように表される。

$$P_W = \frac{W}{t} = \frac{F \times x}{t} \tag{6.2}$$

仕事率の単位には，ワット [W] が用いられる。しかし工学単位では，馬力 [PS] が広く用いられてきた。両者の換算は，以下のとおりとなる。

$$1\ [\mathrm{W}] = 1\ [\mathrm{J/s}] = 1\ [\mathrm{N \cdot m/s}]$$

$$1\ [\mathrm{PS}] = 75\ [\mathrm{kgf \cdot m/s}] = 75 \times 9.807\ [\mathrm{J/s}] = 735.5\ [\mathrm{W}] \fallingdotseq 0.735\ [\mathrm{kW}]$$

$$1\ [\mathrm{kW}] \fallingdotseq 1.36\ [\mathrm{PS}]$$

エネルギー（Energy）とは，「ある物体や系が周囲に対して何らかの効果もしくは仕事を与えることができる能力の総称」をいう。熱や光，電気，質量などもエネルギーの一形態と考えられる。物体の持つエネルギーの大きさが物体の位置によって決まるエネルギーを**位置エネルギー**（Potential energy）といい，運動する物体が持つエネルギーのことを**運動エネルギー**（Kinetic energy）という。位置エネルギーと運動エネルギーの和を，**力学的エネルギー**（Mechanical energy）という。

6.1.3　回転機械の動力

図 6.2 に示すように，ある物体が点 O を中心に回転運動している場合について考える。物体を回転させるのに必要な力 F [N] が作用しているとしたとき，物体を回転軸のまわりに回転させる仕事のことを，**トルク**（Torque）という。トルクの大きさを T_r とすると，トルクの大きさは，物体を回転させるのに必要な力 F [N] と半径 r [m] の積で表される。

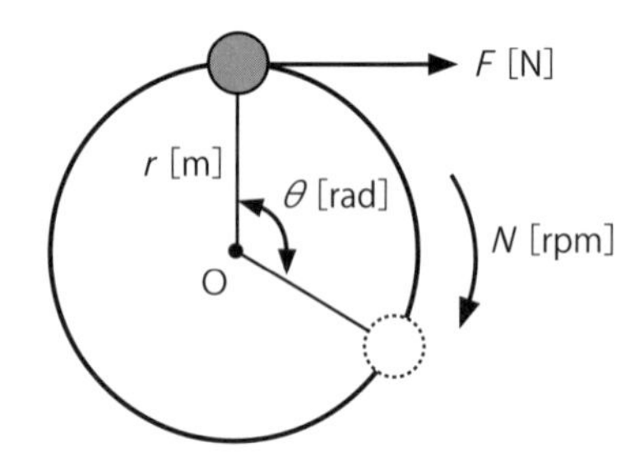

図 6.2　回転運動の仕事

$$T_r = F \times r \tag{6.3}$$

トルクの単位は，ニュートンメートル [N•m] が用いられる。これは，ジュール [J] と同じである。

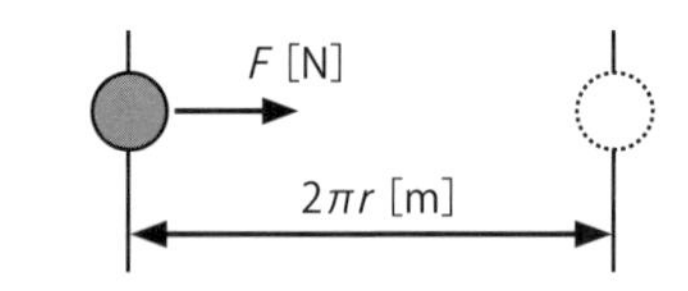

図 6.3　軸が一回転した場合の直線運動

図 6.3 に示すように，軸が一回転した場合，これを直線運動に考え直したときの仕事 W は，次のようになる。

$$\begin{aligned} W &= F \times x = 2\pi r F \quad [\mathrm{N \cdot m/回転}] \\ &= 2\pi T_r \quad [\mathrm{J/回転}] \end{aligned} \tag{6.4}$$

次に，1 分間に軸が N 回転したときの仕事率（動力）P_W は，次のようになる。

$$\begin{aligned} P_W &= 2\pi T_r \times N \quad [\mathrm{J/分}] \\ &= \frac{2\pi T_r N}{60} \quad [\mathrm{J/s}] \\ &= T_r \cdot \omega \quad [\mathrm{W}] \end{aligned} \tag{6.5}$$

ここで，ω は**角速度**（Angular velocity）といい，時間 t [s] の間に角度 θ [rad] だけ回転したときの速さを表す。

$$\omega = \frac{\theta}{t} = \frac{2\pi N}{60} \quad [\mathrm{rad/s}] \tag{6.6}$$

6.2　熱と仕事

6.2.1　エネルギー保存の法則

エネルギーには，前述の力学的エネルギーのほかに熱エネルギーや電気的エネルギー，化学的エネルギーなどがあるが，これらのエネルギーは条件により，ほかの形のエネルギーに変換することができる。しかしそのとき，あるエネルギーが減った分だけ，必ずほかのエネルギーが増加しており，エネルギーの総和は一定不変である。ドイツのヘルムホルツ（H. Helmholtz）は，「1つの系に保有するエネルギーの総和は，外部との間にエネルギー交換がない限り，常に一定に保たれる。もし，外部とのエネルギー交換があれば，交換した量だけエネルギーが減少または増加する」ことを示した。これを，**エネルギー保存の法則**（Law of energy conversation）という。

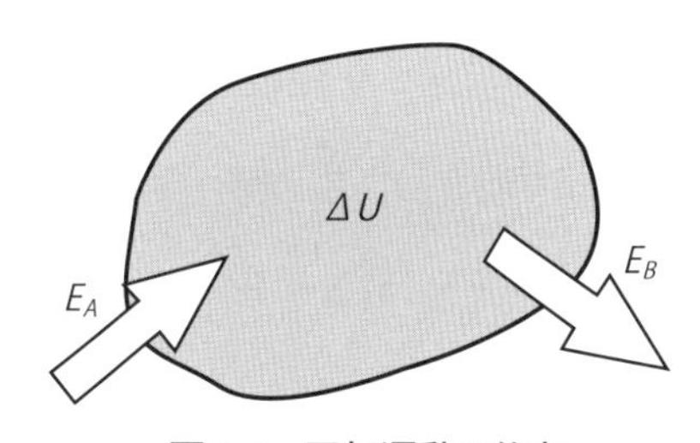

図 6.4　回転運動の仕事

エネルギー保存の法則を式で表すと，外部から入るエネルギーを E_A，外部へ放出されるエネルギーを E_B とすると，内部のエネルギー変化量 ΔU は以下のように表される。

$$\Delta U = E_A - E_B \tag{6.7}$$

ここで U を，**内部エネルギー**（Internal energy）といい，「物体内部に蓄積されるエネルギー」を表している。

6.2.2　熱力学の第一法則

「熱は本質上，仕事と同じエネルギーの一種であり，仕事を熱に変換することも，またその逆も可能である」。これを，**熱力学の第一法則**（The first law of thermodynamics）という。したがって，熱の単位も仕事と同様にジュール［J］が用いられる。

図 6.5 に示すように，シリンダとピストンに気体が閉じ込められている場合について考える。シリンダ内に閉じ込められた圧力 P［Pa］，体積 V［m^3］の気体を熱量 Q［J］で加熱すると，シリンダ内の気体が膨張してピストンが移動する。このときの仕事の大きさを W［J］とすると，加熱前後の気体の内部エネルギーの増加は，気体に与えられた熱量と気体が外部に行った仕事との和に等しくなる。加熱前の気体の内部エネルギーを U_1［J］，加熱後を U_2［J］とすると，エネルギー保存の法則の式(6.7) より，次式のようになる。

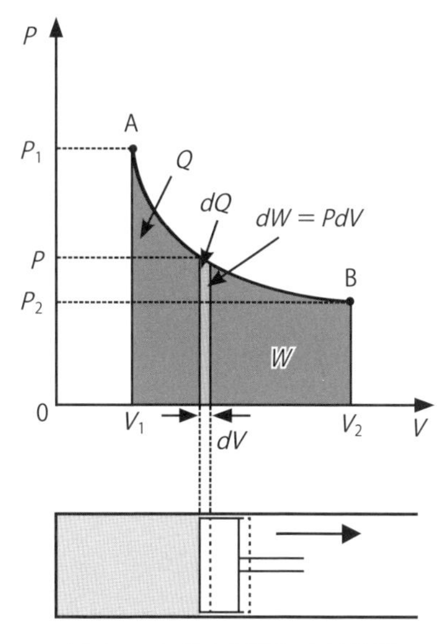

図 6.5　気体の膨張による仕事

$$U_2 - U_1 = Q - W \tag{6.8}$$

これを**熱力学の第一法則の式**（The first law equation of thermodynamics）という。

次に，微小な状態変化について考える。気体に熱量 dQ [J] で加熱すると，シリンダ内の気体がピストンに対して dW [J] の仕事を行う。このときの気体の内部エネルギーの増加を dU [J] とすると，式(6.8) の微分形は次のようになる。

$$dQ = dU + dW \tag{6.9}$$

また，$dW = PdV$ より，式(6.9) は次のようになる。

$$dQ = dU + PdV \tag{6.10}$$

式(6.10) を，**熱力学の第一基礎式**という。

熱の仕事当量と仕事の熱当量

イギリスのジュール（J. P. Joule）は，熱と仕事の関係について実験を行い，熱量 1 [kcal] が何 [kgf•m] の仕事量に相当するかを求めた。これを**熱の仕事当量**（Mechanical equivalent of heat）といい，以下の関係が成立する。

$$1\ [\mathrm{kcal}] = 426.858\ [\mathrm{kgf{\cdot}m}] \fallingdotseq 427\ [\mathrm{kgf{\cdot}m}]$$

また，熱の仕事当量の逆数を**仕事の熱当量**（Thermal equivalent of work）といい，以下の関係が成立する。

$$1\ [\mathrm{kgf{\cdot}m}] = 1/426.858 \fallingdotseq 0.00234\ [\mathrm{kcal}]$$

工学単位において，熱量 Q [kcal] に対する仕事量 W [kgf•m] の関係は，以下のように表すことができる。

$$W = JQ$$

J：熱の仕事当量（$J = 427$ [kgf•m/kcal]）

$$Q = AW$$

A：仕事の熱当量（$A = 0.00234$ [kcal/(kgf•m)]）

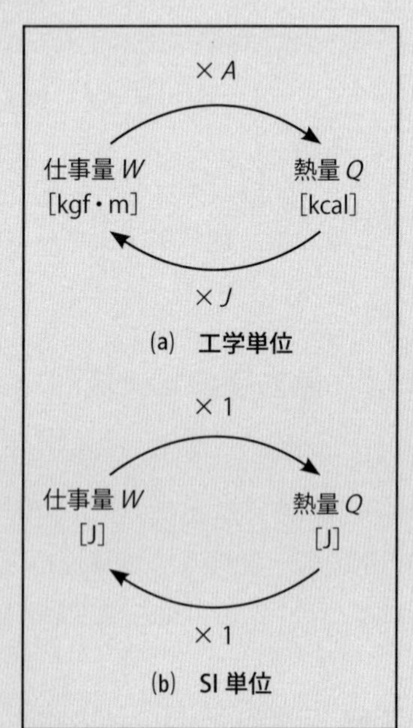

1 馬力 [PS] は 75 [kgf•m/s] であるから，1 馬力 1 時間あたりの仕事量は，以下の値となる。

$$75 \times 60 \times 60 = 270000\ [\mathrm{kgf{\cdot}m{\cdot}h}]$$

したがって，1 馬力 1 時間あたりの仕事量を熱量に換算すると，以下の値となる。

$$1\ [\mathrm{PS{\cdot}h}] = \frac{270000}{426.858} \fallingdotseq 632.5\ [\mathrm{kcal{\cdot}h}]$$

SI 単位の場合は，仕事と熱量の単位はともにジュール [J] で表される。すなわち，熱量 Q に対する仕事量 W の関係は，以下のとおりである。

$$Q = W\ [\mathrm{J}]$$

6.2.3　熱力学の第二法則

熱力学の第一法則より，熱と仕事は本質的にエネルギーの一種であり，相互に変換可能である。しかし実際には，仕事から熱に変換することはごく自然な過程であるが，熱を仕事に変換することは困難である。例えば，水を入れた容器内にプロペラを入れて機械的仕事を与えて回転させると，水の温度を上昇させることができるが，容器内の水を温めてもプロペラを回転させることはできない。熱を仕事に変換させる条件および熱移動の方向性について表した法則が，**熱力学の第二法則**（The second law of thermodynamics）である。

熱力学の第二法則は，イギリスのケルビン（L. Kelvin）によると，「ある熱源の熱を仕事に変えるためには，それより低温の熱源が必要である」と表現されている。これは，熱を仕事に変換する条件を示すものである。またドイツのクラウジウス（R. J. E. Clausius）によると，「熱は，それ自身では低温物体から高温物体へ移動することができない」と表現されている。これは，自然のままの状態では，何もしない限り，熱は低温物体から高温物体へは移動しないという熱移動の方向性を示すものである。

6.2.4　熱機関の熱効率

熱を仕事に変換するためには，ある温度よりも低い低温熱源と，高温熱源と低温熱源との間で熱を保有して熱機関に熱を伝えるための媒介物が必要である。その媒介物を，**作動流体**（Working fluid）という。

熱機関では，高温熱源から熱量 Q_H を受けることにより作動流体が高温・高圧となり，低温熱源に熱量 Q_L を捨てている。熱力学の第一法則より，受けた熱と捨てた熱との差の分だけ外部に対して仕事を行うことになる。このように，作動流体がある変化から出発していろんな状態変化を行い，再びはじめの状態に戻る過程を，**サイクル**（Cycle）という。熱機関のサイクルを $P-V$ 線図で表すと，図 6.6 のような閉曲線となる。

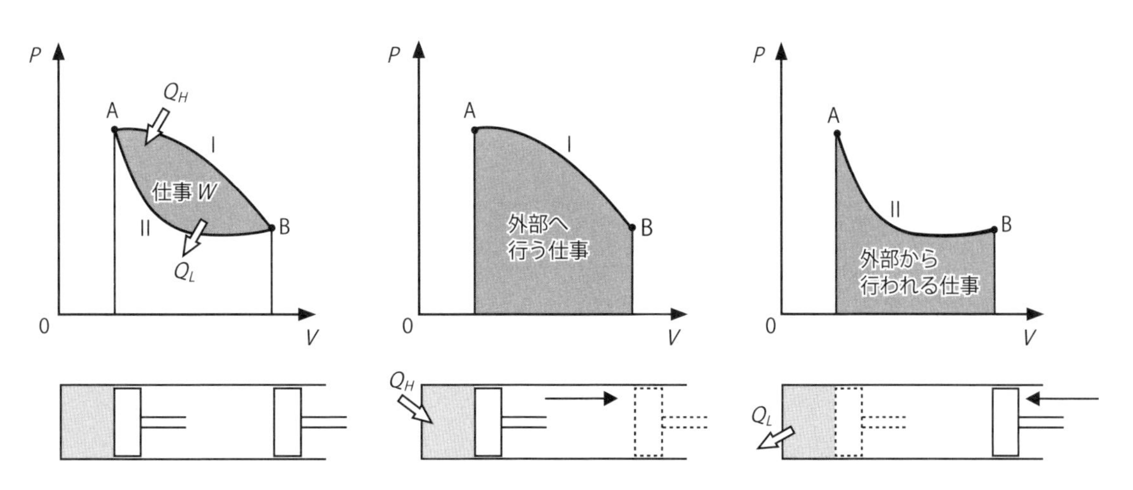

図 6.6　$P-V$ 線図で表された熱機関のサイクル

状態Aと状態Bの間で，曲線Iは膨張を表し，外部へ仕事をする。曲線IIは圧縮を表し，外部から仕事を受ける。したがって，サイクル中の熱機関のする仕事は，両者の差になり，閉曲線の囲む面積で表される。この間に，作動流体は熱量Q_Hを受け，熱量Q_Lを捨てるから，その差の熱量が仕事Wになる。すなわち，次式のようになる。

$$W = Q_H - Q_L \tag{6.11}$$

加えられた熱量に対する熱機関が行う仕事の割合を，熱機関の**熱効率**（Thermal efficiency）という。熱機関の熱効率をηとすると，以下の式で表される。

$$\eta = \frac{W}{Q_H} = \frac{Q_H - Q_L}{Q_H} = 1 - \frac{Q_L}{Q_H} \tag{6.12}$$

6.3 理想気体の状態変化

6.3.1 ボイルの法則とシャルルの法則

イギリスのボイル（R. Boyle）は，「温度が一定のとき，気体の圧力は体積に反比例する」という関係を発見した。これを，**ボイルの法則**（Boyle's law）という。

絶対温度をT，圧力をP，体積をVとすると，この関係を式で表すと以下のようになる。

$$T = \text{一定のとき} \qquad PV = \text{一定} \tag{6.13}$$

またフランスのシャルル（J. A. C. Charles）は，「圧力が一定のとき，気体の体積は絶対温度に比例する」という関係を発見した。これを，**シャルルの法則**（Charles' law）という。

圧力をP，体積をV，絶対温度をTとすると，この関係を式で表すと以下のようになる。

$$P = \text{一定のとき} \qquad \frac{V}{T} = \text{一定} \tag{6.14}$$

6.3.2 理想気体の状態方程式

ボイルの法則は「温度が一定」という条件で成立し，シャルルの法則は「圧力が一定」という条件で成立する。それでは，圧力，温度，体積が異なる場合についてはどのようになるかを考える。

例えば，図6.7に示すように，状態1から状態2を経て状態3へ状態変化する場合について考える。このとき，状態1から状態2へは，温度一定のもとで状態変化するものとする。また，状態2から状態3へは，圧力一定のもとで状態変化するものとする。

状態1から状態2は，温度一定のもとでの状態変化であるから，ボイルの法則が成り立つ。

よって

$$P_1V_1 = P_2V_2 \qquad \therefore \qquad V_2 = \frac{P_1}{P_2}V_1 = \frac{P_1}{P_3}V_1 \tag{6.15}$$

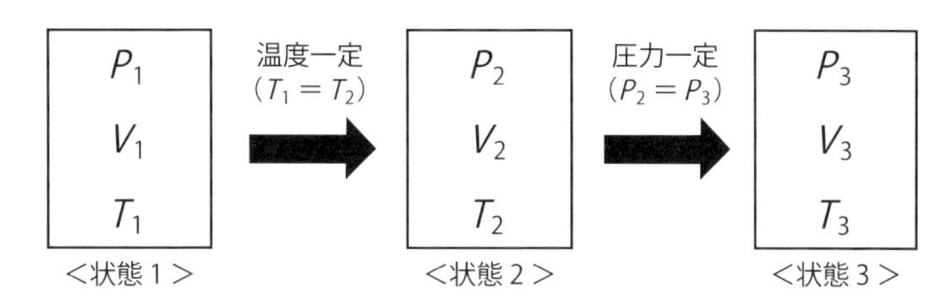

図 6.7　状態 1 から状態 3 への変化

状態 2 から状態 3 は，圧力一定のもとでの状態変化であるから，シャルルの法則が成り立つ。よって

$$\frac{V_2}{T_2} = \frac{V_3}{T_3} \qquad \therefore \qquad V_2 = \frac{V_3}{T_3}T_2 = \frac{V_3}{T_3}T_1 \tag{6.16}$$

式(6.15) および式(6.16) より V_2 を消去すると，以下のようになる。

$$\frac{P_1}{P_3}V_1 = \frac{V_3}{T_3}T_1 \qquad \therefore \qquad \frac{P_1V_1}{T_1} = \frac{P_3V_3}{T_3} \tag{6.17}$$

これは，状態 1 と状態 3 の関係を示す式であり，途中の変化の過程に無関係である。式(6.17) を，**ボイル・シャルルの法則**（Boyle-Charles' law）といい，ボイル・シャルルの法則に従うと仮定した理想的な気体のことを，**理想気体**（Ideal gas，または完全ガス）という。理想気体は実際には存在せず，実際に存在する気体（これを，**実在気体**（Real gas）という）はボイル・シャルルの法則を満足していないが，低圧，高温になるほど実在気体は理想気体（完全ガス）の性質に近づいていく。

式(6.17) より，理想気体の任意の状態では，以下の関係が成立する。

$$\frac{PV}{T} = 一定 \tag{6.18}$$

気体 1 [kg] あたりの定数を R とすると，以下のようになる。

$$PV = RT \tag{6.19}$$

定数 R を**ガス定数**（Gas constant，または気体定数）といい，気体の種類によって決まる定数である。式(6.19) を，気体 1 [kg] の場合における**理想気体の状態方程式**（Equation of state for ideal gas）という。

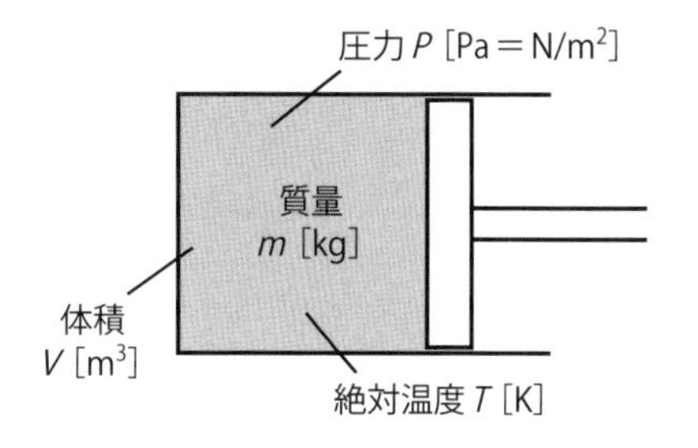

図 6.8　理想気体の状態量

図 6.8 に示すように，気体 m [kg] の場合における理想気体の状態方程式は，以下のようになる。

$$PV = mRT \tag{6.20}$$

ガス定数 R の単位について考えてみると，式(6.20) より

$$R = \frac{PV}{mT} = \frac{[\mathrm{N/m^2}][\mathrm{m^3}]}{[\mathrm{kg}][\mathrm{K}]} = \frac{[\mathrm{N \cdot m}]}{[\mathrm{kg}][\mathrm{K}]} = [\mathrm{J/(kg \cdot K)}]$$

である。ガス定数 R の単位から，ガス定数（気体定数）は質量 1 [kg] の気体を温度 1 [K] だけ変化させる際に行われる外部仕事を表していることがわかる。

6.3.3　理想気体の状態変化

理想気体 1 [kg] について，状態 1 から状態 2 に変化する場合について考える。

(1)　等温変化

温度が一定であるときの状態変化のことを，**等温変化**（Isothermal change）という。

状態変化の式は，はじめの温度を T_1，終わりの温度を T_2 とすると

$$T = T_1 = T_2,\ \text{微分形では}\ dT = 0$$

この場合，ボイル・シャルルの法則の式 (6.17) より，ボイルの法則に従う。すなわち，圧力は体積に反比例する次の関係が成立する。

$$PV = P_1V_1 = P_2V_2 \quad (=\text{一定})$$

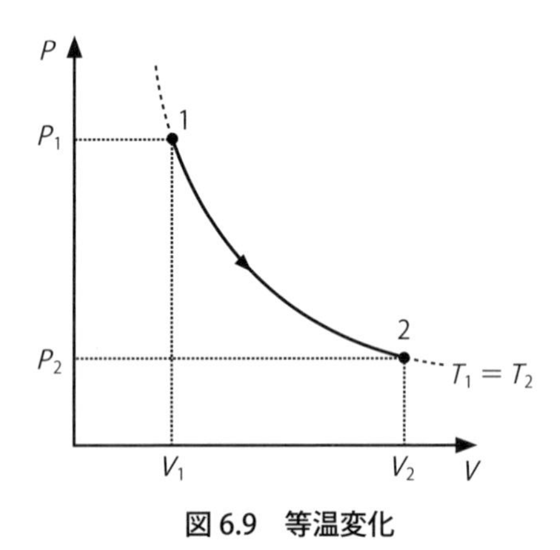

図 6.9　等温変化

この関係を $P-V$ 線図で表すと，図 6.9 のようになる。$P-V$ 線図上の等温変化の軌跡を**等温線**（Isotherm）という。

$P-V$ 線図上での等温線の式は，式 (6.20) の理想気体の状態方程式において $T = T_1$（$= T_2$）とすると

$$P = \frac{mRT_1}{V}$$

となり，直角双曲線となる。2 本の等温線がある場合は，上側のほうが温度が高い等温線である。

(2)　定容変化

体積が一定であるときの状態変化のことを，**定容変化**（Isochoric change）という。

状態変化の式は，はじめの体積を V_1，終わりの体積を V_2 とすると

$$V = V_1 = V_2,\ \text{微分形では}\ dV = 0$$

この場合，ボイル・シャルルの法則の式 (6.17) より，圧力は絶対温度に比例する次の関係が成立する。

$$\frac{P}{T} = \frac{P_1}{T_1} = \frac{P_2}{T_2} \quad (=\text{一定})$$

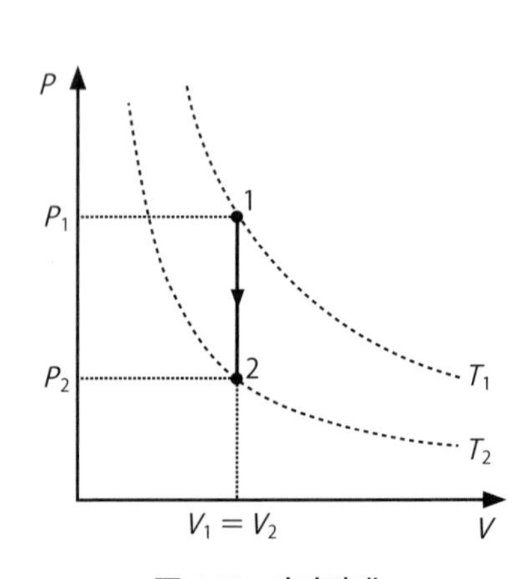

図 6.10　定容変化

この関係を$P-V$線図に表すと，図 6.10 のようになる。$P-V$線図上の定容変化（等積変化）の軌跡を**等積線**（Isochor，定容線）という。

$P-V$線図上での等積線は，体積Vが一定より，縦軸（圧力）に平行な直線になる。

(3)　定圧変化

圧力が一定であるときの状態変化のことを，**定圧変化**（Isobaric change）という。

状態変化の式は，はじめの圧力をP_1，終わりの圧力をP_2とすると

$$P = P_1 = P_2,\text{ 微分形では } dP = 0$$

この場合，ボイル・シャルルの法則の式(6.17) より，シャルルの法則に従う。すなわち，体積は絶対温度に比例する次の関係が成立する。

$$\frac{V}{T} = \frac{V_1}{T_1} = \frac{V_2}{T_2} \qquad (=\text{一定})$$

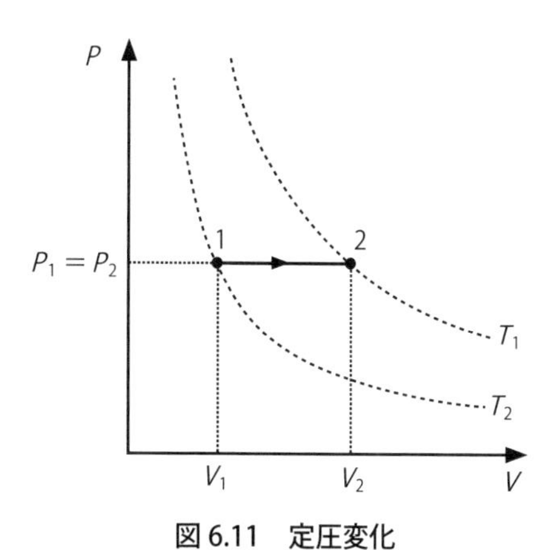

図 6.11　定圧変化

この関係を$P-V$線図に表すと，図 6.11 のようになる。$P-V$線図上の定圧変化の軌跡を**等圧線**（Isobar，定圧線）という。

$P-V$線図上での等圧線は，圧力Pが一定より，横軸（体積）に平行な直線になる。

(4)　断熱変化

状態変化において，熱の授受がない場合の状態（熱量の変化が全くない状態）を，**断熱変化**（Adiabatic change）または**等エントロピー変化**（Isentropic change）という。

状態変化の式は，状態 1 から状態 2 へ状態変化するときに加えられる熱量をQ_{12}とすると

$$Q_{12} = 0,\text{ 微分形では } dQ = 0$$

より，次の関係が成立する。

$$PV^{\kappa} = \text{一定} \qquad (\text{圧力と体積の式})$$

ここで，κを**比熱比**（Ratio of specific heat）といい，定容比熱C_Vに対する定圧比熱C_Pの比を表す。

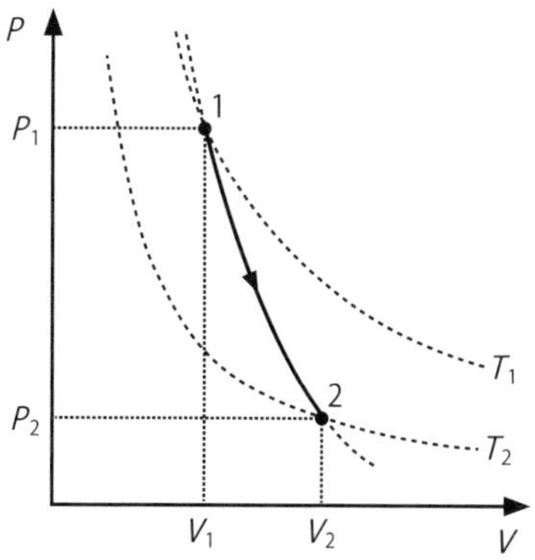

図 6.12　断熱変化

$$\kappa = \frac{C_P}{C_V}$$

また，断熱変化の式は，式(6.20) の 理想気体の状態方程式を用いると，次のように表すこともできる。

$$TV^{\kappa-1} = 一定 \quad （温度と体積の式）$$

$$T^{\kappa}P^{1-\kappa} = 一定 \quad （温度と圧力の式）$$

この変化を $P-V$ 線図上で表すと，図 6.12 に示すように，等温線よりも傾きが急な曲線となり，等温線と交わる。したがって，断熱圧縮の場合は温度が上昇し，断熱膨張の場合は温度が下降する。

(5)　ポリトロープ変化

状態変化の式が，次式で表される変化を，**ポリトロープ変化**（Polytropic change）という（「ポリ」は多を,「トロープ」は方向を意味し，「ポリトロープ変化」とは，「多方向変化」を意味する）。

$$PV^n = 一定 \quad （圧力と体積の式）$$

式中の n を**ポリトロープ指数**（Polytropic exponent）という。またポリトロープ変化の式は，式(6.20)の理想気体の状態方程式を用いると，次のように表すこともできる。

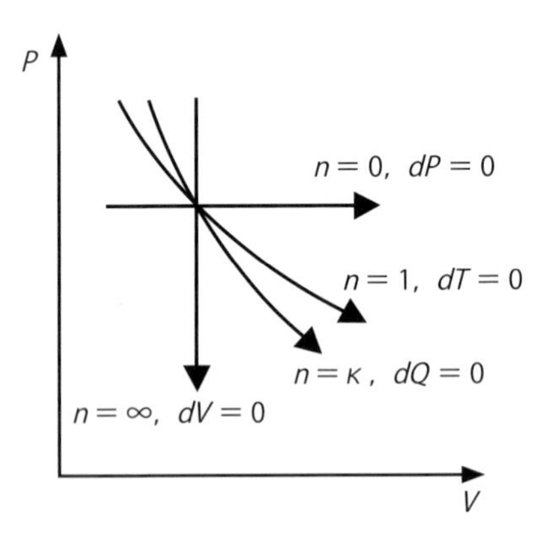

図 6.13　ポリトロープ変化

$$TV^{n-1} = 一定 \quad （温度と体積の式）$$

$$T^{n}P^{1-n} = 一定 \quad （温度と圧力の式）$$

ポリトロープ変化を $P-V$ 線図に表すと，図 6.13 のようになる。ポリトロープ指数 n に任意の値を与えることにより，多様な方向の変化が記述できる。したがってポリトロープ変化は，一般的な状態変化を表している。今まで説明した(1)〜(4)の 4 つの状態変化も，ポリトロープ指数 n に次のような値をとることにより，ポリトロープ変化で表すことができる。

(1)　$n = 1$ のとき　「$PV = mRT =$ 一定」　：等温変化
(2)　$n = \pm\infty$ のとき　「$P^{1/n}V = P^0V = V =$ 一定」：定容変化
(3)　$n = 0$ のとき　「$PV^0 = P =$ 一定」　：定圧変化
(4)　$n = \kappa$ のとき　「$PV^{\kappa} =$ 一定」　：断熱変化

6.4　熱機関のサイクル

熱機関は，高温熱源から熱エネルギーを取り出してこれを作動流体に与え，作動流体は外部へ仕事を行ったのち，低温熱源に熱エネルギーを捨てる。熱機関は，これを繰り返し行う（サイクルをさせる）ことで，連続的に仕事を得ることができる。フランスのカルノー（N. L. S. Carnot）は，高温熱源と低温熱源が与えられた場合に熱効率が最大になるもっとも理想的な熱機関サイクルを提唱した。このサイクルを，**カルノーサイクル**（Carnot cycle）という。

カルノーサイクルの $P-V$ 線図を，図 6.14 に示す。カルノーサイクルは，2 つの等温変化と 2 つの断熱変化からなり，これら 4 つの過程すべてで摩擦がなく，なおかつそれらの変化がきわめてゆっくりと行われる場合に，その極限において外部熱源との間に温度差がない状態になることで，4つの過程はそのままそっくり逆に動かすことが可能な変化（可逆変化）となる。それゆえに，カルノーサイクルは可逆サイクルである。

カルノーサイクルにおける作動流体の状態変化は，以下のようになる。

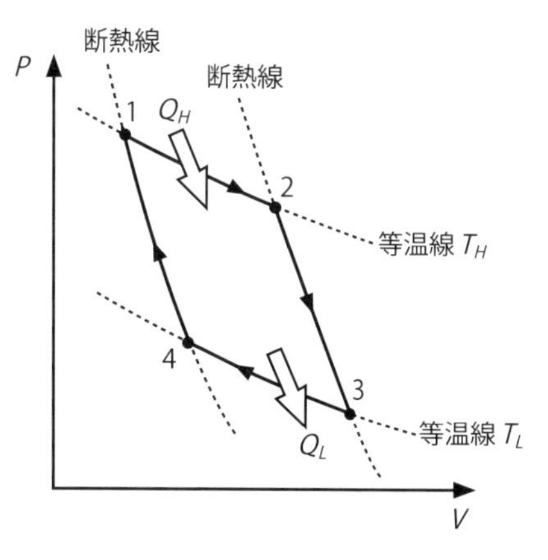

図 6.14　カルノーサイクル

（状態 1 → 状態 2）：等温膨張

作動流体は，高温熱源 T_H [K] から熱量 Q_H を受けて等温膨張し，供給された熱量はすべて仕事に変換される。このとき，$dT = 0$ および $PV =$ 一定が成立するので，式 (6.10) の熱力学の第一基礎式より，以下のようになる。

$$dQ = dU + PdV = mC_v dT + PdV = PdV$$

$$Q_H = \int_1^2 dQ = \int_1^2 PdV = \int_1^2 \frac{mRT_H}{V} dV$$

以上より

$$Q_H = mRT_H 1\mathrm{n}\frac{V_2}{V_1} \tag{6.21}$$

（状態 2 → 状態 3）：断熱膨張

熱の供給を止めても，内部エネルギーを消費しながら作動流体は断熱膨張を続け，仕事をしながら T_L [K] まで温度が降下する。このとき，$dQ = 0$ および $TV^{\kappa-1} =$ 一定が成立するので，以下のようになる。

$$T_H {V_2}^{\kappa-1} = T_L {V_3}^{\kappa-1}$$

$$\frac{T_H}{T_L} = \left(\frac{V_3}{V_2}\right)^{\kappa-1} \tag{6.22}$$

（状態 3 → 状態 4）：等温圧縮

外部から仕事が加えられることにより作動流体を等温圧縮し，そのときに低温熱源 T_L [K] へ熱量 Q_L を捨てる。このとき，$dT = 0$ および $PV =$ 一定が成立するので，式 (6.10) の熱力学の第一基礎式より，以下のようになる。

$$dQ = dU + PdV = mC_v dT + PdV = PdV$$

$$Q_L = \int_3^4 dQ = \int_3^4 PdV = \int_3^4 \frac{mRT_L}{V} dV = mRT_L 1\mathrm{n}\frac{V_4}{V_3}$$

放熱なので

$$Q_L = -Q_L = -mRT_L 1\text{n}\frac{V_4}{V_3}$$

$$Q_L = mRT_L 1\text{n}\frac{V_3}{V_4} \tag{6.23}$$

（状態 4 → 状態 1）：断熱圧縮

低温熱源を切り離して圧縮を続けると，作動流体は断熱圧縮され，T_H [K] まで温度が上昇し，もとの状態に戻る。このとき，$dQ = 0$ および $TV^{\kappa-1}$ = 一定が成立するので，以下のようになる。

$$T_L {V_4}^{\kappa-1} = T_H {V_1}^{\kappa-1}$$

$$\frac{T_H}{T_L} = \left(\frac{V_4}{V_1}\right)^{\kappa-1} \tag{6.24}$$

式(6.22) = 式(6.24) より

$$\frac{V_3}{V_2} = \frac{V_4}{V_1} \quad \text{あるいは} \quad \frac{V_2}{V_1} = \frac{V_3}{V_4}$$

以上より，カルノーサイクルの熱効率 η_c は，式(6.12) および式(6.21)，式(6.23) より以下のように表される。

$$\eta_c = \frac{W}{Q_H} = \frac{Q_H - Q_L}{Q_H} = 1 - \frac{Q_L}{Q_H} = 1 - \frac{mRT_L 1\text{n}(V_3/V_4)}{mRT_H 1\text{n}(V_2/V_1)}$$

$$\therefore \quad \eta_c = 1 - \frac{T_L}{T_H} \tag{6.25}$$

ここで，T_H は高温熱源の温度 [K]，T_L は低温熱源の温度 [K] である。

カルノーサイクルの熱効率 η_c についてまとめると，次のことがいえる。

(i) カルノーサイクルの熱効率 η_c は，高温熱源および低温熱源の絶対温度のみによって決まり，高温熱源の温度 T_H が高いほど，なおかつ低温熱源の温度 T_L が低いほど，その値は大きくなる。

(ii) カルノーサイクルの熱効率 η_c は，作動流体の種類および圧力とは無関係である。

(iii) 低温熱源の温度 $T_L = 0$ [K]（− 273.15 [℃]）のときのみ，カルノーサイクルの熱効率 η_c は 100 [%] になる。これは，「効率 100 [%] の熱機関は自然界では実現し得ない」ことを理論的に表している。

参考文献

1. 丸茂榮佑・木本恭司，機械系教科書シリーズ⑪ 工業熱力学，コロナ社，2001
2. 刑部真弘監修ほか，エンジニアのための熱力学，成山堂書店，2001
3. 伊藤猛宏・山下宏幸，機械系大学講義シリーズ⑰ 工業熱力学(1)，コロナ社，1988

練習問題

問 6-1　15 [t] の荷物を 5 秒間に 10 [m] つり上げるウインチの動力はいくらか。また，その動力を 1/2 に減少させて 1 [t] の荷物を 50 [m] つり上げるには，何秒かかるか。　（四級海技士（機関）試験問題）

問 6-2　回転数 100 [rpm]，出力 62500 [kW] の大型舶用ディーゼル機関のトルクを求めよ。

問 6-3　内径 170 [cm]，長さ 342 [cm] の円筒形空気タンクにゲージ圧 2.5 [MPa]，温度 30 [℃] の空気が入っているとすれば，タンク内の空気の量は，何キログラムか。ただし，空気のガス定数を 287.03 [J/(kg･K)] とし，大気圧は，標準状態とする。　（二級海技士（機関）試験問題）

問 6-4　絶対圧 4.7 [MPa]，温度 432 [℃] の燃料と空気の混合ガスが，初め定容燃焼して絶対圧 7.1 [MPa] に高まり，次に定圧燃焼して 2.5 倍の体積に膨張すると，燃焼が終わったときの温度は，いくらになるか。ただし，このガスを理想気体とみなし，燃焼中の熱はどこへも失われないものとして計算せよ。　（二級海技士（機関）試験問題）

問 6-5　右図は，カルノーサイクルの圧力－比体積線図（$P-V$ 線図）の 1 例である。図における 1 → 2，2 → 3，3 → 4 および 4 → 1 の 4 つの状態変化の名称をそれぞれ記せ。（三級海技士（機関）試験問題）

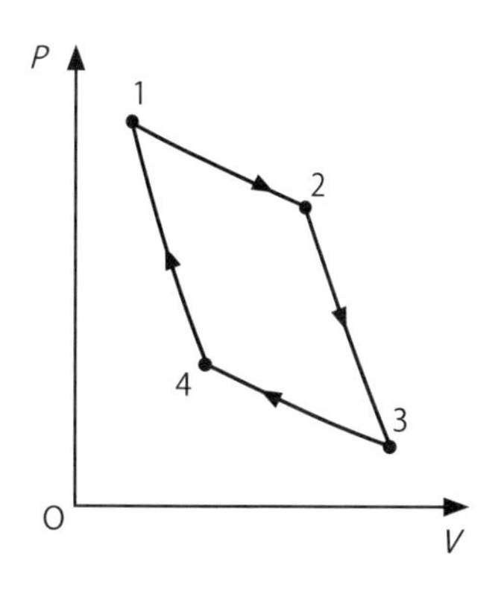

問 6-6　温度 450 [℃] の高温熱源と，温度 35 [℃] の低温熱源の間で働くカルノーサイクルの熱効率を求めよ。

CHAPTER 7

内燃機関の性能

内燃機関の理論サイクルは，内燃機関を動かすための基本の考え方であり，内燃機関および付属装置の動作や働きは理論サイクルを再現するためにある。ゆえに，内燃機関および付属装置の動作や働きについて理解するためには，この理論サイクルを理解する必要がある。そして，内燃機関を効率よく使用するために出力と損失について理解し，出力や損失にどれだけのエネルギーが振り分けられているかを知る必要がある。本章では理論サイクルの考え方を理解すること，内燃機関の出力や損失について理解を深めること，効率的な内燃機関の使用方法と性能評価についての基本を学ぶことを目的とする。

7.1　理論サイクルの熱効率

7.1.1　熱効率の定義

シリンダ内でピストンが往復する往復動内燃機関は，シリンダ内で燃料を燃焼させることで高温・高圧のガスをつくり，この高温・高圧のガスがピストンを介してクランク軸を回転させることで仕事を得る装置である。ここで，ピストンを押し下げるために使用できるエネルギーは，シリンダ内に供給(噴射)された燃料が持つエネルギーであり，これを供給熱量 Q_1 と定義する。そして，機関より取り出された仕事を W とすると，Q_1 から W を差し引いた熱量 Q_2 が仕事を終えたガスが持つ熱量(放出熱量)となる。言い換えれば，機関から排気として Q_2 が放出されることになる。ゆえに，Q_1，Q_2，W の関係は式(7.1)で表すことができる。

$$W = Q_1 - Q_2 \tag{7.1}$$

内燃機関に求められていることは，Q_1 を W へ効率よく変換することである。ゆえに，熱から仕事への変換割合である熱効率を求めることで，内燃機関の性能を評価することができる。式(7.2)に**理論熱効率** η_{th}（Thermal efficiency）の定義を示す。

$$\eta_{th} = \frac{W}{Q_1} = 1 - \frac{Q_2}{Q_1} \tag{7.2}$$

7.1.2　基本サイクル

図 7.1 に 4 サイクル機関の行程とシリンダ内圧力の相関を示す。ディーゼル機関では，ピストンが上死点（TDC：Top Dead Center）から下死点（BDC：Bottom Dead Center）へ移動することで，吸気弁から空気をシリンダ内へ吸い込む（吸気行程）。次に，ピストンがシリンダ内の空気を圧縮し，シリ

ンダ内の空気が高温・高圧となる（圧縮行程）。そして，高温・高圧の空気の中に噴射された燃料が爆発・燃焼することでシリンダ内の温度と圧力がさらに高くなり，燃焼ガスがピストンを BDC まで押し下げる（燃焼（膨張）行程）。最後に，ピストンが TDC へ移動することで，排気弁から排気を排出する（排気行程）。これら 4 つの行程（2 サイクル機関の場合は吸気（掃気）・圧縮行程と燃焼・排気（掃気）行程の 2 行程）を繰り返すことで，ディーゼル機関は連続的に仕事を得ることができる。

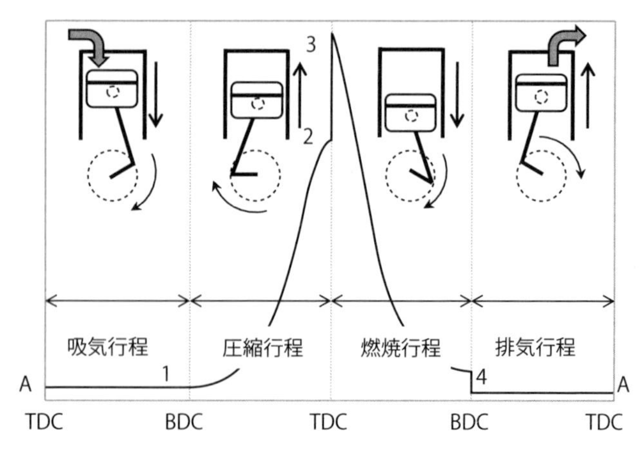

図 7.1　行程とシリンダ内圧力の相関

ピストンはシリンダ内を自由に動くことができるので，シリンダ内圧力とピストンの動きの関係は次の 3 パターンが考えられる。

① シリンダ内容積が一定（定容）でシリンダ内圧力が上昇する。

② シリンダ内圧力が一定（定圧）でシリンダ内容積が増加する。

③ 最初は定容でシリンダ内圧力が上昇，残りは定圧でシリンダ内容積が増加する。

ゆえに，ディーゼル（内燃）機関の理論的な基本サイクルを①を**定容サイクル**，②を**定圧サイクル**，③を**複合サイクル**と定義し，この 3 種類の基本サイクルについての熱効率に影響する要因について理解を深める。

(1)　定容サイクル（オットーサイクル）

図 7.2 に定容サイクルの $P-V$ 線図とピストン位置の関係を示す。$P-V$ 線はシリンダ内の圧力(Pressure)と容積（Volume）の関係を示したものである。図中の 1 ～ 4 の数字と記号は，図 7.1 のシリンダ内圧力線図の 1 ～ 4 と記号に対応している。なお，基本サイクルでは以下の条件が満たされるものとする。

① シリンダ内のガスは理想気体とし，標準状態における空気の物理定数を使用する。

② 燃焼の代わりにそれに相当する熱量である Q_1 がシリンダ内へ加えられるとする。

③ ガスの圧縮と膨張は断熱変化とし，吸排気に抵抗はなく，膨張の終わりにおいて排気の持つ熱量である Q_2 を定容(容積一定)のもとで放出する。

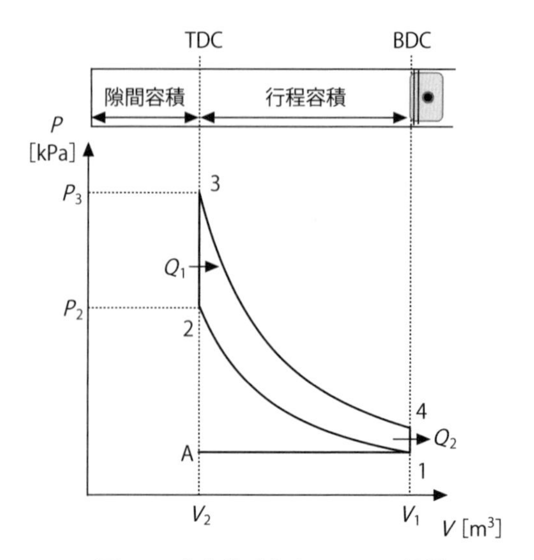

図 7.2　定容サイクルの $P-V$ 線図

図 7.2 より，1 → 2 ではシリンダ内の空気が断熱圧

縮され，2 → 3 では定容のもとでガスが Q_1 を受け入れて圧力が上昇する。そして，3 → 4 で断熱膨張し，4 → 1 で定容のもと Q_2 を機関の外に放出する。このサイクルは定容のもと Q_1 を受け取るため，**定容サイクル**（**Constant volume cycle**），または，**オットーサイクル**と呼ばれる。

式(7.2) を用いて熱効率を計算するには，供給熱量 Q_1 と放出熱量 Q_2 が必要である。そのため，各頂点の温度 T_z（z は頂点を示す記号 1 〜 4 が入る）を知る必要がある。まず，1 → 2 は断熱変化（$T_1 \cdot V_1^{\kappa-1} = T_2 \cdot V_2^{\kappa-1}$）なので，$T_2$ を T_1（大気温度）で表せば式(7.3) となる。

$$T_2 = \left(\frac{V_1}{V_2}\right)^{\kappa-1} \cdot T_1 = \varepsilon^{\kappa-1} \cdot T_1 \tag{7.3}$$

ここで，$\varepsilon = V_1/V_2$ は**圧縮比**（Compression ratio）という。

2 → 3 は定容変化なのでボイル・シャルルの法則（$P_2 \cdot V_2/T_2 = P_3 \cdot V_3/T_3$）が成り立ち，また，$V_2 = V_3$ であるから，T_3 を T_1 で表すと式(7.4) となる。

$$T_3 = \left(\frac{P_3}{P_2}\right) \cdot T_2 = \rho \cdot \varepsilon^{\kappa-1} \cdot T_1 \tag{7.4}$$

ここで，$\rho = P_3/P_2$ は**爆発度**（Degree of explosion），または，**最高圧力比**という。

3 → 4 は断熱変化で，かつ，$V_3 = V_2$，$V_4 = V_1$ であるため，T_4 は式(7.5) で表される。

$$T_4 = \left(\frac{V_3}{V_4}\right)^{\kappa-1} \cdot T_3 = \left(\frac{V_2}{V_1}\right)^{\kappa-1} \cdot T_3 = \frac{1}{\varepsilon^{\kappa-1}} \cdot \rho \cdot \varepsilon^{\kappa-1} \cdot T_1 = \rho \cdot T_1 \tag{7.5}$$

物質に加えられた，または，物質から放出された熱量 Q [kJ] は，式(7.6) に示すように，物質の質量 G [kg] と比熱 c [kJ/kg･K] と状態変化前後の温度差で表すことができる。

$$Q = G \cdot c \cdot (T_H - T_L) \tag{7.6}$$

ここで，T_H は高温側温度，T_L は低温側温度とする。

式(7.6) より，2 → 3 は容積一定のもとで Q_1 を受けているので，使用する比熱は定容比熱 c_V となる。そして，シリンダ内のガス質量を G とすると，定容サイクルの Q_1 は式(7.7) で表される。

$$\begin{aligned} Q_1 &= G \cdot c_V \cdot (T_3 - T_2) = G \cdot c_V \cdot \left(\rho \cdot \varepsilon^{\kappa-1} \cdot T_1 - \varepsilon^{\kappa-1} \cdot T_1\right) \\ &= G \cdot c_V \cdot \varepsilon^{\kappa-1} \cdot (\rho - 1) \cdot T_1 \end{aligned} \tag{7.7}$$

また，4 → 1 も定容変化なので，Q_2 は式(7.8) で表すことができる。

$$\begin{aligned} Q_2 &= G \cdot c_V \cdot (T_4 - T_1) = G \cdot c_V \cdot (\rho \cdot T_1 - T_1) \\ &= G \cdot c_V \cdot (\rho - 1) \cdot T_1 \end{aligned} \tag{7.8}$$

ゆえに，式(7.2)，式(7.7)，式(7.8) より，定容サイクルの理論熱効率 η_{th} は式(7.9) で表される。

$$\eta_{th} = 1 - \frac{Q_2}{Q_1} = 1 - \frac{G \cdot c_V \cdot (\rho - 1) \cdot T_1}{G \cdot c_V \cdot \varepsilon^{\kappa-1} \cdot (\rho - 1) \cdot T_1} = 1 - \frac{1}{\varepsilon^{\kappa-1}} \tag{7.9}$$

ここで，式(7.9)の第1項目の1は100［%］を意味している。つまり，第2項目の$1/(\varepsilon^{\kappa-1})$が0に近づくほど，言い換えれば，圧縮比$\varepsilon$が高いほど，比熱比$\kappa$の値が大きいほど，定容サイクルの理論熱効率$\eta_{th}$は高くなる。そして，定容サイクルはシリンダ内に吸入した均質混合気に点火を行うガソリン機関（火花点火機関）の理想サイクルにあたる。

(2)　定圧サイクル（ディーゼルサイクル）

図7.3に定圧サイクルの$P-V$線図を示す。図に示すように，2→3の圧力一定のもとで供給熱量Q_1を受け取るため，**定圧サイクル**（**Constant pressure cycle**）と呼ばれる。また，定圧サイクルは**ディーゼルサイクル**とも呼ばれている。

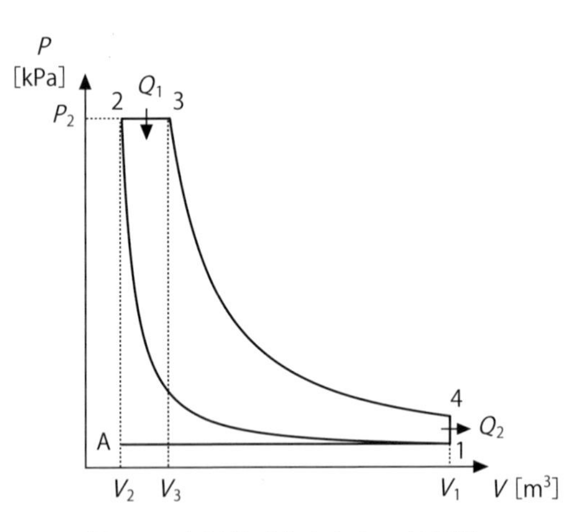

図7.3　定圧サイクルのP − V線図

1→2は断熱変化のため，T_2をT_1で表すと式(7.10)となる。

$$T_2 = \left(\frac{V_1}{V_2}\right)^{\kappa-1} \cdot T_1 = \varepsilon^{\kappa-1} \cdot T_1 \qquad (7.10)$$

2→3は定圧変化なので，ボイル・シャルルの法則よりT_3は式(7.11)で表される。

$$T_3 = \left(\frac{V_3}{V_2}\right) \cdot T_2 = \sigma \cdot \varepsilon^{\kappa-1} \cdot T_1 \qquad (7.11)$$

ここで，$\sigma = V_3/V_2$は**等圧度**（Constant pressure expansion ratio），または，**締切比**（Cut off ratio）と呼ばれている。

3→4は断熱変化なのでT_4をT_3で表すと

$$T_4 = \left(\frac{V_3}{V_1}\right)^{\kappa-1} \cdot T_3$$

ここで，V_3/V_1をεとσで表すため，V_3/V_1にV_2/V_2をかけると

$$\begin{aligned} T_4 &= \left(\frac{V_2}{V_2} \cdot \frac{V_3}{V_1}\right)^{\kappa-1} \cdot \sigma \cdot \varepsilon^{\kappa-1} \cdot T_1 \\ &= \left(\frac{V_3}{V_2} \cdot \frac{V_2}{V_1}\right)^{\kappa-1} \cdot \sigma \cdot \varepsilon^{\kappa-1} \cdot T_1 \\ &= \left(\sigma \cdot \frac{1}{\varepsilon}\right)^{\kappa-1} \cdot \sigma \cdot \varepsilon^{\kappa-1} \cdot T_1 = \sigma^{\kappa} \cdot T_1 \end{aligned} \qquad (7.12)$$

したがって，T_4 を T_1 で表すと式(7.12)となる。

定圧サイクルでは 2 → 3 の圧力一定のもとで Q_1 を受けているので，使用する比熱は定圧比熱 c_P となり，定圧サイクルの Q_1 は式(7.13)で表すことができる。

$$Q_1 = G \cdot c_P \cdot (T_3 - T_2) = G \cdot c_P \cdot \left(\sigma \cdot \varepsilon^{\kappa-1} \cdot T_1 - \varepsilon^{\kappa-1} \cdot T_1\right)$$
$$= G \cdot c_P \cdot \varepsilon^{\kappa-1} \cdot (\sigma - 1) \cdot T_1 \tag{7.13}$$

また，4 → 1 において，Q_2 は容積一定のもとで放出されるので，Q_2 は式(7.14)で表すことができる。

$$Q_2 = G \cdot c_V \cdot (T_4 - T_1) = G \cdot c_V \cdot (\sigma^\kappa \cdot T_1 - T_1)$$
$$= G \cdot c_V \cdot (\sigma^\kappa - 1) \cdot T_1 \tag{7.14}$$

ゆえに，式（7.2），式（7.13），式（7.14）および $\kappa = c_P/c_V$ より，定圧サイクルの理論熱効率 η_{th} は式（7.15）で表すことができる。

$$\eta_{th} = 1 - \frac{Q_2}{Q_1} = 1 - \frac{G \cdot c_V \cdot (\sigma^\kappa - 1) \cdot T_1}{G \cdot c_P \cdot \varepsilon^{\kappa-1} \cdot (\sigma - 1) \cdot T_1}$$
$$= 1 - \frac{G \cdot c_V \cdot (\sigma^\kappa - 1) \cdot T_1}{G \cdot \kappa \cdot c_V \cdot \varepsilon^{\kappa-1} \cdot (\sigma - 1) \cdot T_1}$$
$$= 1 - \frac{1}{\varepsilon^{\kappa-1}} \cdot \frac{(\sigma^\kappa - 1)}{\kappa \cdot (\sigma - 1)} \tag{7.15}$$

式(7.15)より，第 2 項目には定容サイクルと同様に $1/\varepsilon^{\kappa-1}$ が含まれるので，ε が高く，κ が大きくなるほど η_{th} が高くなる。そして，$(\sigma^\kappa - 1)/\kappa \cdot (\sigma - 1)$ が小さくなるほど η_{th} が高くなるので，$\sigma^\kappa - 1 = 0$ のとき，つまり，σ が 1 のときに η_{th} が最大となる。

以上の結果をまとめると，圧縮比 ε が高いほど，比熱比 κ が大きいほど，そして，等圧で燃焼させない（$\sigma = V_3/V_2$ が 1 に近づく）ほど定圧サイクルの理論熱効率 η_{th} が高くなる。

(3)　複合サイクル（サバティサイクル）

図 7.4 に**複合サイクル**（**Composite cycle**）の $P-V$ 線図を示す。複合サイクルは供給熱量 Q_1 の一部を定容で，残りを定圧で受熱するサイクルである。また，複合サイクルは**サバティサイクル**とも呼ばれる。

複合サイクルは定容サイクルと定圧サイクルを複合したものなので，$T_2, T_{3'}, T_3, T_4$ は式（7.16）～式（7.19）で表すことができる。

$$T_2 = \left(\frac{V_1}{V_2}\right)^{\kappa-1} \cdot T_1 = \varepsilon^{\kappa-1} \cdot T_1 \tag{7.16}$$

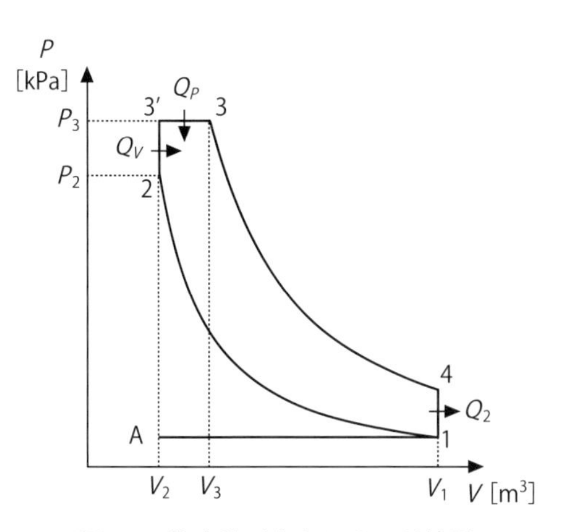

図 7.4　複合サイクルの $P-V$ 線図

$$T_{3'} = \left(\frac{P_3}{P_2}\right) \cdot T_2 = \rho \cdot \varepsilon^{\kappa-1} \cdot T_1 \tag{7.17}$$

$$T_3 = \left(\frac{V_3}{V_2}\right) \cdot T_{3'} = \sigma \cdot \rho \cdot \varepsilon^{\kappa-1} \cdot T_1 \tag{7.18}$$

$$T_4 = \left(\frac{V_3}{V_1}\right)^{\kappa-1} \cdot T_3 = \sigma^{\kappa} \cdot \rho \cdot T_1 \tag{7.19}$$

$2 \to 3'$ の容積一定のもとで受けた熱量を Q_V，$3' \to 3$ の圧力一定のもとで受けた熱量を Q_P とすると，Q_1 と Q_2 は式(7.20)，式(7.21)で表すことができる。

$$\begin{aligned} Q_1 &= Q_V + Q_P = G \cdot c_V \cdot (T_{3'} - T_2) + G \cdot c_P \cdot (T_3 - T_{3'}) \\ &= G \cdot c_V \cdot \varepsilon^{\kappa-1} \cdot (\rho - 1) \cdot T_1 + G \cdot \kappa \cdot c_V \cdot \varepsilon^{\kappa-1} \cdot \rho \cdot (\sigma - 1) \cdot T_1 \end{aligned} \tag{7.20}$$

$$Q_2 = G \cdot c_V \cdot (T_4 - T_1) = G \cdot c_V \cdot (\sigma^{\kappa} \cdot \rho - 1) \cdot T_1 \tag{7.21}$$

ゆえに，複合サイクルの理論熱効率 η_{th} は式(7.22)で表すことができる。

$$\begin{aligned} \eta_{th} &= 1 - \frac{Q_2}{Q_1} = 1 - \frac{G \cdot c_V \cdot (\sigma^{\kappa} \cdot \rho - 1) \cdot T_1}{G \cdot c_V \cdot \varepsilon^{\kappa-1} \cdot \{(\rho - 1) + \kappa \cdot \rho \cdot (\sigma - 1)\} \cdot T_1} \\ &= 1 - \frac{1}{\varepsilon^{\kappa-1}} \cdot \frac{\sigma^{\kappa} \cdot \rho - 1}{(\rho - 1) + \kappa \cdot \rho \cdot (\sigma - 1)} \end{aligned} \tag{7.22}$$

式(7.22)より，複合サイクルの η_{th} を高めるには，定容，定圧サイクルの場合と同様に ε を高く，κ を大きくすればよい。また,第2項目の $(\sigma^{\kappa} \cdot \rho - 1) / \{(\rho - 1) + \kappa \cdot \rho \cdot (\sigma - 1)\}$ において σ が1に近づき，ρ が大きくなるほど第2項が小さくなることがわかる。

以上の結果をまとめると，圧縮比 ε が高いほど，比熱比 κ が大きいほど，そして，TDC付近で燃料を可能な限り速やかに燃焼（ρ が大きいほど）させるほど，言い換えれば，定圧で燃焼させない（σ が1に近づくほど）ほど複合サイクルの理論熱効率 η_{th} は高くなる。また，複合サイクルは一部が定容で，残りが定圧で受熱するため，噴霧燃焼機関であるディーセル機関の理想サイクルにあたる。

7.1.3　理論サイクルの熱効率の比較

7.1.2でまとめたように，内燃機関はできるだけ圧縮比 ε が高いほど，比熱比 κ が大きいほど，TDC付近で燃料を可能な限り速やかに燃焼させる（ρ が大きいほど，σ が1に近づくほど）ほど，熱効率 η が高くなる。そのため，われわれ機関士は機関を運転するにあたり，噴射した燃料を速やかに燃焼させ，定容サイクルに近づけるよう心掛けている。しかし，車や船舶では定容サイクルを理想とするガソリン機関だけではなくディーゼル機関も多く採用されている。つまり，初期条件が異なれば，最大の性能（η）を発揮できるサイクルが変わるということになる。この項では初期条件と基本サイクルの違いが η に与える影響について考える。

(1)　初温 T_1，供給熱量 Q_1，圧縮比 ε を同じとした条件

図 7.5 に圧縮比 ε を一定とした場合の $P-V$ 線図のイメージを示す。初期条件として初温 T_1 を同じとするのは，初温（大気温度）T_1 の差がそれ以降のシリンダ内のガスの温度に大きく影響するためである。また，供給熱量 Q_1 を同じとするのは，Q_1 が熱効率 η の基準となる値であるためである。さらに，ε が同じという条件は，同じ機関を使用した場合における基本サイクルの違い，言い換えれば，燃焼状態の違いが熱効率へ与える影響について比較するためである。

図 7.5 より，1 → 2z（z はサイクルを表す記号の o：定容，s：複合，d：定圧が入る）は各サイクルとも ε が同じなので，断熱変化後の圧力 P_{2z} は $P_{2o}=P_{2s}=P_{2d}$ となる。次に，2z → 3z または 2s → 3's → 3s の受熱の行程では，定容で熱を受ける P_{3o} がもっとも高くなり，次に，一部が定容での受熱となる $P_{3s}=P_{3's}$ が高く，そして，定圧ですべてを受熱する P_{3d} がもっとも低くなる。また，3z → 4z の断熱膨張では，膨張比（断熱で膨張した容積比：V_1/V_{3z}）が大きくなるほど P_{4z} が低くなる。最後に，4z → 1 でシリンダ内のガスを排出して 1 回の行程が終了する。

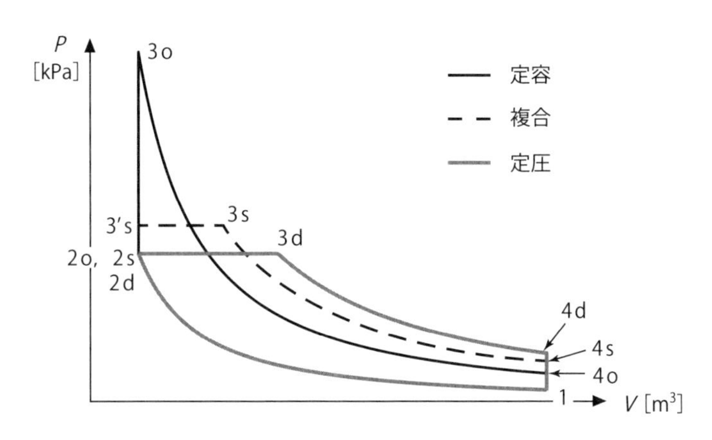

図 7.5　$P-V$ 線図のイメージ（ε ＝一定）

図 7.6 に，図 7.5 の定容サイクルと定圧サイクルの $T-S$ 線図を示す。$T-S$ 線図は温度（Temperature）とエントロピー（Entropy）の変化を示した図であり，エントロピーを表す記号として S が用いられる。そして，$T-S$ 線図は加えられた，または，放出した熱量 Q を面積で表している。図 7.6 より，1 → 2z の変化は断熱圧縮であり，熱の出入りはない（$\Delta Q=0$，$\Delta S=\Delta Q/T=0$ より）ので，エントロピー（S）が一定の線上を 1 から 2z へ移動する。このとき，ε が等しいので，頂点 2o，2d の温度 T_{2z} は $T_{2o}=T_{2d}$ となる。そして，定容サイクルの受熱は

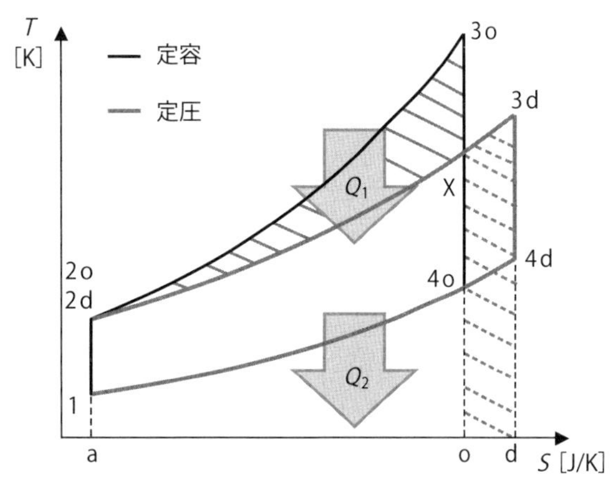

図 7.6　供給熱量 Q_1 と面積の関係

容積一定（定容）で行われるので，容積一定となる曲線の上を 2o から 3o へ移動する。また，3o → 4o は断熱膨張なので，S = 一定の線上を 3o から 4o へ移動，4o → 1 で排気を行って 1 回の行程が終了する。ここで，定容サイクルにおける供給熱量 Q_1 は，図 7.6 の記号 a → 1 → 2o → 3o → 4o → o → a で囲まれた面積で表される。そして，4o → 1 で排気を行うため，記号 a → 1 → 4o → o → a で表される面積は排気により持ち去られる放出熱量 Q_2 を表している。次に , 定圧サイクルは圧力一定（定圧）で受熱するため，圧力一定の曲線上を 2d より 3d へ移動する。ここで，式(7.6) より，$T_{2o} = T_{2d}$，Q_1 = 一定，$c_P = \kappa \cdot c_V$ であることから，$T_{3d} < T_{3o}$ となる。このとき， Q_1 =一定，かつ，$\Delta S = \Delta Q/T$ の条件も満たすため，受熱後のエントロピー S_{3z} は $S_{3d} > S_{3o}$ となる。そして，3d → 4d の膨張は定圧サイクルと同じく断熱で行われるため，S = 一定の線上を 3d から 4d へ移動する。また，容積一定の曲線上を 4d から 1 へ移動するとき，Q_2（面積 a → 1 → 4d → d → a）を放出する。なお，初期条件として Q_1 =一定であるため，記号 a → 1 → 2o → 3o → 4o → o → a で囲まれた面積（定容サイクル）と記号 a → 1 → 2d → 3d → 4d → d → a で囲まれた面積（定圧サイクルは）は等しくなる。そのため，定容サイクルの記号 2o → 3o → X → 2o で囲まれた面積と定圧サイクルの記号 o → 4o → X → 3d → 4d → d → o で囲まれた面積も等しくなる。

図 7.7 に定容，複合，定圧サイクルの $T-S$ 線図を示す。複合サイクルは受熱の一部が定容サイクルと同じとなるため，まず，容積一定の曲線上を 2s から 3's へ移動し，次に，圧力一定の曲線上を 3's から 3s へ移動する。そして，3s → 4s は断熱膨張となるため，S = 一定の線上を 3s より 4s へ移動し，4s から容積一定のもとで Q_2 を放出して 1 へ戻ることになる。また，Q_1 = 一定なので面積 a → 1 → 2o → 3o → 4o → o → a（定容サイクル）と面積 a → 1 → 2s → 3's → 3s → 4s → s → a（複合サイクル）と面積 a → 1 → 2d → 3d → 4d → d → a（定圧サイクル）は等しくなる。しかし，4z → 1 より下の面積（Q_2）は面積 a → 1 → 4o → o → a（定容）が一番狭く，次に，面積 a → 1 → 4s → s → a（複合）が，そして，面積 a → 1 → 4d → d → a（定圧）が一番広くなる。ゆえに，式(7.2) より，Q_1 = 一定ならば Q_2 が小さい（面積が狭い）ほど理論熱効率 η_{th} が高くなる。その結果，この条件において η_{th} がもっとも高くなるのは定容サイクル，次に複合サイクル，定圧サイクルは η_{th} がもっとも低くなる。つまり，定容サイクルの η_{th} が高くなるのは，定容で受熱するため最高温度 T_{3o} がもっとも高くなり，かつ，膨張比 = 圧縮比 ε となることで排気が十分に膨張して排気温度 T_{4o} が低く（Q_2 が少なく）なるためである。

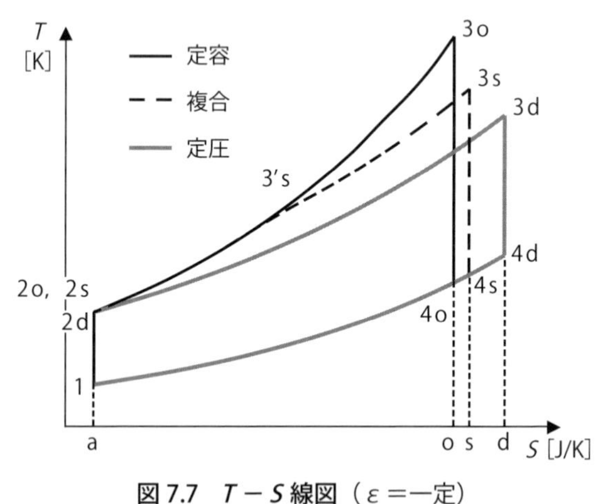

図 7.7　$T-S$ 線図（ε =一定）

以上の結果をまとめると，爆発度 ρ が大きくなり等容度 σ が 1 に近づくほど最高温度が高くなっても，膨張比が大きくなる（圧縮比 ε に近づく）ことで排気温度（放出熱量 Q_2）が低く抑えられるため理論熱効率 η_{th} が高くなる。

(2)　初温 T_1，供給熱量 Q_1，最高圧力 P_{max} を同じとした条件

図 7.8 に最高圧力 P_{max} を同じとした場合の $P-V$ 線図のイメージを，図 7.9 に $T-S$ 線図を示す。初期条件として最高圧力 P_{max} = 一定とするのは，部品強度の面から考えられる制限である。例えば，いま使用している機関を熱効率改善のため圧縮比 ε を高くしたとする。すると，ε が高くなるにしたがってシリンダ内圧力やシリンダ内温度も高くなる。その結果，どこかで部品強度がシリンダ内圧力やシリンダ内温度に耐えられなくなり，機関が破損してしまう。言い換えれば，P_{max} = 一定とすることで基本サイクルごとに ε が変化するため，ε の違いが理論熱効率 η_{th} へ与える影響を比較することを目的としている。

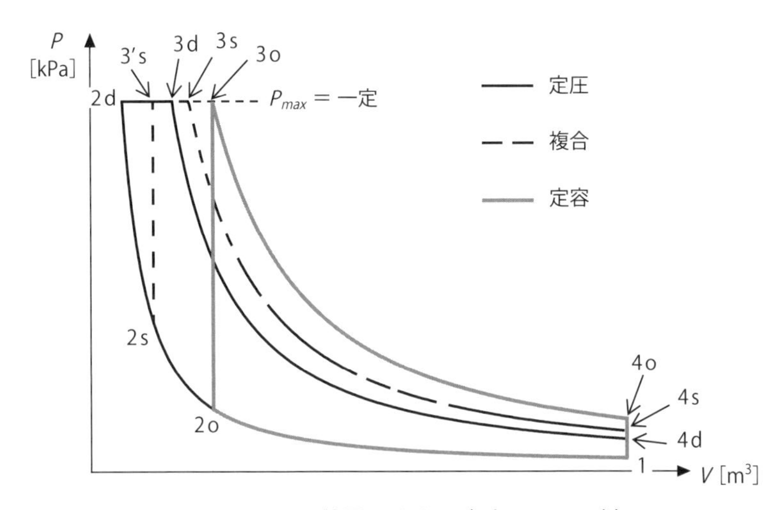

図 7.8　$P-V$ 線図のイメージ（P_{max} = 一定）

図 7.8 より，1 → 2z の変化は P_{max} = 一定なので，圧縮圧力 = 受熱中の圧力となる定圧サイクルの ε（V_1/V_2）が一番高くなり，次に一部が定容で受熱する複合サイクルの ε が，定容ですべて受熱する定容サイクルの ε が一番低くなる。そのため，圧縮後の温度 T_{2z} は ε が一番高い定圧サイクルの T_{2d} がもっとも高く，次に T_{2s}，そして T_{2o} がもっとも低くなる（図 7.9）。

図 7.9 より，2z → 3z の受熱において，定圧サイクルは P_{max} = 一定の曲線上を 2d から 3d へ移動する。また，複合サイクルは 2s から容積一定の曲線上を移動して P_{max} = 一定の線上にある 3's へ到達，その後，P_{max} = 一定の曲線上を 3s へ移動する。そして，定容サイクルは容積一定の曲線上を通って 3o へ移動する。3z → 4z は断熱膨張であるため，すべてのサイクルはエントロピー（S）が一定の線上を 3z から 4z へ移動する。最後に，容積一定の曲線上を 4z から 1 へ移動して Q_2 を放出する。

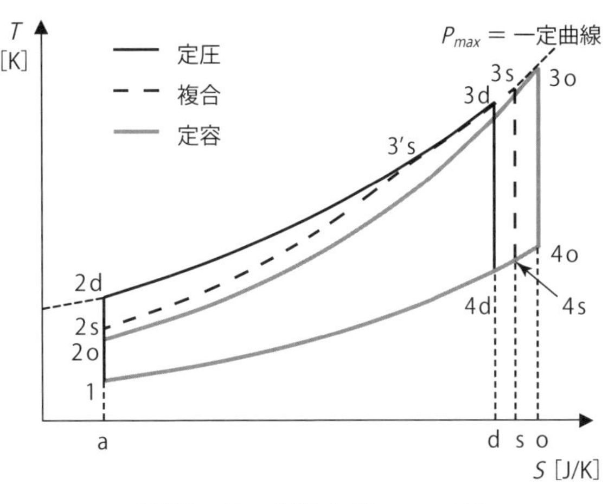

図 7.9　$T-S$ 線図（P_{max} =一定）

初期条件で Q_1 = 一定なので，面積 a → 1 → 2o → 3o → 4o → o → a（定容サイクル）と面積 a → 1 → 2s → 3's → 3s → 4s → s → a（複合サイクル）と面積 a → 1 → 2d → 3d → 4d → d → a（定圧サイクル）は等しい（図 7.9）。そして，4z → 1 より下の面積が Q_2（放出熱量）であるため，Q_2 は定圧サイクル（面積 a → 1 → 4d → d → a）がもっとも少なく，次に Q_2 が少ないのは複合サイクル（面積 a → 1 → 4s → s → a），定容サイクル（面積 a → 1 → 4o → o → a）はもっとも Q_2 が多くなる。したがって，式(7.2)より，理論熱効率 η_{th} がもっとも高いのは定圧サイクル，次に複合サイクル，そして，定容サイクルは η_{th} がもっとも低くなる。つまり，定圧サイクルの η_{th} がもっとも高くなったのは，定圧で受熱するため（$c_P = \kappa \cdot c_V$ より）最高温度 T_{3d} が低く抑えられ（図 7.9），かつ，図 7.8 に示すように膨張比が大きい（ε が大きい）ため排気温度 T_{4d}（図 7.9）が低くなることで，放出熱量 Q_2 が小さくなるためである。

以上の結果をまとめると，最高圧力 P_{max} = 一定の条件の場合，定圧による受熱を増やして圧縮比 ε を高く（膨張比を大きく）すると，排気温度（放出熱量 Q_2）を低く抑えられるため理論熱効率 η_{th} が高くなる。そして，実際の機関においても ε の高いディーゼル機関の方がガソリン機関より η が高いのは，この理由によるものである。

図 7.10 に圧縮比 ε と理論熱効率 η_{th} の関係を示す。図中の曲線は比熱比 $\kappa = 1.4$ とした場合の定容サイクルの η_{th} を示している。そして，η_{th} の曲線に接している線の傾きは ε が変化した場合の η_{th} の変化率を示している。図より，ε が高いほど η_{th} は高くなるが，ε が高い場合よりも ε が低い場合の方が ε を変化させた場合の η_{th} の変化率が大きくなることがわかる。また，図に示している η_{th} は定容サイクルのものであり，最高圧力 P_{max} の制限（上限）を考慮していない。したがって，P_{max} が制限される実際の機関においては，ε が高くなるほど爆発度 ρ は小さくなり，等圧度 σ が大きくなるため，式(7.22) の "$(\sigma^{\kappa} \cdot \rho - 1) / \{(\rho - 1) + \kappa \cdot \rho \cdot (\sigma - 1)\}$" の部分の影響が大きくなって η_{th} の変化率はさらに小さくなる。つまり，熱効率 η の改善の目的として ε を高くした場合，ε が低い機関では熱効率の改善効果は大きいものになる。しかし，ε の高い機関では ε をさらに高くしても η の改善効果はあまり期待できないことになる。

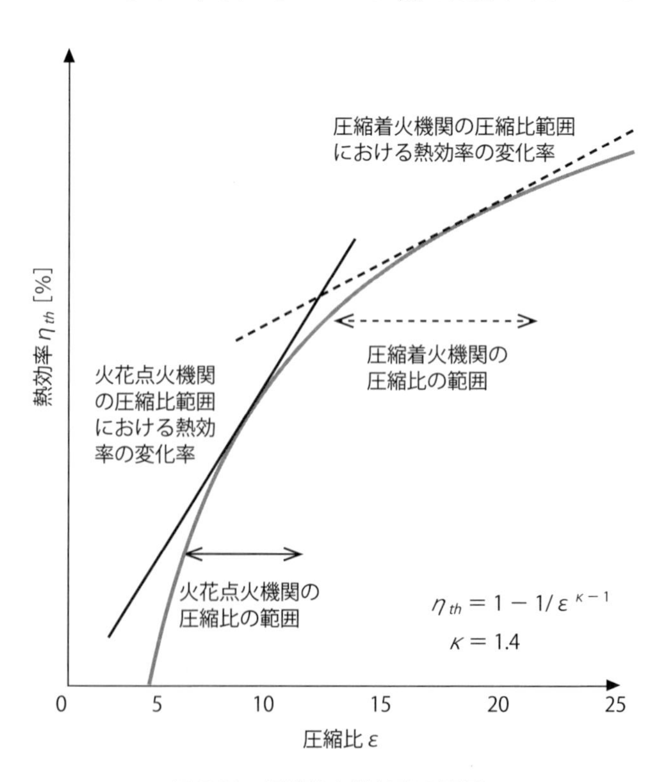

図 7.10　圧縮比と熱効率の関係

また，ε を高くするということは，図 7.2 の V_2 にあたる隙間容積が少なくなることを意味している。そして，V_2 は燃料噴霧と空気の混合に大きく影響する項目である。図 5.21 にあるように，噴射弁から噴射された燃料噴霧は微小な油滴となり飛んでいく。このとき，噴霧の中央は空気が少なく燃料の濃度が濃い領域となってしまう。そして，燃料を効率よく燃焼させるためにはできるだけ広い空間に噴霧を行い，均質な燃料と空気の混合気をつくらなくてはならない。つまり，ε を高くしすぎると燃料が噴射されるスペース V_2 の減少を招き，V_2 の減少は均質な混合気の形成を阻害することになる。その結果，V_2 の減少は燃焼状態の悪化につながり，η の低下を招く可能性が考えられる。しかし，噴霧と空気を混合するスペースを残しつつ V_2 を減らすことができれば，ε を高くしても η の改善を図ることが可能になる。図 7.11 にピストン形状と噴霧の様子の比較を示す。図の上側は薄皿と呼ばれる形状で，噴霧の飛ばない空間である噴射弁の真下が盛り上がり，噴霧が大きく広がる箇所が深くくぼんでいる。下側は平皿と呼ばれる形状でピストン頭頂部が平らとなる。図を見て明らかなように，平皿では噴霧と空気を混合するためのスペースを確保すると ε を高くすることができないのに対し，薄皿では混合に用いるスペースを確保しながら ε を高くすることができる。また，ピストンに刻まれるくぼみの形状はさまざまあり，ピストンにくぼみ（キャビティ）を持たせることでシリンダ内に空気に流れをつくり，空気と燃料噴霧の混合の促進を図っているものもある。

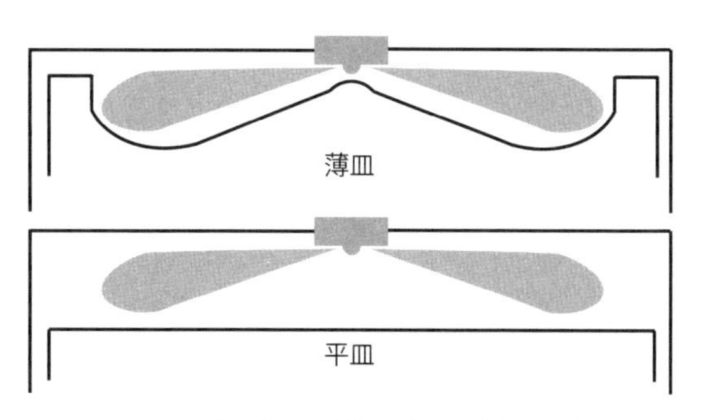

図 7.11　ピストン形状と噴霧の様子の比較

7.2　実際のサイクルと理論サイクル

7.2.1　実際のサイクルと理論サイクルの比較

これまでは，定容（オットー），複合（サバテイ），定圧（ディーゼル）と分類した理論（基本）サイクルの理論熱効率 η_{th} について考えてきた。そして，理論サイクルは圧縮・膨張行程が断熱変化であるため内部から外部へ熱が逃げださない，また，内部のガスは理想気体と仮定しているため燃焼反応や燃焼によるガスの組成の変化，変化したガスの物性値がガス温度や熱効率に与える影響などは考慮されていない。さらに，理論サイクルでは，混合気の形成や燃焼過程の時間的なロスおよびガス交換損失なども考慮されておらず，実際のサイクルとは大きく異なっている。本項では理論サイクルと実際のサイクルの違いについて述べる。

(1)　熱解離と物性値などの影響

理論サイクルは理想気体に空気の物理定数を使用しているため空気サイクルと呼び，空気サイクルを実際の機関に近づけるため，化学変化や物性値などの影響を考慮したサイクルを燃料空気サイクルと呼ぶ。重油などの炭化水素燃料は燃焼時に水（H_2O）や二酸化炭素（CO_2）などの燃焼生成物が生成される。例えば，水素（H_2）と酸素（O_2）は式(7.23)で示す燃焼反応により H_2O を生成する。しかし，周囲の温度が高い状態では，生成した H_2O が H_2 と O_2 に解離（分解）する反応（左方向）が燃焼反応と同時に起こる。

$$2H_2 + O_2 \rightleftharpoons 2H_2O \tag{7.23}$$

このように，燃焼により生成した物質が高温環境下で解離（分解）する反応を**熱解離**といい，熱解離は吸熱反応である。そして，熱解離は温度が高いほど進む反応なので，シリンダ内温度が高いときほど空気サイクルに比べて燃料空気サイクルのシリンダ内温度は低くなる。また，燃焼によりガスの組成が変わることで比熱などの物性値や分子数などが変化することになる。そのため，これら物性値や分子数の変化も熱効率などに影響を及ぼすことになる。例えば，空気サイクルの比熱比（$\kappa \fallingdotseq 1.4$）に比べて燃料空気サイクルの比熱比（$\kappa \fallingdotseq 1.3$）は低い値となるので，燃料空気サイクルの理論熱効率 η_{th} は空気サイクルに比べ低くなる（式(7.9)，式(7.15)，式(7.22)）。

(2)　熱の移動

練習船の機関室は外気温度より高く，ディーゼル主機関を手で触れると高温になっていることがわかる。これは，燃焼により生じた熱をシリンダ内に完全に閉じ込めておけないためである。また，熱によるシリンダの過熱や損傷を防ぐため，機関の清水冷却を行っている。図 7.12 に燃料空気サイクルと実際のサイクルの比較を示す。機関の冷却は冷却水でシリンダ内のガスを冷却しているのと同じことであり，冷却によるガス温度の低下がシリンダ内圧力の低下を引き起こす。そして，シリンダ内圧力の低下はガスがピストンへ加える仕事を減少（冷却損失）させることになる。

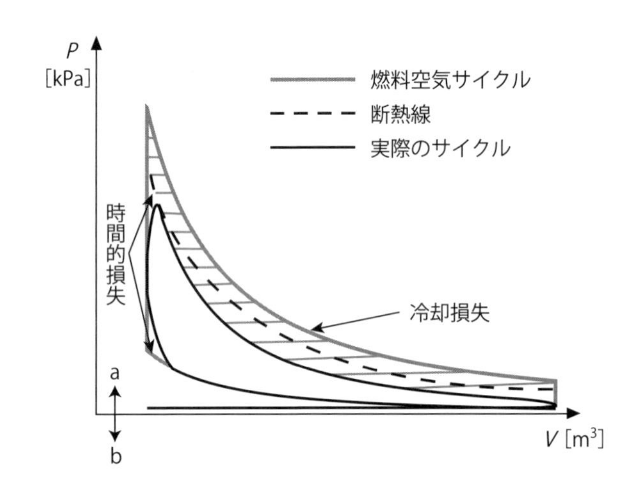

図 7.12　燃料空気サイクルと実際のサイクルの比較

シリンダから漏出する熱量 Q_w は式(7.24) で表すことができる。

$$Q_w = \frac{\lambda}{\delta} \cdot A_S \cdot (T_g - T_w) \tag{7.24}$$

ここで，λ は熱伝導率 [W/m·K]，δ はシリンダ壁面厚さ [m]，A_S はシリンダ内表面積 [m^2]，T_g はガス温度 [K]，T_w はシリンダ壁面温度 [K] となる。また，シリンダ内表面積 A_S とはシリンダヘッドの燃焼室を形成する部分の表面積とピストン上部の表面積にシリンダ内面の面積を加えたものである。そして，ピストンが動くことによりシリンダ部分の面積は変化することになる。式(7.24) より，T_g と T_w の差が大きいほど，λ が大きいほど，δ が薄いほど，A_S が広いほど，シリンダから漏出する熱量 Q_w は多くなる。例えば，冷却水温度が低いほどシリンダ壁面とガスとの温度差（$T_g - T_w$）は大きくなるので，Q_w は増大することになり，燃焼（膨張）行程の初期と後期では，A_S が広くなる後期の方が熱の漏出が増加することになる。

ここで，Q_w に影響を与えるパラメータとして圧縮比 ε について考える。図 7.13 に，定容サイクルにおける，膨張行程のガス温度の変化を示す。このとき，ε は 6 と 12 とし，供給熱量 Q_1 = 一定とする。

図より，$\varepsilon = 12$ は $\varepsilon = 6$ に比べて最高ガス温度は高くなるが，膨張中のガス温度は常に $\varepsilon = 6$ の方が高くなることがわかる。ここで，Q_w を考えるにあたり，TDC における Q_w と膨張行程における Q_w を分けて考えることにする。まず，TDC における Q_w について考える。式（7.24）より，TDC における温度差（$T_g - T_w$）は $\varepsilon = 12$ の方が大きいので，TDC における Q_w は $\varepsilon = 12$ の方が多くなる傾向にある。しかし，$\varepsilon = 12$ は $\varepsilon = 6$ に比べて隙間容積が小さいので，TDC における A_S は狭くなる。ゆえに，TDC において $\varepsilon = 12$ の Q_w が増加したとしても，その影響は限定的なものになると考えられる。次に，膨張行程の Q_w について考えると，膨張（燃焼）行程の平均ガス温度は $\varepsilon = 6$ の方が常に高く，さらに，膨張行程が進むにつれ A_S が増加する影響も強くなるので $\varepsilon = 6$ の Q_w が多くなる。この結果をまとめると，圧縮比 ε を高くすることで燃焼ガス温度が高くなり TDC 付近における Q_w が増加したとしても，高い ε により膨張比が大きくなり，膨張行程での平均ガス温度を低く保つことができるのでトータルの Q_w は減少する。

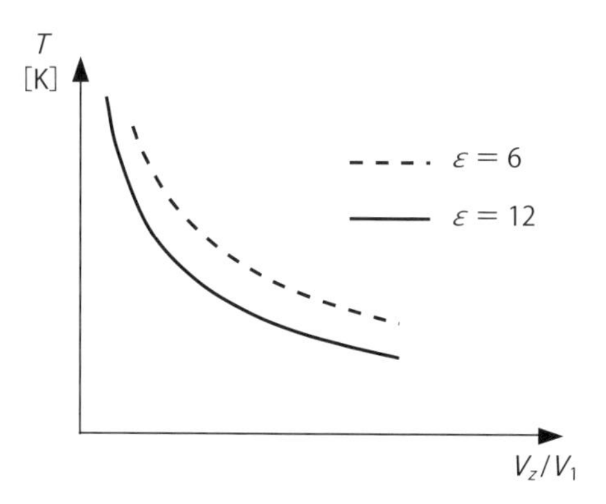

図 7.13　定容サイクルにおける膨張行程での温度変化

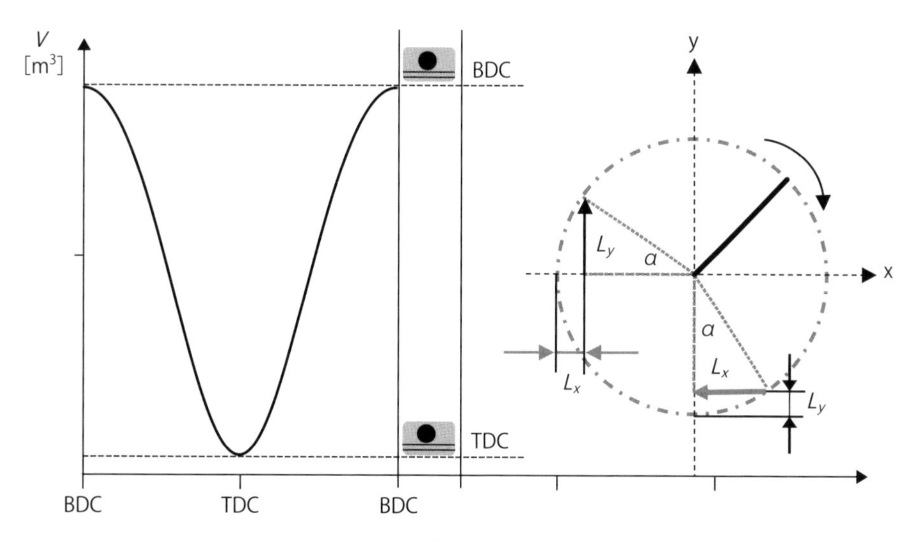

図 7.14　クランク軸の動きとシリンダ内容積の変化

図 7.14 にシリンダ内容積 V_1（行程容積 V_h ＋隙間容積 V_2）とクランク角度の関係図を示す。図より，TDC または BDC 付近では V_1 の変化が小さいのに対し，TDC（BDC）より位置が離れると V_1 の変化が大きくなる。これは，図中にあるクランク軸モデル図に示した通り，クランク軸を同じ角度だけ回転させても TDC 付近ではクランク軸の動きの多くが x 軸方向の動きである L_x に変換されているのに対し，90［°］CA 付近（TDC と BDC の中間位置）ではクランク軸の動きの多くが y 軸方向の動き L_y に変換されているためである。したがって，容積変化が小さい TDC 付近でできるだけ燃焼させる方が高

温である期間を長く保つことができることになる。つまり，7.1.2 にあるように，燃焼を定容サイクルに近づけることは，熱力学的な計算から高効率になるだけでなく，内燃機関の構造的にも高温である期間を長く保ちやすくなる。そして，高温である TDC 付近で A_S の増加割合が小さいことは，漏出熱量 Q_w を抑える面からも有効であるといえる。

また，Q_w に影響を与える項目に機関回転数 N がある。式(7.24) より，熱伝導率 λ の単位は [W/m•K] であり，[W] を [J/s] で書き換えると [J/s•m•K] となる。つまり，λ とは熱の伝わるスピードであり，熱が漏れ出す壁面を自動ドアと考えれば自動ドアの空いている時間が短ければ Q_w は少なくなる。したがって，N が高いほど軸が 1 回転する時間が短く，言い換えれば，燃焼している（高温である）時間が短くなるので Q_w は減ることになる。

(3)　時間の影響

7.1.2 にあるように，往復動機関では爆発行程の TDC で混合気が一気に燃焼して爆発度 ρ が高くなることが望ましい。例えば，ディーゼル機関に代表される噴霧（噴射）燃焼機関では，噴霧により高温の空気の中に飛び込んだ燃料油滴が加熱されて蒸発，そして，燃焼に必要な濃度の可燃混合気となり，その混合気が着火温度に達してから燃焼が始まるまでの期間，いわゆる着火遅れ期間が必要である。また，噴霧燃焼では，着火後に火炎の伝播によりシリンダ内の混合気が一気に消費（爆発的燃焼期）されても，燃料噴霧が行われている期間はノズルから火炎が噴き出すような状態（制御燃焼期）となるため，シリンダ内の混合気に火炎が伝播することで燃焼が終了する火花点火（ガソリン）機関よりも燃焼時間は長くなる。さらに，噴霧燃焼では形成された混合気に濃度のむらが生じるため，噴霧が終了した後にもシリンダ内のガス流動により消費されなかった酸素と未燃成分が出会うことで燃焼が続く（後燃え期）ことになる。そのため，噴霧燃焼機関では TDC 付近での燃焼量を増やすため，TDC より前の圧縮行程中から燃料噴霧を開始しなければならない。しかし，図 7.12 に示すように，圧縮行程中の燃料噴霧は TDC 前からシリンダ内圧力が増加することになり，その圧力上昇がピストンによる圧縮を邪魔することになる。そして，長い噴霧期間や後燃えなどにより燃焼が TDC より離れた時期まで続くことになるのでシリンダ内の最高圧力は低く抑えられ，膨張比は小さくなってしまう。その結果，膨張行程中に十分にガス温度を下げることができずに熱効率 η が低下してしまう。これら，TDC 前からのシリンダ内圧力の上昇およびシリンダ内最高圧力が抑えられ，TDC から離れた時期にまで燃焼が続くことによる損失を時間的損失と呼ぶ。

(4)　吹き出し，吸入・押し出し損失

図 7.15 に吹き出し，吸入・押し出し損失の説明図を示す。図 7.15 は図 7.12 の a—b で示す部分の拡大図である。4 サイクル機関では動弁装置の構造上の問題により排気弁が開き始めてから全開になるまでにある程度の時間がかかる。そのため，排気行程の始まる BDC より前，言い換えれば，まだ圧力の高い燃焼（膨張）行程の終わりごろから排気弁が開きはじめることになる。その結果，排気弁からまだ圧力の高い燃焼ガスが噴き出すことでシリンダ内圧力が急激に低下，その圧力の低下分だけの仕事を失うことになる。これを吹き出し損失という。また，吸排気弁は弁の直径を大きく，または，弁の数を増やしてガスの通過面積を増やしたとしても，ガスが弁を通過するときには絞られた状態となる。そし

て，吸排気系統をガスが通過するとき，その長い流路や複雑な形状，そして，ガス自体が粘性を持つことにより抵抗が生じる。そのため，排気行程では大気圧よりシリンダ内圧力が高くなり，また，吸気行程ではシリンダ内圧力が大気圧より低くなる。これら吸・排気行程で摩擦により生じる圧力損失を吸入・押し出し損失という。そして吸入・押し出し損失のうち，圧力線に囲まれた部分のことを**ポンプ損失**という。吹き出し損失を減らすには開弁時期を遅らせることで可能となるが，図にある吹き出しによるシリンダ内圧の低下がなくなることになる。そのため，排気行程開始時期のシリンダ内圧が高くなり，押し出し損失が増加することになる。そして，まだ圧力の高い時期にシリンダから勢いよく排気が噴き出すと，噴出した排気に引きずられる形で吹き出した排気の周りのガスが次々と排気管へと流れていく。そのため，排気弁の開弁時期を遅らせるとシリンダ内のガス交換に排気の慣性を十分に利用することが望めなくなり，ガス交換の効率を損なうことになる。さらに，最後までシリンダ圧力が高いということはガス温度も高く保たれていることを意味しており，その結果，燃焼室の過熱の原因となる。逆に，押し出し損失を減らすために排気弁の開弁時期を早めると，吹き出し損失が大きくなり有効仕事が減ることになる。それに加えて，まだ温度の高いガスが吹き出すことになるので，排気弁の過熱に注意が必要となる。また，吹き出し，押し出し，吸入損失のうち，吸入損失は全体のガスの交換に関する損失のうちわずかとなる。したがって，図 7.15 に示した吹き出し，押し出し損失の面積の合計が最少となる開弁時期に設定する必要がある。

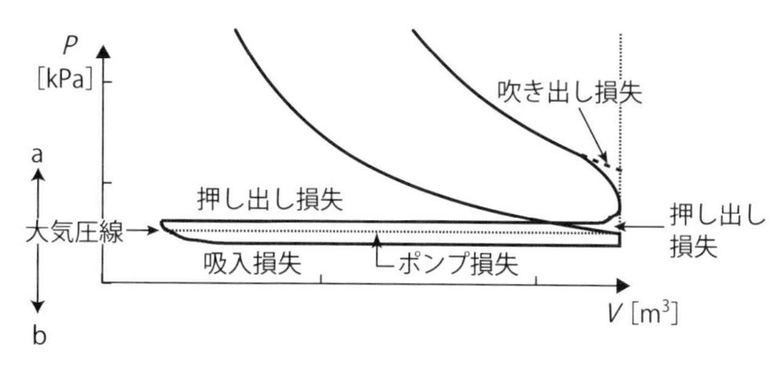

図 7.15　吹き出し，吸入・押し出し損失

7.3　内燃機関の出力と熱効率の計算

7.3.1　図示出力（Indicated power）

図示出力 W_i とはシリンダ内のガスがピストンに加えた仕事率（CHAPTER6 参照）である。また W_i は**図示馬力**（**IHP**：Indicated Horse Power）とも呼ばれる。図 7.16 に図示出力の概念図を示す。ガスが力 F [kN] でピストンを押したとき，ピストンが 1 秒間に進む距離（速度）を u [m/s] とすると，ガスがピストンに加えた W_i は式(7.25) となる。

$$W_i\ [\mathrm{kW}] = F\ [\mathrm{kN}] \cdot u\ [\mathrm{m/s}] \qquad (7.25)$$

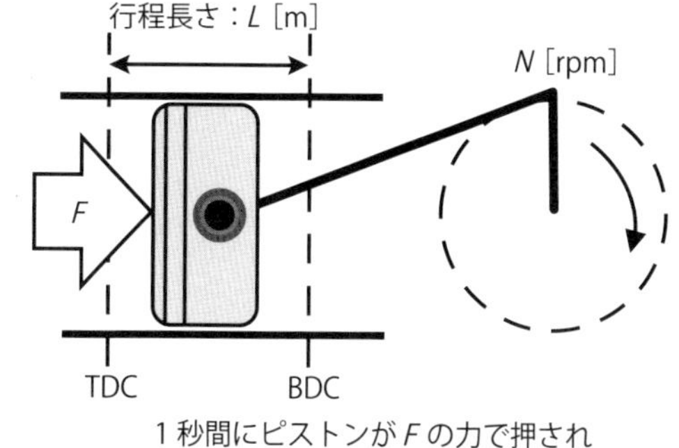

図 7.16　図示出力の概念図

機関の行程長さを L [m] とした場合，クランク軸の 1 回転でピストンの移動距離は 2・L [m] となるが，仕事を加えられて進む距離は L [m] である。そこで，機関の回転数が N [rpm] であるとすると，ピストンがガスに押されて 1 秒間に進んだ距離（速度）u は式 (7.26) で表すことができる。

$$u\,[\mathrm{m/s}] = \frac{N}{60} \cdot L \qquad (7.26)$$

ガスがピストンに加えた仕事（W_i）を求めるにあたり，われわれが計測できるのはガスがピストンを押す圧力（シリンダ内圧）である。そして，ピストン断面積（ピストンを真上から見て，見えている部分の面積）を A [m^2]，ガスがピストンを押す圧力を P_{mi} [kPa] とすると，ピストンに加えられた力 F [kN] は式 (7.27) で求めることができる。

$$F\,[\mathrm{kN}] = P_{mi} \cdot A \qquad (7.27)$$

ここで，P_{mi} を**図示平均有効圧力**（**IMEP**：Indicated Mean Effective Pressure）[kPa] とし，P_{mi} の求め方は後述する。式 (7.26) と式 (7.27) より 1 気筒分の図示出力が求められるので，Z（本）気筒機関の図示出力 W_i は式 (7.28) で表すことができる。

$$W_i\,[\mathrm{kW}] = \frac{P_{mi} \cdot L \cdot A \cdot N \cdot Z \cdot i}{60} \qquad (7.28)$$

ここで，i はサイクルによる係数であり，2 サイクル機関では 1 回転で 1 回爆発するので $i = 1$ を，4 サイクル機関では 2 回転で 1 回爆発するので $i = 0.5$ を代入する。式 (7.28) より，往復動機関において図示仕事 W_i を増加させるには図示平均有効圧力 P_{mi} を高くする，回転数 N を高くする，1 気筒の行程容積 V_h（L・A）を増やす，もしくは気筒数 Z を増やすとよいことがわかる。

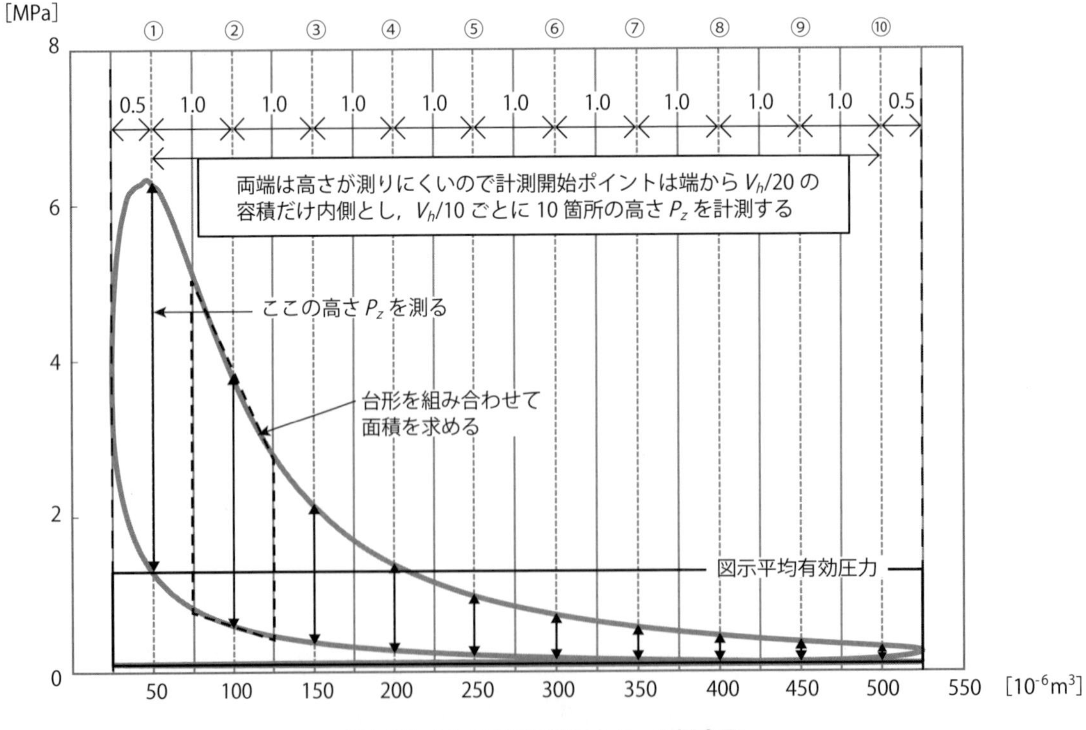

図 7.17　図示平均有効圧力 P_{mi} の概念図

図 7.17 に図示平均有効圧力 P_{mi} の概念図を示す。式(7.28) にあるように，V_h（L・A）にシリンダ内の圧力 P をかけたもの，すなわち，$P-V$ 線図の示す面積はガスがピストンに加えた 1 行程分の仕事(W_i)を表している。図 7.17 より，W_i は圧縮行程のシリンダ内圧力の線より上，燃焼行程のシリンダ内圧力の線の下の圧力線で囲まれた面積 A_i となる。実際には，仕事は燃焼行程のみ行われるが，この仕事の中には多気筒機関においては他のシリンダの圧縮仕事などが，単気筒機関においては次の行程の圧縮仕事などが含まれている。そのため，燃焼行程の圧力と圧縮行程の圧力の差が仕事（W_i）となる。しかし，$P-V$ 線図は不規則な形をしているため，簡単に A_i を求めることができない。だが，V_h は機械的に決まる値なので，$P-V$ 線図と同じ面積になるような平均の圧力（高さ）を求めることができれば A_i を簡単に計算することができる。

A_i のような複雑な図形の面積を求める場合，例えば，図 7.17 の図中に描かれた破線の台形をいくつか組み合せることで面積を近似することが可能となる。ここで，台形の面積は（上底＋下底)×高さ÷2 であるため，高さに相当する部分は行程容積 V_h を等分したものを用いればよい。そして，図より，上底および下底に相当する部分の圧力差（高さ）P_z を計測すれば台形の面積を求めることができる。また，図を見てわかるように台形の面積の合計から求められる面積と実際の面積にはどうしても差が生じてしまう。そのため，正確な面積を求めるにはできるだけ V_h を細分化して台形とシリンダ内圧力線を一致させることが望ましい。しかし，あまり細分化しても計測に手間がかかる割には計測精度が向上しないため 10 等分で行うことが一般的である。

実際に図示平均有効圧力 P_{mi} を求めるには，まず，$P-V$ 線図を図 7.17 に示すように V_h を 10 等分した箇所①から⑩に線を引く。ここで，TDC から BDC を単純に 10 等分してしまうと TDC または BDC ではシリンダ内圧力線が接しているだけなので高さ P_z を正確に測ることが難しいためである。そして，①から⑩の線は図中に示す台形の中心となるため測定する部分の P_z の高さが（上底＋下底)÷2 に相当することになる。ここで計測する圧力差（高さ）P_z と $V_h/10$ から $P-V$ 線図の面積 A_i は式(7.29) と表すことができる。

$$\begin{aligned} A_i &= \left(P_1 \cdot \frac{V_h}{10}\right)_1 + \left(P_2 \cdot \frac{V_h}{10}\right)_2 + \cdots + \left(P_{10} \cdot \frac{V_h}{10}\right)_{10} \\ &= \frac{(P_1 + P_2 + \cdots + P_{10})}{10} \cdot V_h \end{aligned} \tag{7.29}$$

ゆえに，$P-V$ 線図から計測した $P_{1\sim10}$ の総和を 10 で割れば図示平均有効圧力 P_{mi} を求めることができる。そして，シリンダ内圧力の測定には指圧器（インジケータ）が用いられ，指圧器のドラムに巻き付けられた記録紙に $P-V$ 線図が書き込まれる。また，採取した $P-V$ 線図から P_{mi} を求めるには先ほど説明した 10 等分法やシグマメータなどの面積計を用いる。そして，近年では圧力センサーを用いてシリンダ内圧力をデジタルデータに変換，レコーダなどに記録したのちに燃焼解析装置を用いて P_{mi} を含めた燃焼特性値を求めることもできる。

前にも述べたように，行程容積 V_h が大きい機関ほど出力 W_i が高くなるので，ピストン直径 D や行程長さ L などのサイズの異なる機関では単純に機関の性能の比較はできない。しかし，P_{mi} は単位行程容積あたりの W_i の大小を表しているため，P_{mi} が同じであれば同程度の W_i を出力している状態，もしくは同程度の出力性能を持つ機関であると言い換えることができる。また，W_i ではなく W_e を V_h で割ったものを**正味平均有効圧力** P_{me}（**BMEP**：Brake Mean Effective Pressure）[kPa] として出力性能を示すのに用いる場合もある。

7.3.2　正味出力 W_e（Efective power）

正味出力 W_e とはクランク軸から得られる出力（仕事率）で，図示出力 W_i から内部の摺動部で生じる摩擦や機関に付属した補機ポンプの動力などを差し引いたものである。また，W_e は**軸馬力**（**SHP**：Shaft Horse Power）や**制動馬力**（**BHP**：Break Horse Power）とも呼ばれる。

W_e の概念図を図 7.18 に示す。図より，軸の先にプロペラがあり，プロペラの先端に水分子が付着して F [kN] の力で押されていると仮定する。ここで，軸中心からプロペラの先端までの距離を r [m]，プロペラ回転数を N [rpm] とすると，水分子はプロペラとともに回転するので水分子が 1 秒間に進む距離（速度）u [m/s] は式(7.30) となる。

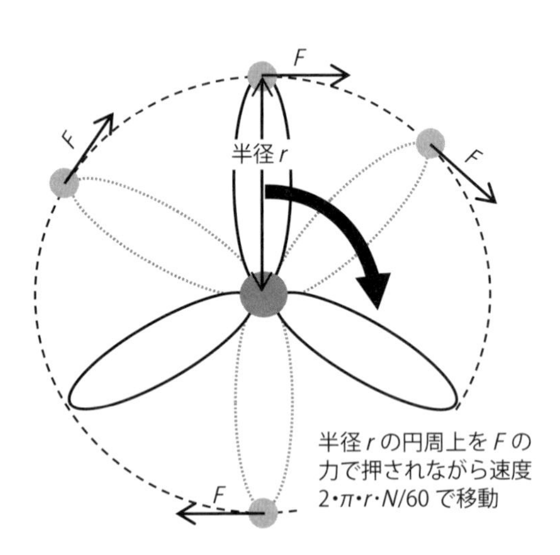

図 7.18　正味出力の概念図

$$u\,[\mathrm{m/s}] = \frac{2 \cdot \pi \cdot r \cdot N}{60} \tag{7.30}$$

そして，水分子はプロペラから F [kN] の力で押されているので，W_e は式(7.31) で表すことができる。

$$W_e\,[\mathrm{kW}] = \frac{2 \cdot \pi \cdot N \cdot r \cdot F}{60} = \frac{2 \cdot \pi \cdot N \cdot M}{60} \tag{7.31}$$

ここで，M はトルクであり，回転半径 r [m] と力（荷重）F [kN] の積で表されるもので単位は [kN・m] となる。そして，M とは軸を回転させる能力である。例えば，天秤があり，両腕の長さが同じであったとする。ここで，両側に同じ質量のおもりを載せると，両端にかかる力がつり合って制止することになる。しかし，天秤の腕の長さを片方のみ倍にしたとき，倍にした腕の方に載せるおもりは反対側のおもりの半分の質量でつり合うことになる。つまり，回転させる能力（M）が同じでも，計測している箇所（中心からの距離）が異なれば検出される F [kN] が異なる。そして，W_e の計測には動力計を用い，計測する値は M [kN・m]，もしくは F [kN] となる。ただし，動力計が表示する値の中には，式(7.31) の既知の数字である $2 \cdot \pi \cdot r/60$（レシオ）を F にかけた値を表示している装置もあるので，W_e の計算を行うときには注意が必要である。式(7.31′) にレシオ荷重を用いた計算式の例をあげる。

$$W_e\,[\mathrm{kW}] = \frac{2 \cdot \pi \cdot N \cdot r \cdot F}{60} = \frac{F' \cdot N}{1000} \tag{7.31′}$$

ここで，F'（$2 \cdot \pi \cdot r \cdot F \cdot 10^3/60$）はレシオ荷重となる。

7.3.3　図示熱効率 η_i と正味熱効率 η_e

7.1で述べたように，機関の性能を評価するには熱効率 η を求めればよい。式(7.32)に**図示熱効率** η_i の，式(7.33)に**正味熱効率** η_e の定義式を示す。

$$\eta_i = \frac{W_i}{b \cdot H_L} \tag{7.32}$$

$$\eta_e = \frac{W_e}{b \cdot H_L} \tag{7.33}$$

ここで，b は1秒間に機関が消費した燃料流量 [g/s]，H_L は低位（真）発熱量 [kJ/g] である。発熱量には H_L のほかに高位（総）発熱量 H_H があり，H_H と H_L の違いは水の蒸発潜熱（凝縮熱）を含む（H_H）か含まない（H_L）かである。そして，蒸発潜熱とは H_2O（水蒸気）から H_2O（水）に状態が変化するときに放出される熱である。通常，内燃機関のシリンダ出口の排気温度が100 [℃] 以下になることはないので蒸発潜熱は出力として利用することができない熱量となる。そのため，η の計算では H_L を使用する。

η_i または η_e は燃料の持つ熱エネルギーから W_i または W_e へ変換された割合を示しているだけでなく，機関の性能や状態の評価の重要な指標となる。例えば，同一海域を海流などの強さや方向などが同一の条件で航行していたと仮定する。このとき，機関で消費された燃料が前回の航海より多いために η_i と η_e を求めた場合，求めた η_i と η_e が前回の同条件における η_i と η_e に対して同じ割合だけ減少していたとすると，現在のシリンダ内の燃焼状態が悪く，それを補うために余分に燃料が必要になっていると考えられる。逆に，η_i は前回と変わらないのに η_e だけが悪くなった場合には，機関の内部で摩擦による損失が増加するトラブルが起きている可能性が考えられる。また，η_i と η_e が変わらない場合は船体の汚損などが原因で負荷が増したため，調速機が設定した機関回転数 N を維持するために燃料噴射量（出力）を増加させている可能性が考えられる。このように，各種効率 η を求めることで機関の状態の判断を行うことができる。

ここまでは，SI単位を使用して η を求めた。しかし，いまだに馬力 [PS] の表示も見かけることがあるので，PSを用いた場合の計算について解説をする。1 [PS] ＝ 75 [kgf・m/s] なので W_i' と W_e' の計算は式(7.28′)と式(7.31″)となる。

$$W_i' \text{ [PS]} = \frac{P_{mi}'[\text{kgf/cm}^2] \cdot L \text{ [m]} \cdot A' \text{ [cm}^2] \cdot N \cdot Z \cdot i}{75 \cdot 60} \tag{7.28′}$$

$$W_e' \text{ [PS]} = \frac{2 \cdot \pi \cdot N \cdot M' \text{ [kgf·m]}}{75 \cdot 60} \tag{7.31″}$$

このとき，P_{mi}' の単位は [kgf/cm^2] なのでピストン断面積 A' の単位は [cm^2] とし，M' も単位を [kgf・m] としなければならない。そして，η_i と η_e の計算式を式(7.32′)と式(7.33′)に示す。ここで，燃料消費量 B は1時間あたり機関が消費した燃料量 [kg/h]，発熱量 H_L' は熱量（カロリー）[kcal/kg] 表記となる。そして，式にはSI単位系にはない係数632が入る。これは仕事を1時間当たりの熱量に換算する係数（仕事の熱当量）である（CHAPTER 6）。

$$\eta_i = \frac{632 \cdot W_i{}' \text{ [PS]}}{B \text{ [kg/h]} \cdot H_L{}' \text{ [kcal/kg]}} \tag{7.32'}$$

$$\eta_e = \frac{632 \cdot W_e{}' \text{ [PS]}}{B \text{ [kg/h]} \cdot H_L{}' \text{ [kcal/kg]}} \tag{7.33'}$$

7.3.4 シリンダ内圧力の計測

図 7.19 に指圧器（インジケータ）の写真示す。指圧器は大きく分けて圧力を受けてペンを動かす受圧部とドラムに巻き付けた記録紙に圧力を写し取るドラム部に分けることができる。

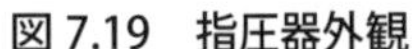

図 7.19　指圧器外観

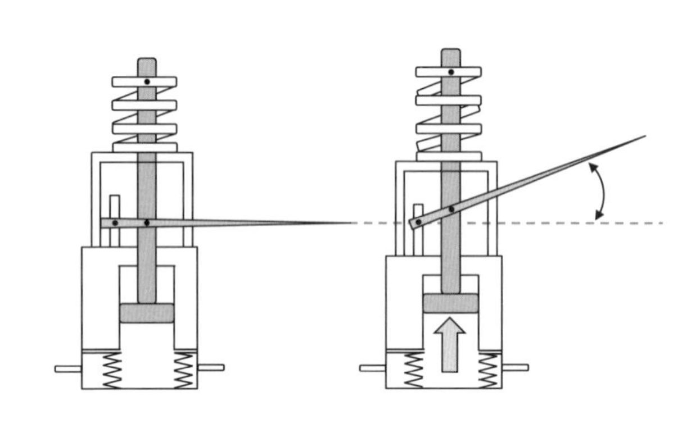

図 7.20　ペンシルレバーの動作

図 7.20 にガス圧とペンシルレバーの動きについての概念図を示す。指圧器は下部のねじで指圧器弁に取り付けられ，指圧器弁から導かれたガスによりピストンが押し上げられる。ピストンにはペンシルレバーが接続されており，ピストンの動きに連動してペンシルレバーが上下する。そして，指でペンシルレバーをドラムに押し付けることで記録紙に圧力の変動を記録することができる。また，ピストンにはインジケータばねが取り付けられており，ばねの強さにより計測できる圧力が変わる。例えば，ばねの張力を弱いものに交換すると，図 7.15 のような機関の吸排気（低圧部分）の状況を判断することができる**弱ばね線図**の採取も可能になる。

図 7.21 (a)に指圧器のドラム部開放写真を，図 7.21 (b)にドラム部動作のイメージ図を示す。図 7.21 (a)より，ドラム内にはばねが仕込まれており，ドラムと本体はばねで接続されている。そして，ドラムにはインジケータコードが取り付けられており，コードを引っ張ることでドラムが回転する。そしてドラムに取り付けられたばねがねじられるため（図 7.21 (b)），コードを手放すとドラムとコードは元の位置まで巻き戻ることになる。

指圧器により計測できる線図の一つに図 7.1 のようなシリンダ内圧力の時系列変化を示す**手引線図（Draw card）**がある。手引線図は記録紙の中央に圧縮と爆発工程の上死点（TDC）がくるようにコードを引いてやればよいが，コードを引く速さにより図の形状が変化するので注意が必要である。また，手引線図では最高圧力，圧縮圧力，着火点などがわかるので，そのシリンダの燃焼状態を判断すること

図 7.21 (a)　指圧器のドラム部

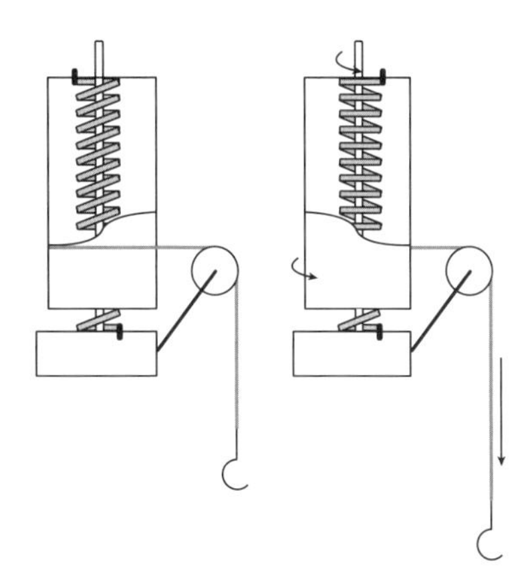

図 7.21 (b)　ドラムとコードの動作

ができる。そして，手引線図のコードをゆっくり引くことで，1 枚の記録紙に数サイクルの線図を記入したものを**連続圧力線図**（図 7.22）という。連続圧力線図は最大圧力の変化を観察できるため，安定した燃焼が行われているのかを判断することができる。

そして，図 7.17 に示すような**たび型（$P-V$）線図**も指圧器により計測することができる。しかし，$P-V$ 線図はコードを引くタイミングが機関の行程(ストローク）に対応している必要がある。そこで図 7.23 のようにピストンの動きと対応するインジケータ採取装置にコードの牽引フックを引っかけて線図を採取する。

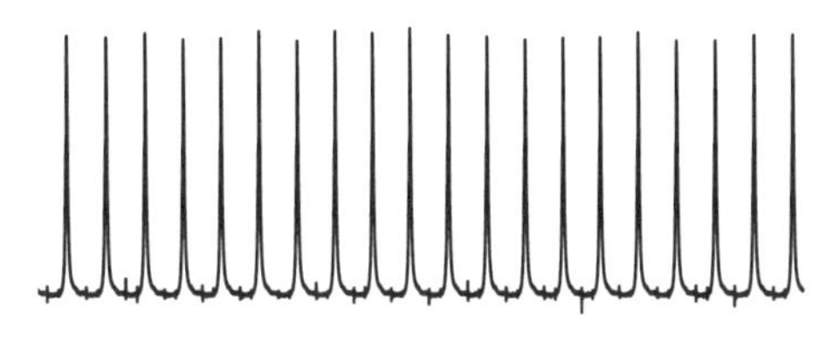

図 7.22　連続圧力線図

最近はシリンダ内圧力も電気信号として記録する場合も多く，代表的な圧力計にはピエゾ（圧電）素子用いたものやひずみゲージを用いたものがある。ピエゾ素子は加わった圧力に応じで電荷を生じるため，その電荷を計測することでセンサーに加わった圧力を求めることができる。また，ひずみゲージを用いた圧力センサーではセンサーの金属薄膜にひずみゲージを貼り付けているため，薄膜のひずみ量がわかればひずみ量と圧力の関係式より圧力を求めることができる。

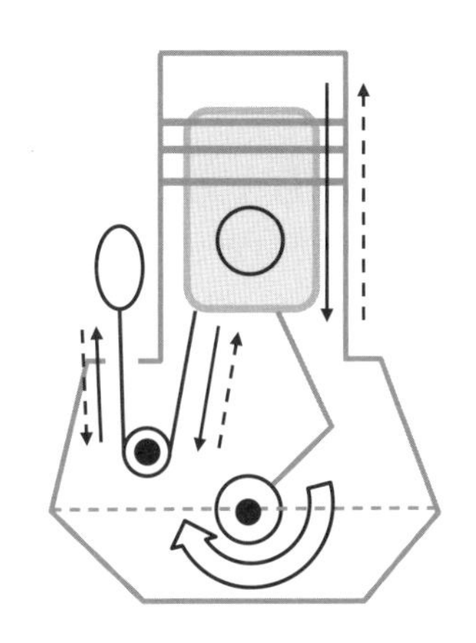

図 7.23　インジケータ採取装置の動作イメージ図

電子機器を用いてシリンダ内圧力を計測するには，電子機器を動作させるためのトリガ信号とサンプリング信号が必要となる。トリガ信号とは計測開始のスイッチを押した後，計測器が実際に計測を開始させるために用いられる信号である。例えば，計測を開始してもクランク軸の位置（角度）が一致していなければ採取したデータを比較しにくい。そこで，クランク軸の決まった点（角度）において発信する信号でデータの計測を開始すればシリンダ内圧力の計測開始点は毎回同じクランク位置（角度）におけるものとなる。そのため，トリガ信号にはクランク軸 1 回転で

1回発信される信号を用いる。また，サンプリング信号とは計測器がデータを計測するタイミングを知らせる信号である。例えば，サンプリング信号を1回転あたり720パルス（回）発信したとする。1回転は360［°］CA（Crank Angle）なのでサンプリング信号は0.5［°］CAごとに発信されてデジタルレコーダにシリンダ内圧力が記録されることになる。この信号を得るためにはクランク角度エンコーダが用いられ，自分の使用目的に適した信号を発信する機種を選択する必要がある。

熱発生率の計算

熱発生率とは燃料が燃焼して単位角度θあたりに発生した熱量$\Delta Q/\Delta\theta$［J/deg］で表される値である。そして，求められた熱発生率からはどの時期にどの程度の熱発生が起こっているかがわかる。また，燃焼により発生した総発熱量［J］や燃焼の期間などのさまざまな燃焼特性値がわかるため，シリンダ内の燃焼の状態を詳しく知ることができる。

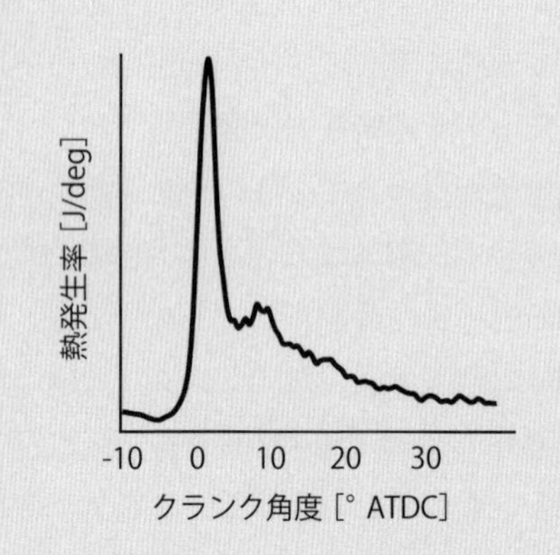

燃焼により生じた熱をシリンダ内のガスが受け取ると，ガス温度が上昇し，シリンダ内圧力とガス体積が増加して外部に仕事を加える。つまり，θあたりのシリンダ内圧力の変化量$\Delta P/\Delta\theta$とシリンダ内容積の変化量$\Delta V/\Delta\theta$がわかれば発生した$\Delta Q/\Delta\theta$を求めることができる。ゆえに，熱発生率$\Delta Q/\Delta\theta$は式（a.1）から求めることができる。

$$\frac{\Delta Q}{\Delta\theta}=\frac{C_w}{\kappa-1}\cdot\left(V\cdot\frac{\Delta P}{\Delta\theta}+\kappa\cdot P\cdot\frac{\Delta V}{\Delta\theta}\right)\qquad\text{(a.1)}$$

ただし，C_Wは仕事の熱当量とする。

熱発生率を計算するにあたり，$\Delta P/\Delta\theta$はインジケータ線図から求めることができ，そして，$\Delta V/\Delta\theta$はクランク軸，連接棒などの部品のサイズが判明しているので，クランク軸のどの位置からどれだけ進角したかわかれば計算することが可能である。しかし，7.2.1（2）で述べたように，計測されたシリンダ内圧力はシリンダ壁面などから熱が逃げてしまうために理論値よりも低い値となっている。そのため，真の熱発生率$\Delta Q_R/\Delta\theta$を求めるには，式（a.2）のように$\Delta Q/\Delta\theta$にθあたりにシリンダ壁面に逃げた熱量$\Delta Q_W/\Delta\theta$を加える必要がある。

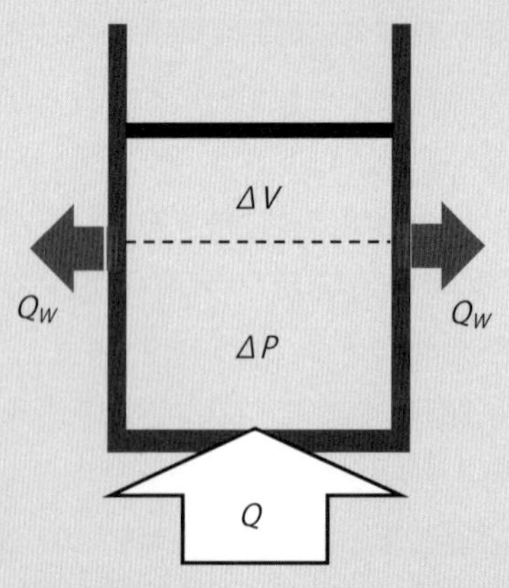

圧力が増した分のエネルギーと体積が増えた分のエネルギーと外へ逃げたエネルギーの合計が熱発生率（量）

$$\frac{\Delta Q_R}{\Delta\theta}=\frac{\Delta Q}{\Delta\theta}+\frac{\Delta Q_W}{\Delta\theta}\qquad\text{(a.2)}$$

7.4　機械摩擦と機械効率

7.4.1　機械摩擦

7.3 で述べたように，ガスがピストンに加えた仕事（図示出力 W_i）が正味出力 W_e として取り出されるまでに機関内部の摩擦などにより出力が減少，さらに，機関を運転するために必要な燃料噴射ポンプや清水ポンプなどの補機類の動力として出力が消費されてしまう。これらをまとめて摩擦損失（出力）W_r という。そして，W_r は大きく分けて次の 4 つに分類することができる。

①　ピストンおよびピストンリングとシリンダの摩擦による損失
②　軸受などの摩擦による損失
③　補機ポンプの駆動損失
④　流体抵抗による損失

①は W_r のうちでもっとも大きいものである。トランクピストン型の機関の場合，ピストンは単に上下運動しているわけでなく，ガス圧やクランク軸と連接棒とピストンの連動によりシリンダに押し付けられながら動いている。そして，ピストンリングはガスの漏れを防ぐために自らの張力とガス圧を背面に受けてシリンダやリング溝に押し付けらながら動いている。そのため，W_r はピストンリングの数，機関の回転数およびシリンダ内圧力などの影響を受けることになる。また，潤滑油は摩擦を低減しているとはいえ，潤滑油が油膜を形成するために粘性（粘度）を持っていることも摩擦抵抗を生じる原因となる。そして，②は主軸受などの軸受で生じる摩擦により消費される摩擦損失である。③は機関を動かすのに必要な冷却水ポンプや潤滑油ポンプなどを駆動するために消費される出力（損失）である。補機ポンプの駆動に必要な出力は機関が小型になってもあまり小さくならないため，小型の機関では補機ポンプの駆動損失の影響を受けやすくなる。④はクランク室内で回るクランク軸と空気との摩擦により生じる損失やクランク室の底に溜まっている潤滑油を連接棒がかき回すときに生じる損失などである。

7.4.2　機械摩擦の求め方

7.3.2 でも述べたように， 摩擦損失 W_r は図示出力 W_i と正味出力 W_e の差である。そのため，試運転台において W_e の計測を行うのと同時にシリンダ内圧力を計測すれば，インジケータ（$P-V$）線図から W_i を求め，W_r を算出することができる（**インジケータ線図から求める方法**）。また，以下のような方法でも W_r を求めることができる。

W_r のうちもっとも大きな部分を占めるのは①の部分である。そのため，燃料を使わずモータなどで機関を回転させたときの出力を W_r と考えることができる。例えば，機関をモータ駆動でき，同時に駆動出力の計測ができる電気動力計に機関を接続し，燃料供給を停止した状態においてモータリングを行う。そして，そのときの動力計の出力を W_r とする計測方法を**モータリング試験から求める方法**という。このとき，注意しなければいけないのが潤滑油の状態である。前述したように，潤滑油の粘度も W_r に影響を与えるため，もし，常温のままモータリング試験を行えば，運転状態に比べて潤滑油の粘度が高いため，計測される W_r の値は高くなる。そのため，例のように電気動力計に接続してモータリング試験を行うのであれば，W_r を計測したい運転条件で機関の運転を行った後にモータリング試験を行うことで，潤滑油の粘度が W_r に与える影響を低減することができる。また，モータリング試験では摩擦による抵抗をすべて計測するため，吸排気行程における抵抗であるポンプ損失が含まれることになる。しかし，インジータ線図から W_i を求める場合，図 7.15 に示すように図中にポンプ損失が表示されているため，P_{mi} を求める段階でポンプ損失を差し引いている。そのため，モータリング試験で求めた W_r はポンプ損失の分だけ実際の W_r より大きな値となる。さらに，7.2.1 (2) で述べたように，実際の機関では熱の損失がある。そのため，モータリング試験では熱損失により膨張行程のシリンダ内圧は圧縮行程より低くなる。言い換えれば，モータリング試験時の図示出力 W_i は負の仕事となるので，実際の W_r より値が大きくなる。ゆえに，モータリング試験で得られた W_r は近似的な値となる。

多気筒機関において気筒数を Z 本とした場合，正味出力 W_e と各気筒の図示出力 W_{iZ} および摩擦損失 W_{rZ} の関係は式 (7.34) で表すことができる。

$$\begin{aligned} W_e = (W_{i1} - W_{r1})_1 + (W_{i2} - W_{r2})_2 + \cdots \\ +(W_{iz-1} - W_{rz-1})_{z-1} + (W_{iz} - W_{rz})_z \end{aligned} \tag{7.34}$$

例えば，機関回転数が N [rpm]，正味出力が W_e の 3 気筒機関における W_e を各気筒ごとの W_{iZ} と W_{rZ} で表すと式 (7.35) となる。ここで，1 気筒目の燃料を停止すると $W_{i1} = 0$ となり，摩擦損失 W_{r1} だけが残るので，機関の回転数が低下することになる。そこで，回転数が N になるまで動力計の負荷を減らす。このときの正味出力を W_{e1} とすると，W_{e1} と各気筒の W_{iZ} と W_{rZ} の関係は式 (7.36) で表すことができる。そして，式 (7.35) から式 (7.36) を引くと 1 気筒目の図示出力 W_{i1} を求めることができる（式 (7.37)）。

$$W_e = (W_{i1} - W_{r1})_1 + (W_{i2} - W_{r2})_2 + (W_{i3} - W_{r3})_3 \tag{7.35}$$

$$W_{e1} = (0 - W_{r1})_1 + (W_{i2} - W_{r2})_2 + (W_{i3} - W_{r3})_3 \tag{7.36}$$

$$W_e - W_{e1} = W_{i1} \tag{7.37}$$

つまり，この工程をあと 2 回繰り返せば 3 気筒分の図示出力 $W_{i1\sim3}$ を求めることができる。その結果，最初に計測した W_e を $W_{i1\sim3}$ の合計から差し引くことで全体の W_r を求めることができる。そのため，この W_r 計測方法を**着火停止法**という。

図示熱効率 η_i を求める式 (7.32) より，W_i は式 (7.38) のように表すことができる。

$$W_i = \eta_i \cdot b \cdot H_L \tag{7.38}$$

ここで，$W_i = W_e + W_r$ なので，式 (7.38) は式 (7.39) と表すことができる。

$$\begin{aligned} W_i &= W_r + W_e \\ &= \eta_i \cdot b \cdot H_L \end{aligned} \tag{7.39}$$

$W_e = 0$，つまり無負荷運転における 1 時間あたりの燃料消費量を B_0 [kg/h] とすると，摩擦により消費された出力（摩擦損失 W_r）は式 (7.40) となる。

$$W_r \propto \eta_i \cdot B_0 \cdot H_L \tag{7.40}$$

同一機関においてシリンダ内圧力や，潤滑油の粘度などの条件が同じであれば，機関回転数 N と摩擦により消費される出力(損失) W_r は比例する。言い換えれば，1 回の行程で消費される摩擦出力(損失)が同じであれば W_r は N と比例することになると考えられるため，式(7.40) に示すように W_r と B_0 は比例の関係となる。ゆえに，N と η_i が一定である運転範囲においては，式(7.39) と式(7.40) より，条件として N が一定であるため W_r は一定となり，$B - B_0$ と W_e も比例することになる。そこで，図 7.24 に示すように N = 一定とした運転条件で，出力 W_{eZ} のときの燃焼消費量 B_Z をプロットする。そして，プロットを延長した線と横軸との交点を求め，交点の値を W_r としたとする。図より，η_i = 一定である運転範囲において W_{e1} と増加した燃料流量差（$B_1 - B_0$）の関係と W_i（$W_{e1} + W_r$）と B の関係および W_r と B_0 の関係が関係は W_r：W_{e1}：W_i = B_0：($B_1 - B_0$)：B_1 となる。ゆえに，W_r を B と W_e を用いて表すと式(7.41) となる。

$$W_r = \frac{B_0}{(B - B_0)} \cdot W_e \tag{7.41}$$

このように燃料消費量 B と正味出力 W_e の関係から摩擦損失 W_r を推測する方法を，**燃料消費量から摩擦損失を求める方法**と呼ぶ。ただし，B から W_r を求める場合，キャブレター（気化器）を用いたガソリン機関のような絞り調整を行う機関には適用できない。図 7.25 に絞り調整を行う機関の $P - V$ 線図のイメージを示す。図 5.12 にあるように，キャブレター式のガソリン機関では燃料は吸気とともにシリンダ内へ供給される。つまり，ガソリン機関はキャブレターに付属したスロットルバルブの開度を全開（100［%］出力）からだんだん絞ることで出力を調整することになる。したがって，図 7.25 に示すように，絞り調整を行う機関では，負荷率（出力）が減少することでシリンダ内圧力も減少する。言い換えれば，負荷率ごとに摩擦に消費される出力（損失）が変化するため，燃料消費量から摩擦損失を求める方法の根幹である " 回転数 N が一定であれば摩擦損失 W_r は変わらない " という仮定が成立しなくなる。

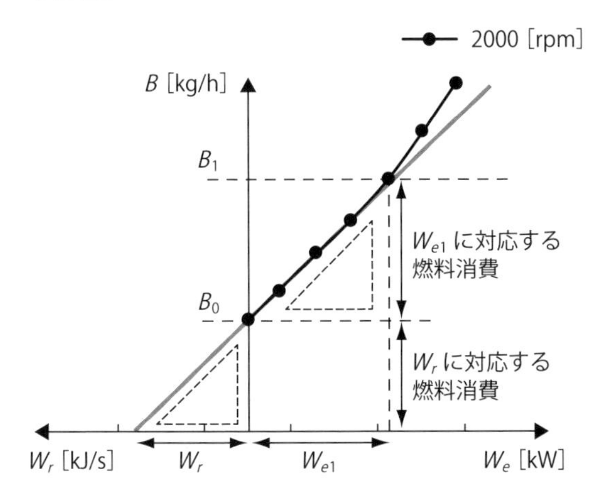

図 7.24　燃料消費量から W_r を推測する方法

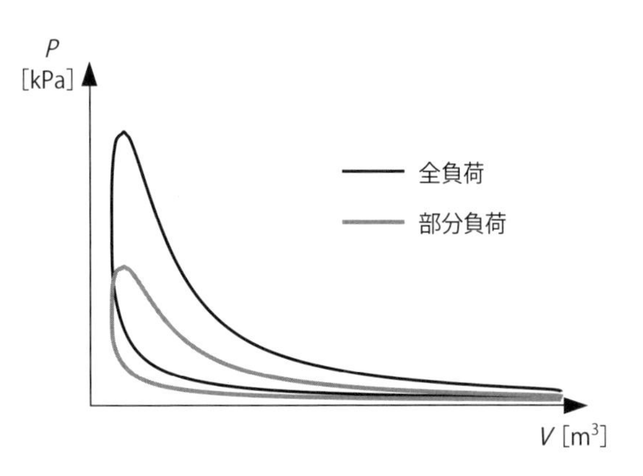

図 7.25　絞り調整における $P - V$ 線図のイメージ

7.4.3　機械効率 η_m

式(7.42)に**機械効率** η_m の定義を示す。η_m とは図示出力 W_i のうち正味出力 W_e として取り出された割合を示すものである。

$$\eta_m = \frac{W_e}{W_i} = \frac{W_e}{W_e + Wr} \tag{7.42}$$

機械効率 η_m は機関の運転が効率的に行われているかの指標となる。例えば，無負荷運転に近い運転条件で η_m を求めたとする。式(7.42)より，W_i の大部分が W_r であり，かつ，有効な仕事がほとんどなされない（$W_e \fallingdotseq 0$）ため η_m は極めて低い値となる。つまり，η_m が低い値であるということは，機関を動かすためだけに多くの燃料を消費していることを意味する。また，同じ運転条件であれば，シリンダにおける摩擦による損失，軸受の摩擦，補機ポンプ駆動損失も同じとなるはずである。そのため，η_m を求めることで機関の内部の摩擦に関する状態を推測することもできる。

7.5　内燃機関の性能評価

7.5.1　熱勘定（Heat balance）

図7.26に**熱勘定**（**ヒートバランス**）の例を示す。7.3，7.4において，図示出力 W_i，正味出力 W_e，摩擦損失 W_r と図示熱効率 η_i, 正味熱効率 η_e および機械効率 η_m を求める方法を学んだ。しかし，内燃機関においてエネルギーを有効に利用できているかの評価を行うには，取り出せた出力 W のみだけではなく，損失としてエネルギーが“何処で”，“どの程度”消費されているのかを知っておく必要がある。そこで，消費された燃料の持つエネルギー $b \cdot H_L$ を 100［%］としたもののうち，出力としてエネルギーをどの程度取り出せたのか，または，損失としてどの程度のエネルギーを捨てているのかを示した図が熱勘定である。

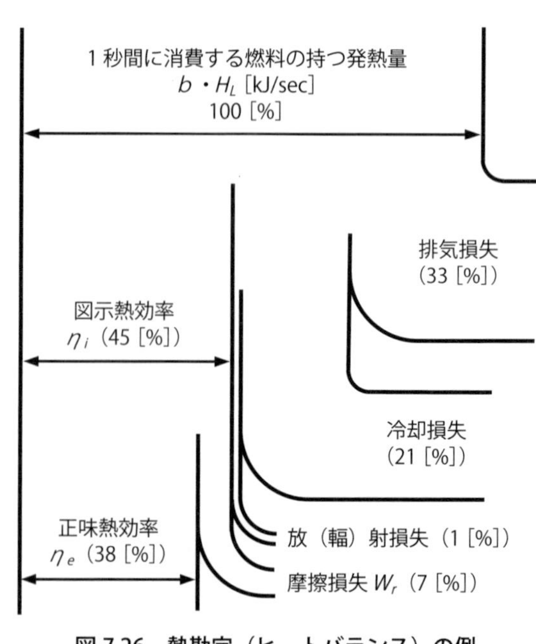

図7.26　熱勘定（ヒートバランス）の例

図より，全体のうちガスがピストンを押す仕事として取り出されたものが η_i（W_i）である。そして，η_i から W_r が失われ，出力軸から取り出されるものが η_e（W_e）となる。また，W_r の大きな部分がシリンダでの摩擦であるため，W_r の多くは潤滑油により熱に変換されて持ち去られることになる。そして，全体から η_i を除いたものが“仕事として取り出すことのできなかった”損失となる。損失には排気が持ち去る熱量である排気損失，冷却水に持ち去られる熱量である冷却損失，そして，機関の表面から逃げ出す熱量である放（幅）射損失がある。ただし，排気中には未燃成分が含まれるので，燃料の持つ発熱量を 100［%］取り出すことはできない。

η_e は自動車用のガソリン機関で 20 ～ 30［%］程度，4 サイクル小型ディーゼル機関で 35［%］程度，4 サイクル中・大型ディーゼル機関で 45［%］程度であるといわれている。そして，舶用の 2 サイクル大型ディーゼル機関には η_e が 50［%］を超えるものがある。このような舶用の 2 サイクル大型ディーゼル機関は行程長さ（L）とピストン直径（D）の比，いわゆる L/D 比（L の代わり Stroke の頭文字の S を用いて S/D 比と表すことが多いが，本書では L/D と記述する）が 2 倍以上あるのでロングストローク機関と呼ばれ，なかには L/D 比≒ 4 となる機関もある。また，2 サイクルロングストローク機関の回転数 N は自動車用の機関に比べて非常に低く，なかには N が 100［rpm］を下回るものもある。そして，このようなロングストローク機関で使用される燃料油は着火性が悪い（セタン価が低い）C 重油である。

先ほど述べたように，2 サイクルロングストローク機関において着火性の悪い C 重油を用いても高い効率が維持できるのは，N が非常に低いためである。そして，ロングストローク機関の N が低いのは，行程容積 V_h が非常に大きいためである。ここで，V_h が大きくなるということは，$V_h = \pi/4 \cdot D^2 \cdot L$ よりピストン直径 D が大きくなって質量が増加することを意味する。その結果，ピストン質量の増加により運動部の慣性が大きくなるため，機関にかかる負担が増大することになる。そのため，ロングストローク機関で V_h を大きくする場合には D を増やさず行程長さ L を長く（L/D 比を大きくする）する。しかし，D を増やさず L を長くした場合でも N が同じであれば，L が長くなった分だけピストン速度 u_{pis}（$u_{pis} = 2 \cdot L \cdot N/60$ なので）が速くなる。そして，u_{pis} の増加は運動部（ピストン，ピストンピン，連接棒の一部）の運動量（慣性）を増大させるので，ロングストローク機関では N を下げることでピストン速度 u_{pis} の増加を抑えている。

燃焼は化学反応であり，活発な化学反応を行わせるには高い温度が必要となる。そして，C 重油のような燃えにくい低質油でも高い温度を保ち，燃焼するために十分に長い時間を確保することができれば完全燃焼させることも可能となる。式(7.3)より，往復動機関のシリンダ内温度は圧縮比 ε によって決まることになる。例えば，L が 0.5［m］と 1.5［m］で L/D 比と ε およびピストン速度 u_{pis} が同じディーゼル機関が A と B の 2 台あったとする。これらの機関は ε が同じであるために TDC におけるシリンダ内温度は同じとなる。ここで，機関 A の L を 0.5［m］，機関 B の L を 1.5［m］，u_{pis} を 10［m/s］とすると，A の回転数 N_a は 600［rpm］，B の回転数 N_b は 200［rpm］となる。そして，この 2 台の機関が TDC で着火して等圧で 5［°］CA だけ膨張したとする。ここで，A は 5［°］CA 進むのに約 1.39［ms］かかり，B は 4.17［ms］かかる。つまり，B は A の 3 倍の期間のあいだシリンダ内が高温に保たれることになり，その結果として燃焼が活発に進むことになる。したがって，2 サイクルロングストローク機関は回転数 N が低いことでセタン価が低く，着火性の悪い C 重油を燃料油として用いても完全燃焼させることが可能となる。

ディーゼル機関が効率のよいものであっても，使用するプロペラの推進効率がよくなければ，無駄にエネルギーを消費することになる。そして，プロペラの推進効率を高めるには，プロペラ直径 D_{pro} を大きくし，プロペラをゆっくり回転させる必要がある。そして，L/D 比（S/D 比）の大きな 2 サイクルロングストローク機関は機関高さが高いため，機関が搭載されている船舶の喫水が必然的に深くなり，D_{pro}の大きなプロペラを装着することが可能となる。それに加え，ロングストローク機関は機関回転数Nが非常に低いため，高い効率でプロペラを駆動することができる。しかし，ロングストローク機関を搭載できる機関室を持たない船舶や全通甲板を持つフェリーなどの構造上機関室の高さを確保できない船舶では，比較的Nが高い機関を搭載することになる。しかし，式(7.28)および式(7.31)からもわかるように，プロペラに合わせて機関のNを下げると高い出力を得ることができない。このような場合，機関とプロペラの間に減速機を取り付けることで，機関とプロペラの双方とも，もっとも効率のよいNで運転することが可能となる。

2サイクルの大型機関をはじめとする舶用ディーゼル機関では，過給機を搭載しているものがほとんどである。過給機とは圧縮機で加圧した空気をシリンダ内へ送り，シリンダ内の空気の密度を高める装置である。無過給機関の場合，シリンダ内へ導入できる空気の量は行程容積V_hにより決まる。そのため，無過給機関では出力を増すために燃料噴射量が増えてもシリンダ内の空気の量は変わらないので，低負荷運転領域に比べると高負荷運転領域の空気過剰率が相対的に低くなる。しかし，排気タービン過給機を搭載すると出力の増加とともに給気量が増加するため，どの負荷においても十分な給気が可能となり，良好な燃焼状態が保たれることになる。その結果，燃料消費率be（7.5.2で説明する）が改善される。そして，増速時や過負荷の条件においても同様の理由から無過給機関に比べ過給機関は良好な燃焼状態を維持することが可能となる。

また，過給機を用いる効果は行程容積V_hを増した場合と同じ効果である。すなわち，過給機を用いることで，小さな機関（軽い質量）でも大きな出力を得ることができる。例えば，車で過給機付機関を採用すると，無過給機関と同一出力を出すことのできる機関の容積(質量G)が小さくなる。したがって，機関のGが減少した分だけ運転に必要な出力W（$1/2 \cdot G \cdot v^2$）が小さくなり，燃料消費量Bを抑えることができる。そして，同一出力を出すのにV_hが減少する，言い換えれば，シリンダ内のシリンダと，ピストン，ピストンリングが摩擦する面積が減ることになる。つまり，V_hが小さくなれば，それに伴って摩擦損失W_rも減少するため，機械効率η_mが改善されることになる。

そして，内燃機関の熱効率の改善には直接的に関係しないが，排気により持ち去られる熱量（排気損失）を回収できれば船で使用されるエネルギーの総量を低減することができる。その一つに排ガスエコノマイザー（節炭器）があり，これは排気の持つ熱エネルギーで蒸気をつくって，船内各所で利用するシステムである。本来，大型船舶では専用のボイラを備え，ボイラで発生させた蒸気を暖房や加熱装置の熱源，ターボ発電機やポンプの動力源として使用している。しかし，航海中に巨大なディーゼル主機関から排出される数百度の排気を利用して蒸気をつくれば，ボイラで使用するはずだった燃料を節約することができる。また，前述した排気タービン過給機も排気の持つ熱量の有効活用例の1つである。

7.5.2　性能曲線図

図7.27にディーゼル機関の性能曲線図の例を示す。この図は陸上試運転の機関成績表などを基に作成される。図は会社ごとにさまざまなフォーマットがあるが，横軸に正味出力W_e [kW] や負荷率 [%]，または，機関回転数N [rpm] などをとることが多い。そして，縦軸に燃料消費量B [kg/h] や燃料消費率be [g/kW・h]，燃料ポンプラック目盛など燃料に関する項目，排気温度（シリンダ出口，過給機の出

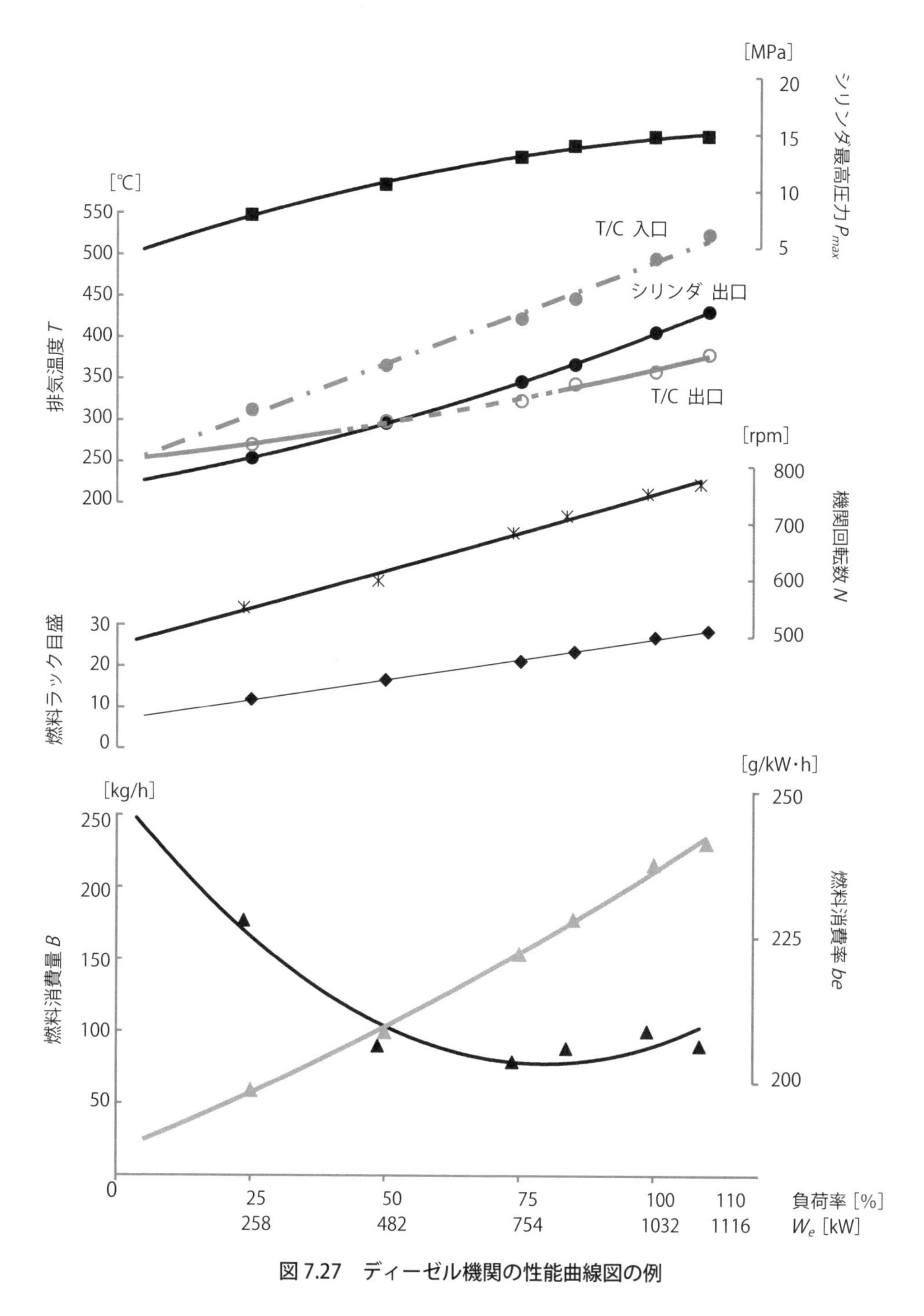

図 7.27　ディーゼル機関の性能曲線図の例

入口）の項目，そして，シリンダ内最高圧力や圧縮圧力などのシリンダ内圧力の項目，過給機回転数や給気圧力，給気温度などの給気に関する項目，正味熱効率 η_e や機械効率 η_m などの効率に関する項目などをとることが多い。しかし，横軸にとる項目によっては N や W_e や正味平均有効圧力 P_{me} などを縦軸に加えることもある。ここで，**燃料消費率** be（**BSFC**：Brake Specific Fuel Consumption）とは機関が1時間あたり1 [kW] 出力するのに消費した燃料質量 [g/kW•h] を示したものである。つまり，この数字が小さくなるほど仕事あたりの燃料消費量が少なく（正味熱効率 η_e が高く）なる。式(7.43) に燃料消費率の定義式を示す。

$$be = \frac{B}{W_e} \tag{7.43}$$

この機関性能図は機関の性能を確認する際に用いられる。例えば，航海中に機関の性能計測を行い，計測したデータを性能曲線図にプロットすることで，試運転時と現在の機関の状態を判断することができる。図より，縦軸の項目のほとんどは出力が増すと右肩上がりの傾向を示している。これは，出力を増すためには燃料流量と機関回転数を増やす必要があるためである。つまり，主機の出力を増すために主機の燃料ハンドルを操作すれば，調速機により燃料噴射ポンプのラックが押し込まれる方向へ動くため，ラック目盛は大きくなり燃料流量 B が増す。それに伴って，シリンダ内圧力 P と排気温度 T は高くなり，機関回転数 N も増加する。また，図 7.27 には記載していないが，過給機の回転数は排気温度 T と排気流量が増せば高くなり，それに伴って給気圧力と給気量も増すことになる。しかし，燃料消費率 be だけは他の項目と異なり右肩下がりの傾向を示して，3/4 負荷から 4/4 負荷の間で極小値をとる。これは，7.4 で述べたように摩擦損失 W_r と正味出力 W_e，燃料消費量 B の関係が影響している。

図 7.28 に燃料消費量 b [g/s] の持つ熱量と正味出力 W_e および摩擦損失 W_r の関係のイメージを示す。図より，負荷率が大きくなるに伴い b と W_e は急激に増加するが，W_r の増加割合はかなり小さいことがわかる。つまり，負荷率の低い運転範囲では W_r の割合が相対的に大きくなるために be の値は増加する。しかし，負荷率が高くなっても W_r の増加割合は小さく，増加した b のほとんどが W_e となるために be の値が減少することになる。そして，be は 3/4 負荷から 4/4 負荷の間で極小値となるため，この極小値となる付近の出力を常用出力と定め，船舶を運行することになる。船舶内燃主機関で用いられる出力の種類には**連続出力**（Continuous power），**過負荷出力**（Overload power），**常用出力**（Normal power），**後進出力**（Astern power）があり，JIS 規格の F0401 で定義されている。また，連続出力に対する各出力の相互比率は付属書の表1に定められており，常用出力は連続出力の 85 ～ 95 [%]，過負荷出力は連続出力の 101 ～ 110 [%] となる。

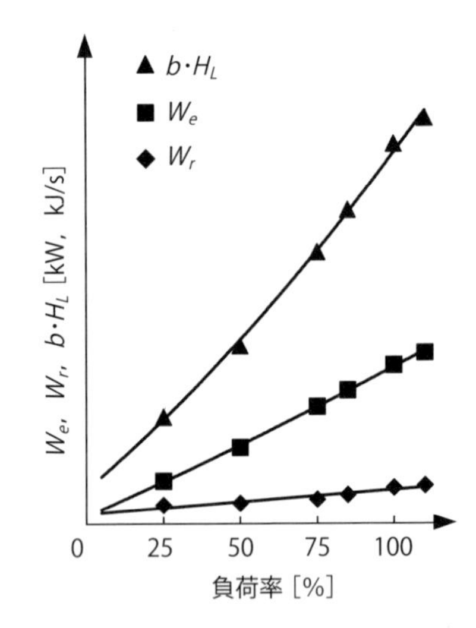

図 7.28　燃料消費量と正味出力および摩擦損失の関係のイメージ

そして，機関の運転を行うにあたり気を付けていなければいけないのは，機関がどの程度の負荷率で運転されているかということである。例えば，舶用主機関は出航して航海状態となれば入港まで常用出力付近での使用となるが，発電機は連続出力に対して普段運転を行っている負荷率はかなり低い値となる。発電設備の容量は船舶設備規程の第 183 条に定められており，発電機の容量は1台の発電機で安全性または居住性に直接関係ある電気設備に必要な電力を十分供給できるだけの能力を持っていなければならない。そして，通常の運航状況であれば安全性と居住性に関する設備のすべてが同時に稼働することはまれであり，発電機の発電能力に対して航海中の発電量は常に低い状態（主機に比べると発電機の排気温度が常に低い理由）にあると考えられる。したがって，発電機の切り替えや狭水道通過時などの並列運転が必要な場合を除き，できるだけ並列運転を行わない方がよいことになる。さらに，主機の出力の一部で発電を行う軸発電機の使用は，発電機で消費される W_r 分の燃料消費を抑えることができるので，有効な省エネルギーの手段となる。そして，これと同様の事例として車のアイドリングストップ機構があげられる。車で町中を走行していると信号待ちや渋滞で頻繁に停車することがある。そして，停車している間，機関はアイドリング（無負荷）状態で燃料を消費することになる。ここで，停車中に機関を停止してやれば，摩擦損失 W_r に相当する燃料消費量を抑えることができるという考え方がアイドリングストップ機構の発想である。また，低燃費車と呼ばれる自動車に採用されている潤滑油は，通常の自動車で用いられる潤滑油より粘度の低いものである。これは 7.4 でも述べたように潤滑油の粘度も抵抗となるためであり，粘度の低い潤滑油を使用すれば潤滑油由来の W_r が減少して燃料消費を抑えられることになる。

このほか，船舶で用いられる燃料消費量 B の低減方法に減速運転がある。機関の出力 W_e はプロペラ回転数 N_{pro} の 3 乗に比例し，プロペラはねじと同じ原理で水を蹴り前に進むので N_{pro} と船速 u_{ship} は比例する。つまり，W_e は N_{pro} の 3 乗に比例することから，N_{pro} を少し下げただけでも W_e が大幅に減少するため，それに伴い B も低減する。しかし，u_{ship} と N_{pro} の関係は比例関係なので，N_{pro} が少し下がったとしても u_{ship} の減少は限定的となる。ゆえに，運航計画に余裕があるのであれば，減速運転を行うことで B を抑えた省エネ運航が可能になる。

7.5.3　プロペラの特性と機関出力との関係

船舶の推進にはプロペラが用いられるため，プロペラの特性も理解している必要がある。プロペラの特性として知られているものに式(7.44)，式(7.45)，式(7.46)に示される関係がある。

$$u_{ship} \propto N_{pro} \tag{7.44}$$

$$M \propto {N_{pro}}^2 \tag{7.45}$$

$$W_{pro} \propto {N_{pro}}^3 \tag{7.46}$$

ここで u_{ship} は船速，N_{pro} はプロペラ回転数，W_{pro} はプロペラ動力とする。

プロペラとねじは同じ原理によりその役目を果たしている。言い換えれば，ねじは回転するとねじのピッチと回転数の積の分だけ対象物に食込み（前進する），そして，プロペラは回転することで水を掻き込み，後方へ押し出して前進する。そのため，N_{pro} と u_{ship} は比例の関係となる。(式(7.44))。

プロペラにかかる力を理解するために，図 7.29 に翼にかかる力のモデルを示す。図より，船速 u_{ship}，プロペラの回転速度 u_{pro}，プロペラ作動面に角度 α で水が流れ込んだとする。このときのプロペラに作

用する揚力 Lf と抗力 R_d とすると，進行方向に働く力である推力 Thr [N] と回転方向に働く力 F_M [N] は式(7.47)，式(7.48) で表される。

$$Thr = Lf \cdot \cos\alpha - R_d \cdot \sin\alpha \tag{7.47}$$

$$F_M = R_d \cdot \cos\alpha + Lf \cdot \sin\alpha \tag{7.48}$$

次に，プロペラにより前進する力（推力）の発生メカニズムについて考える。例えば，プールの中でプロペラを回転させると，プロペラ表面の水はプロペラに引きずられて動き出すことになる。さらに，プロペラ表面の水は，プロペラと同じように周囲の水を引きずって動く。このようにプロペラが水を引きずり，引きずられた水が周囲の水を引きずることで，プロペラは水を Δu [m/s] まで加速して，プロペラ後方に押し出す。そして，プロペラにより加速された水の質量 G とすると，G と Δu の積（運動量）が前進する力である推力 Thr となる。ここで，プロペラの形状が複雑なためプロペラを直径 D_{pro} の円盤であると仮定し，円盤の面積を A_{pro}，円盤の外周における速度を u_{pro} とする。面積 A_{pro} の円盤がプールの中で外周速度 u_{pro} で回転するのは，プールの中を面積 A_{pro} の板が速度 u_{pro} で牽引されている場合と同じであるため，プロペラが水に加えた推力（運動量）は船体に働く水の摩擦抵抗と同じであると考えられる。そして，水中を牽引された板に働く抵抗 R_W は水の密度 γ，プロペラ回転数を N_{pro} とすると式(7.49) で表すことができる。

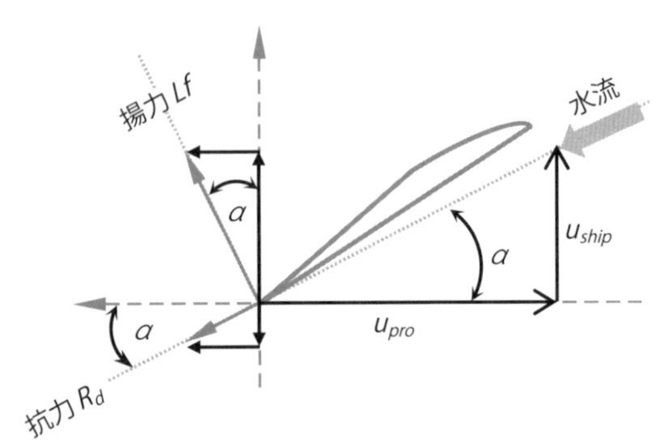

図 7.29　翼にかかる力

$$\begin{aligned} R_W &\propto \frac{1}{2} \cdot \gamma \cdot A_{pro} \cdot {u_{pro}}^2 \\ &\propto \gamma \cdot \frac{\pi}{4} \cdot {D_{pro}}^2 \cdot (\pi \cdot D_{pro} \cdot N_{pro})^2 \\ &\propto \gamma \cdot {D_{pro}}^4 \cdot {N_{pro}}^2 \end{aligned} \tag{7.49}$$

式(7.49) の R_W と Thr は比例すると考えてよいので，$N_{pro} \propto N$（機関回転数）ならば Thr は式(7.50) で表すことができる。

$$Thr \propto \gamma \cdot {D_{pro}}^4 \cdot N^2 \tag{7.50}$$

そして，トルク M はプロペラにかかる揚力 Lf と抗力 R_d の回転方向の分力であり，M は回転方向の分力 F_M にプロペラ中心から力のかかる点までの距離（プロペラ半径）$D_{pro}/2$ を乗じたものを積分して得られるので，式(7.50) と D_{pro} で M を表すと式(7.51) となる。

$$M \propto \gamma \cdot {D_{pro}}^4 \cdot N^2 \cdot \frac{D_{pro}}{2} \propto \gamma \cdot {D_{pro}}^5 \cdot N^2 \tag{7.51}$$

そして，式(7.31) に式(7.51) を代入すると，正味出力 W_e と回転数 N には式(7.52) の関係が成り立つ。

$$W_e \propto \frac{2 \cdot \pi \cdot N \cdot M}{60} \propto \frac{2 \cdot \pi \cdot N \cdot (\gamma \cdot {D_{pro}}^5 \cdot N^2)}{60}$$

ゆえに

$$W_e \propto \gamma \cdot {D_{pro}}^5 \cdot N^3 \tag{7.52}$$

したがって，式(7.51) より，トルク M は機関回転数 N の 2 乗に比例し（式(7.45)），式(7.52) より正味出力 W_e は N の 3 乗に比例することになる（式(7.46)）。

舶用の主機関を運転する際，機関の特性とプロペラの特性の両方を考慮しなければならない。図 7.30 に燃料ハンドルのノッチ（設定目盛）を一定とした場合の機関の出力特性線とプロペラの出力（負荷）曲線と運転点の関係を示す。式(7.31) より，機関出力 W_e を回転数 N とトルク M の関数として表すと式(7.53) のように書き換えることができる。

$$W_e = \frac{2 \cdot \pi \cdot N \cdot M}{60} = \frac{2 \cdot \pi}{60} \cdot M \cdot N \tag{7.53}$$

そして，ハンドルノッチが一定であれば，1 行程あたりの燃料噴射量（仕事）は一定となるので，式(7.53) の M も一定となる。ゆえに，W_e は式(7.54) に示すように，定数 C_e と N の 1 次関数で表すことができる。

$$W_e = \frac{2 \cdot \pi \cdot M}{60} \cdot N = C_e \cdot N \tag{7.54}$$

また，プロペラ動力 W_{pro} と正味出力 W_e は等しいので，式(7.52)（式(7.46)）と式(5.54) は式(7.55) と表すことができる。

$$W_{pro} = W_e = C_{pro} \cdot N^3 = C_e \cdot N \tag{7.55}$$

ここで，C_{pro} は定数とする。

式(7.55) より，機関の運転点は機関の出力特性とプロペラの負荷曲線の交点となる（図 7.30）。また，プロペラの負荷は波浪や潮流などの条件により変化するため，負荷が増せばプロペラの負荷曲線の傾きがきつくなり図の左方向へ，負荷が減少すれば逆に右方向へ移動することになる。例えば，潮流や風，波のない状態における運転点を⓪とした場合，負荷が増加するとプロペラ負荷曲線は負荷が増加する方向へ移動する。このとき，運転点も機関の出力特性線上を回転数が減少する方向へ移動してプロペラ負荷曲線と交わる①が運転点となる。逆に負荷が減少すると回転数が増してプロペラ負荷に対応した負荷曲線と機関の出力特性線が交わる②が運転点となる。

また，調速機により機関を定回転制御している場合には，回転数 N が一定になるよう燃料噴射量（トルク M）が調整される。そのため，図 7.31 に示すように，M が変化することで式(7.54) の機関出力特性の傾きである C_e（$2 \cdot \pi/60 \cdot M$）が変化するため，機関回転数 N が一定の線上を運転点が移動する。

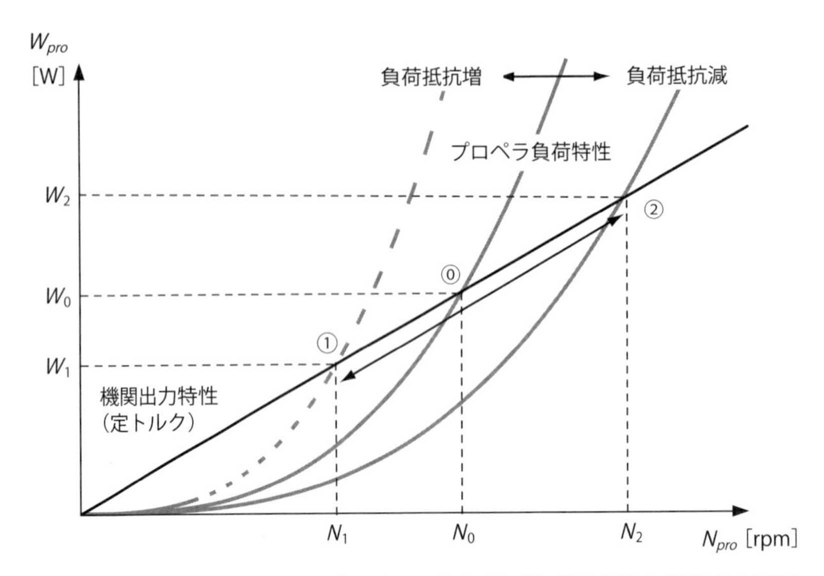

図 7.30 機関の出力特性線とプロペラの出力（負荷）特性曲線と運転点の関係（ハンドルノッチが一定の場合）

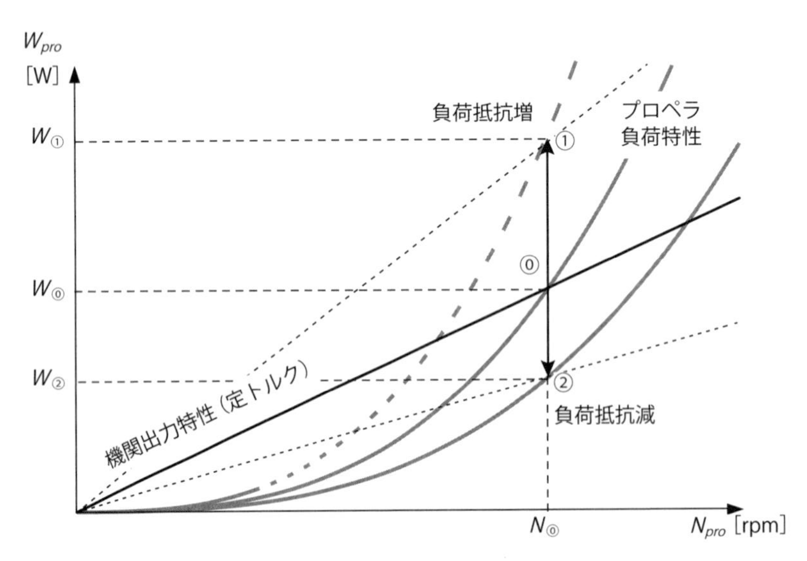

図 7.31 機関の出力特性線とプロペラの出力（負荷）特性曲線と運転点の関係（回転数が一定の場合）

図 7.32 に機関の運転領域の例を示す。図より，黒太線の内側の領域が機関の運転範囲となり，黒の太線と灰色太線で囲まれた内側が短時間であれば運転が許容される範囲となる。機関の運転においてプロペラにかかる負荷は気象の条件により大きく変化するため，運転点が運転領域を外れてしまうことがある。例えば，荒天運転において船舶が激しく動揺した場合，ピッチングによりプロペラの 1 部が海面上へ露出するなどして負荷が減少すれば，機関の回転数 N が大きく増加することになる。このとき，N と機関出力 W_e の高い領域で運転をしていたとすると，プロペラの負荷が減少することで N が限界を超えてしまい，機関が破損する可能性が考えられる。逆に，プロペラに大きな負荷がかかり回転

数が著しく低下した場合，調速機が設定した N に戻すために燃料噴射ポンプのラックを押し込む。このとき，一度に大量の燃料が噴射されると過負荷状態となり，機関を損傷させてしまう可能性もある。そのため，荒天運転時には負荷変動により運転領域外に運転点が行かないように配慮する必要がある。そして，過負荷運転を示す言葉に**トルクリッチ**というものがある。トルクリッチとは機関がある N において定められたトルクより高い値で運転している状態である。図 7.32 で説明すると，黒と灰色の太線で囲われた領域より上の範囲で運転する場合がそれに該当することになる。

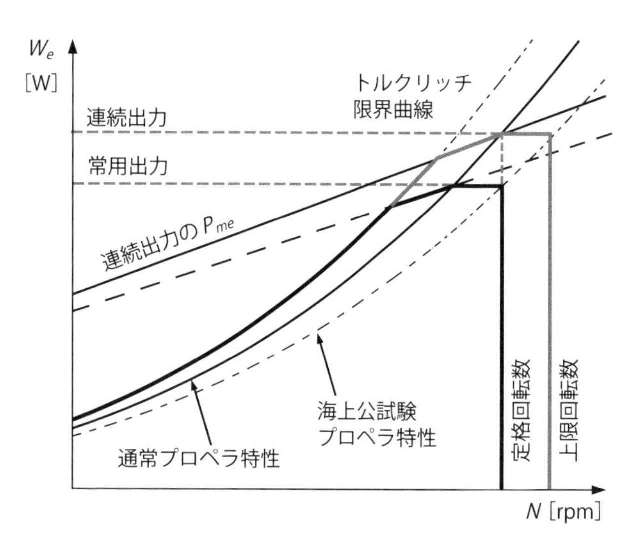

図 7.32　機関の運転領域の例

掃気圧制限機構とトルク制限機構

舶用ディーゼル機関には調速機（ガバナ）が取り付けられており，いつも機関回転数 N が設定回転数となるように燃料噴射量を制御している。しかし，調速機の制御にも限界があるため，掃気圧制限機構やトルク制限機構などの機構を設ける必要がある。

舶用ディーゼル機関に用いられる過給機の多くは排気タービン過給機である。そして，排気タービン過給機の動力は排気の持つエネルギーである。そのため，N が一定の場合であれば，供給空気量（排ガス量）と燃料噴射量はつり合ったものとなる。しかし，過給機を動かしているのは前のサイクル（燃焼行程）の燃焼ガスであるため，増速時や負荷が増加した場合には燃料噴射量と供給空気量のバランスが崩れることになる。つまり，急激に増速する場合や負荷が急増した場合，掃気圧（供給空気量）に対して多すぎる燃料がシリンダ内へ噴射されることで，空気の不足による不完全燃焼が起こってしまう。したがって，掃気圧に応じて燃料供給量を制限することで不完全燃焼を防ぐ機構が掃気圧制限機構である。

トルク制限機構とはトルクリッチとなることを防ぐ機構である。前述したように運転点は機関出力特性とプロペラ負荷特性線の交点である。そのため，負荷が増加すると図 a.1 に示すように運転点は機関出力特性が一定の線上の①から②へ移動する。そして，N の変化を調速機が検知することで燃料噴射量が増加，運転点が③，④へと移動する。このとき，負荷が急増することで大量に燃料が噴射されてしまうと，トルクが高い状態となってしまい，③のように運転点がトルクリッチ領域に入ってしまう。そのため，燃料噴射量を制御することでトルクリッチになることを防ぐ機構がトルク制限機構である。

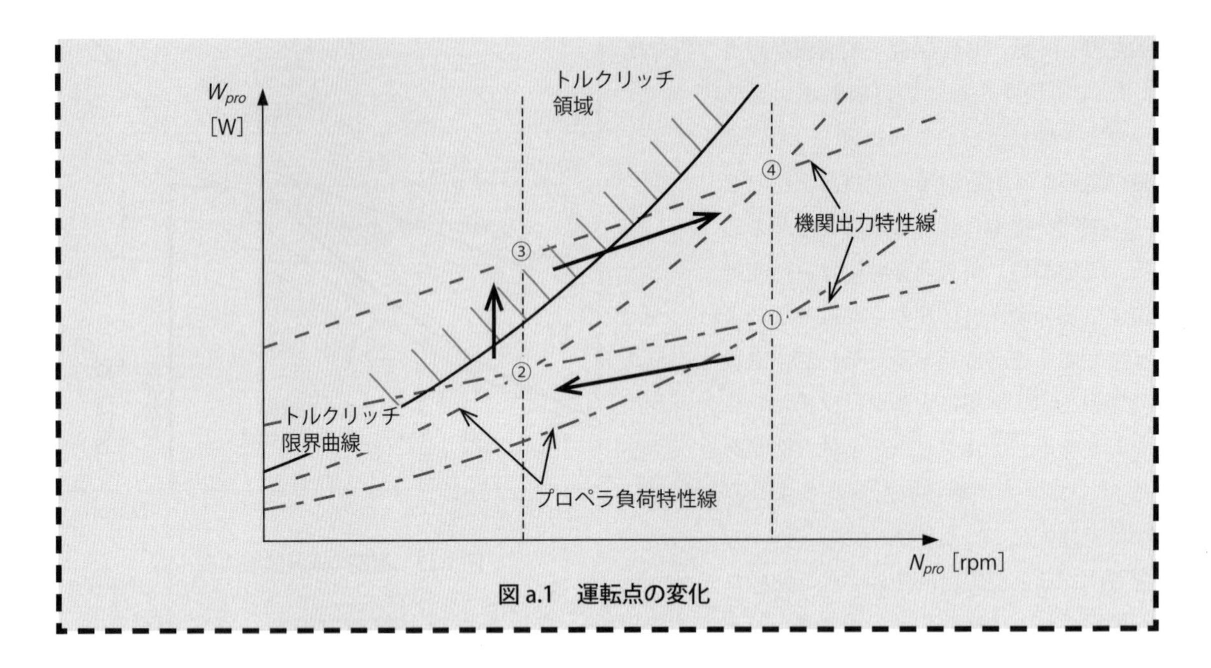

図 a.1　運転点の変化

参考文献

1. 長尾不二夫，第 3 次改著 内燃機関講義（上巻），養賢堂，1994
2. 長谷川静音，舶用ディーゼル機関教範，成山堂書店，2008
3. 東京海洋大学海技試験問題研究会，海技士 2E 徹底攻略問題集，海文堂出版，2009
4. 国産エンジンデータブック編集委員会編，国産エンジンデータブック（02/03），山海堂，2003
5. 中井昇，舶用機関システム管理（2 訂版），成山堂書店，2010
6. 日本舶用機関整備協会舶用機関整備士資格検定委員会，1 級舶用機関整備士指導書（平成 29 年度），日本舶用機関整備協会，2017
7. 商船高専キャリア教育研究会，これ一冊で船舶工学入門，海文堂出版，2016
8. 日本工業規格，F 0401 船用内燃主機関の出力の呼び方及びその定義，1999
9. 三井造船株式会社，弓削丸完成図書 船体部海上試験成績書

練習問題

問 7-1　口径 85.0 [mm]，行程 80.0 [mm] の 4 気筒 4 サイクルディーゼル機関を 3000 [rpm] で運転した。このときの図示平均有効圧力は 1100 [kPa]，軸トルク M は 135 [N・m]，燃料の発熱量 H_L を 42.0 [MJ/kg]，燃料の密度 γ を 0.850 [g/cm^3]，1 時間の燃料消費量が 11.0 [L] であったとする。このときの正味熱効率 η_e，図示熱効率 η_i，機械効率 η_m，燃料消費率 be を求めよ。

問 7-2　摩擦損失 W_r の求め方を 2 つあげ，説明せよ。また，摩擦損失が一番大きい箇所はどこか答えよ。

問 7-3　サバティサイクルの理論熱効率を求めよ。効率を改善するために圧縮比 ε，爆発度 ρ，等圧度 σ をどうすればよいか。ただし，シリンダ内ガス重量を G，比熱比 $\kappa = C_P/C_V$ とする。

CHAPTER 8

推進装置

船の要件として浮かぶこと（浮遊性），人や物を載せることができること（載荷性），移動できること（移動性）の 3 つがある。推進装置はこのうちの船に移動性を与えるものである。推進装置とは広義の意味では，主機関からスクリュープロペラまでの原動力を推進力に変換する推進プラント全体のことを指すが，一般的には回転力を推進力に変換する部分のことでその代表がスクリュープロペラである。本章ではスクリュープロペラを中心に推進装置について説明する。

8.1　推進装置の種類

船舶に用いられる推進装置には表 8.1 のように大きく 4 種類に分けられる。この中でもっとも一般的なのがスクリュープロペラであるが，スクリュープロペラの中でもさまざまな種類が存在する。

表 8.1　推進装置の種類

<table>
<tr><th colspan="3">推進装置の種類</th><th>船の種類</th></tr>
<tr><td colspan="3">外車</td><td>歴史上の船を模した観光船
浅瀬を航行する船舶</td></tr>
<tr><td rowspan="6">スクリュープロペラ</td><td colspan="2">固定ピッチプロペラ</td><td>一般的な船舶</td></tr>
<tr><td colspan="2">可変ピッチプロペラ</td><td>操縦性能が求められる船舶
客船，フェリー，測量船，作業船</td></tr>
<tr><td colspan="2">二重反転プロペラ</td><td rowspan="2">省エネルギーが求められる船舶</td></tr>
<tr><td colspan="2">遊転式プロペラ</td></tr>
<tr><td rowspan="2">アジマス
スラスター</td><td>Z 型プロペラ</td><td rowspan="2">操縦性能が求められる船舶
タグボート，調査船，客船</td></tr>
<tr><td>ポッド式プロペラ</td></tr>
<tr><td colspan="3">ウォータージェット</td><td>スピードが求められる船舶
ジェットフォイル，水上バイク
浅瀬を航行する船舶</td></tr>
<tr><td colspan="3">フォイトシュナイダープロペラ</td><td>操縦性能が求められる船舶
タグボート</td></tr>
</table>

8.1.1　固定ピッチプロペラ（FPP：Fixed Pitch Propeller）

固定ピッチプロペラは，もっとも一般的なスクリュープロペラであり構造が簡単で効率がよく，信頼性が高いため，小型船から大型船まで多くの船に使用されている。図 8.1 に固定ピッチプロペラを示す。

図 8.1　固定ピッチプロペラ〔提供：ナカシマプロペラ〕

8.1.2　可変ピッチプロペラ（CPP：Controllable Pitch Propeller）

可変ピッチプロペラは，プロペラが回転したまま，翼角を変えることにより，前進，中立（停止），後進および船速を変えることができる。図 8.2 に可変ピッチプロペラの原理について示す。

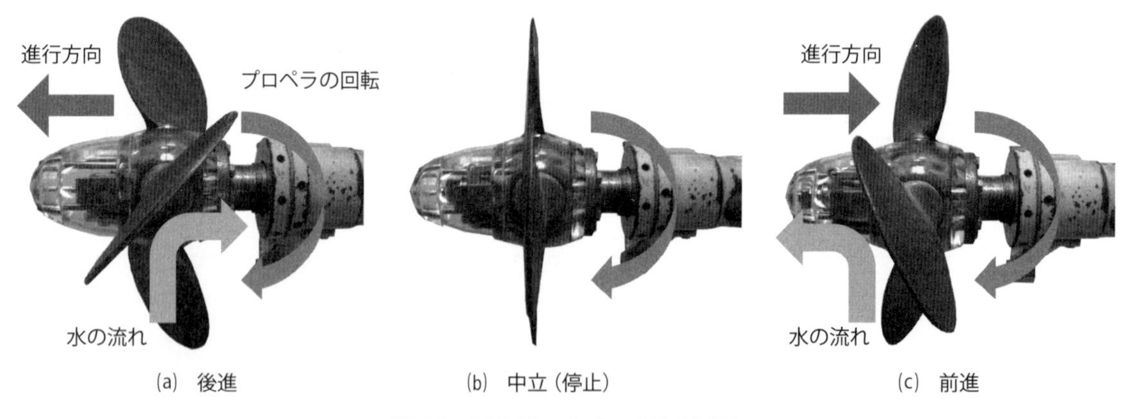

(a)　後進　(b)　中立（停止）　(c)　前進

図 8.2　可変ピッチプロペラの原理

(1)　可変ピッチプロペラの構造

可変ピッチプロペラの構造について図 8.3 に示す。可変ピッチプロペラのプロペラボス部は，一般にプロペラハブと呼ばれる。可変ピッチプロペラの翼角を変える機構を変節機構といい，主に油圧を用いて動かす。プロペラハブ内部に変節用の油圧シリンダを設けたものと，船内側に油圧シリンダを設けたものに分けられる。可変ピッチプロペラのプロペラ軸は中空軸が用いられ，その中を変節油または変節軸が通る。

(2)　可変ピッチプロペラの作動

可変ピッチプロペラの油圧回路図および配線図を図 8.4 に示す。可変ピッチプロペラの翼角の調整は以下の流れで行われる。

①　操縦スタンドの操縦レバーである翼角を指示する。

② 指令伝達装置によって管制弁が開く。

③ 管制弁の開き具合によって変節油ポンプから送られる作動油によりサーボシリンダ内のピストンが動く。

④ ピストン，変節軸，変節用リンクを介してプロペラピッチを変化させる。

⑤ また，ピストンの動きと追従して追従環を介し，追従レバーが動いて管制弁の開き具合を調整するとともに，操縦スタンドにフィードバックする。

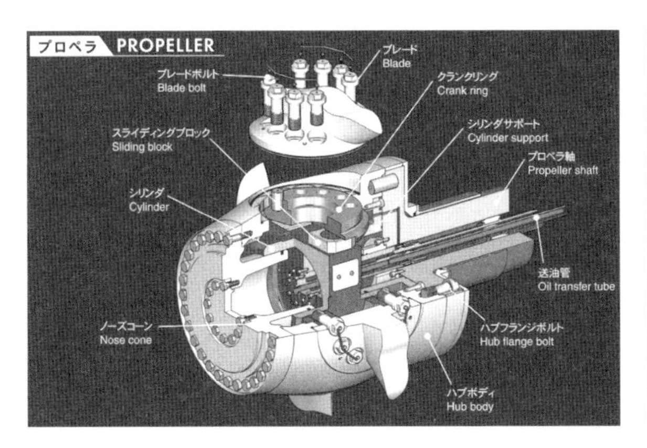

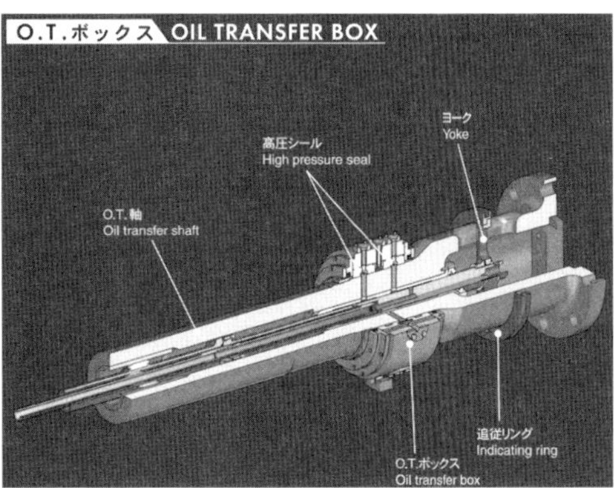

図 8.3　可変ピッチプロペラの構造〔提供：ナカシマプロペラ〕

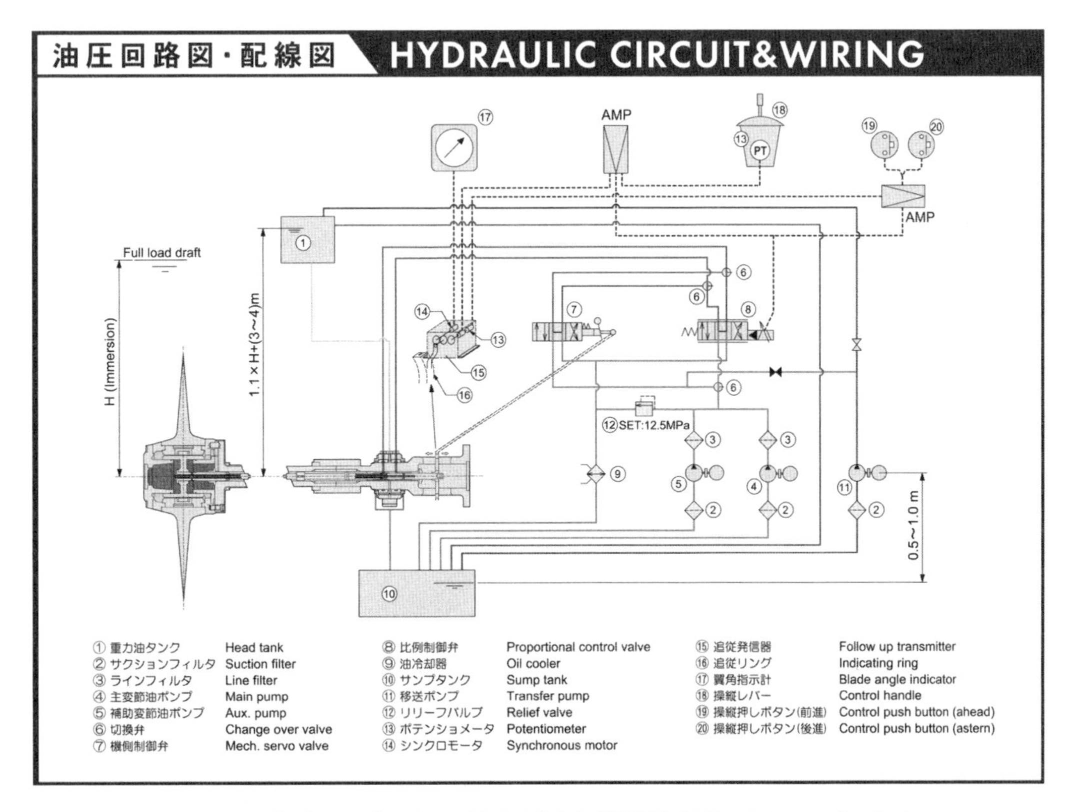

図 8.4　可変ピッチプロペラの油圧回路図・配線図〔提供：ナカシマプロペラ〕

(3)　可変ピッチプロペラの長所と短所

可変ピッチプロペラは固定ピッチプロペラと比べて下記のような長所および短所がある。

<長所>

①　逆転装置がいらない。

②　定格出力の有効利用が可能。

③　停止から常用速力まで任意の船速が得られるので，微出力運転が可能。

④　前進出力と同じ後進出力が得られるので，後進出力が十分に利用できる。

⑤　スラストを発生させずに主機の試運転ができる。

⑥　急速停止が短距離でできる。

⑦　荒天時などにプロペラピッチを減じて主機関に無理をかけないようにすることでトルクリッチを避けられる（トルクリッチとは荒天時や船体汚損などにより，船体抵抗が増大し主機関にかかるトルクが増大すること）。

<短所>

①　ボス部に変節機構を組み込むため，構造が複雑になり高価である。

②　ボス部が大きくなり，ボス直径の増加やボス形状の不適により，プロペラ効率が低下する。

③　入渠時の軸抜出し工事など保守費が高くなる（船内抜出しができないため，舵の取り外しが必要な場合がある）。

8.1.3　二重反転プロペラ（CRP：Contra-Rotating Propellers）

二重反転プロペラ（図 8.5）は，プロペラピッチが反対のスクリュープロペラを重ねて配置し，それぞれを逆回転することにより発生した回転流を打ち消し，推力を向上させることができる（図 8.6）。

図 8.5　二重反転プロペラ
〔提供：ナカシマプロペラ〕

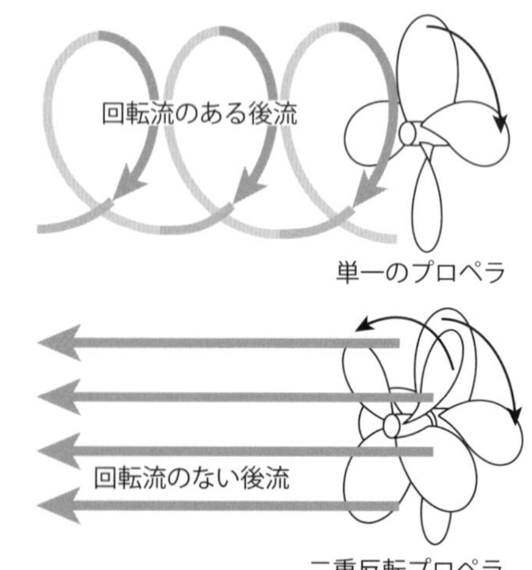

（本図は説明図であり，正確なプロペラ後流とは異なる）

図 8.6　二重反転プロペラの説明図
〔出典：商船高専キャリア教育研究会編「これ一冊で船舶工学入門」〕

二重反転プロペラの軸系は内軸と外軸の二重構造となっており，一つの主機関から反転歯車を介してそれぞれのスクリュープロペラを逆回転させるのが一般的である（図 8.7）。その他の構造として，普通のスクリュープロペラとアジマススラスターを組み合わせた二重反転プロペラも存在する（図 8.8）。

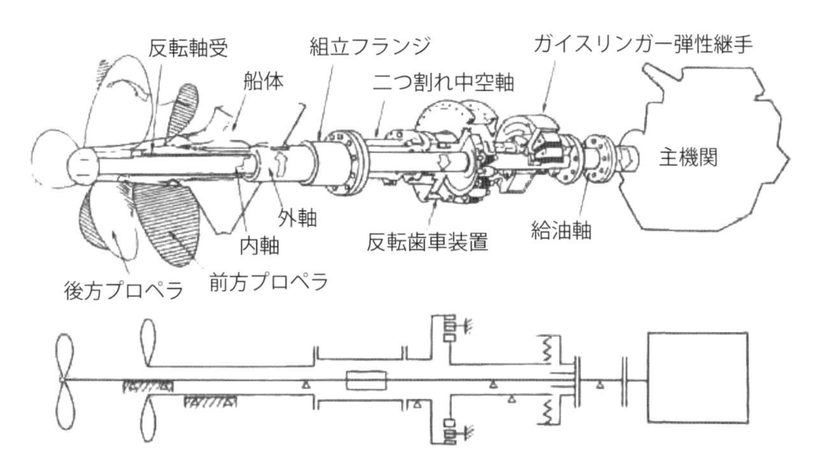

図 8.7　二重反転プロペラの構造〔出典：文部科学省著「船用機関 1」〕

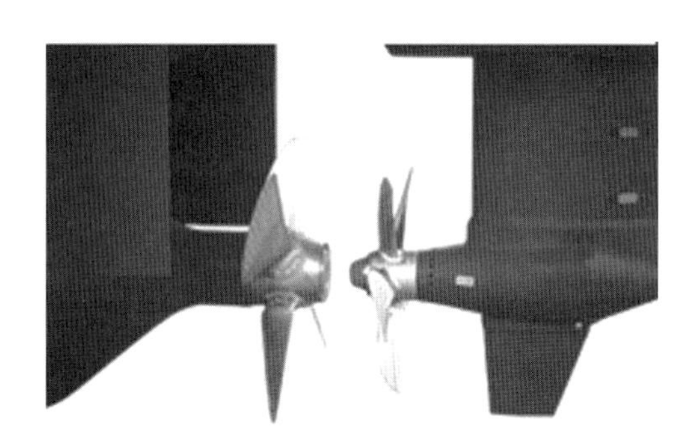

図 8.8　可変ピッチプロペラとアジマススラスターを組み合わせた二重反転プロペラ
〔提供：ナカシマプロペラ〕

8.1.4　アジマススラスター（Azimuth thruster）

アジマススラスターとは，スクリュープロペラの向きを 360［°］方向に変えることができる推進装置で操作性に優れている。主に Z 型推進装置とポッド型推進装置がある。

(1)　Z 型推進装置

Z 型推進装置とは，原動機（エンジン）が船内にあり，歯車を介して船外のプロペラを回転させる装置である。また, プロペラ自体を 360［°］旋回させることができる。Z 型推進装置の概要を図 8.9 に示す。

(2)　ポッド型推進装置

ポッド型推進装置は，ポッドと呼ばれる繭(まゆ)形の胴体内部に電動機を内蔵し，スクリュープロペラと一体となって回転させることができる推進装置である。操作性能が求められるフェリーや大型客船などの比較的大型船で採用される。ポッド型推進装置の概要を図 8.10 に示す。

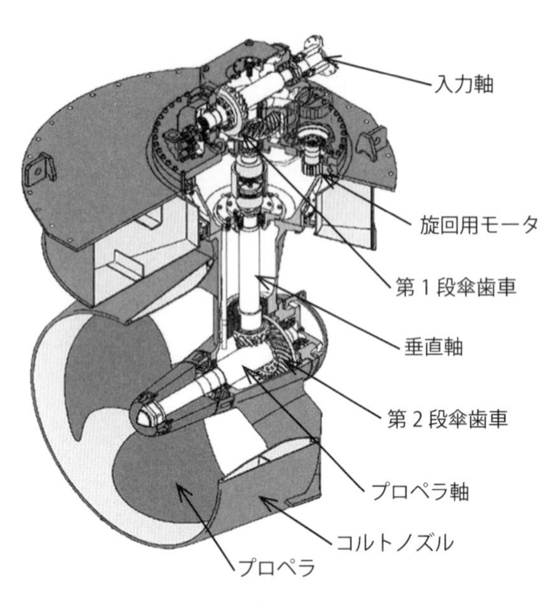

図 8.9 Z プロペラの構造
〔提供：新潟原動機〕

図 8.10 ポッド型推進装置
〔提供：ナカシマプロペラ〕

8.1.5 スクリュープロペラ以外の推進装置

(1) 櫂(かい)と艪(ろ)

櫂は水を掻いてその反作用で推進力を得るものである。オールやパドルも同様である。オールとパドルの違いは，水を掻く部分が持ち手の棒の片側にあるものをオールといい，持ち手の棒の両側にあるものをパドルという。

艪は先端にある翼の形状をした平板を水中で 8 の字に往復運動をさせることにより，揚力を発生させて推進力を得るものである。櫂と艪の原理について図 8.11 に示す。

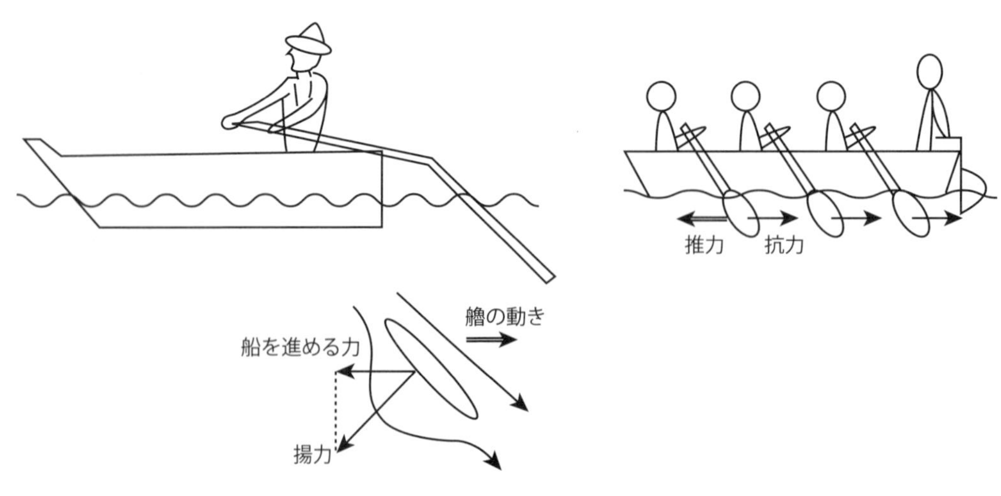

図 8.11 櫂と櫓の原理（イメージ）

(2)　外車・外輪船

船体中央部または船尾部に，水車のような**外車**または外輪を取り付け，これを回転させることで水を後方へ掻き，その反作用で推進力を得る。スクリュープロペラが普及するまで使用されていた。1845年にイギリス海軍により，同じトン数と出力を有する**外輪船**とスクリュー船との綱引きをして，スクリュー船が勝った（図8.12）。現在では歴史上の船を模した観光船に見られるくらいである。

図8.12　スクリュー船「ラトラー」と外輪船「アレクト」の綱引き
〔出典：商船高専キャリア教育研究会編「船舶の管理と運用」〕

(3)　ウォータージェット推進器（Water jet propulsion system）

インペラの回転により船底から水を吸い込みノズルから水を噴射して，その反作用により推進力が得られる（図8.13）。ノズルの向きを変えることにより前進，後進，旋回が可能である。船外にプロペラのような回転部分がないため損傷を受けにくい。高速船や水上バイクの推進装置として使用されている。

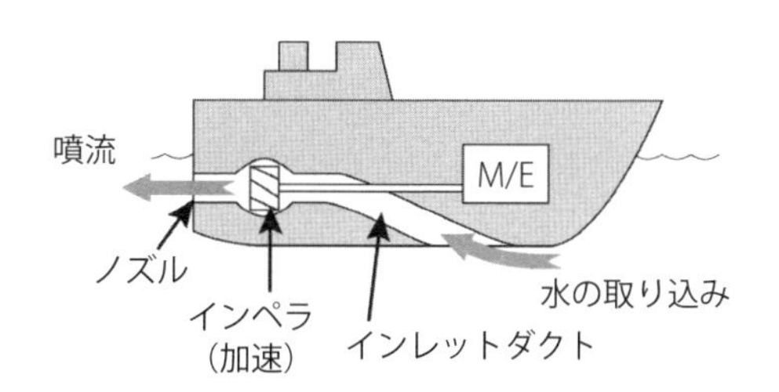

図8.13　ウォータージェット推進器
〔出典：商船高専キャリア教育研究会編「これ一冊で船舶工学入門」〕

(4)　フォイトシュナイダープロペラ（Voith-schneider propeller）

円盤の外周に垂直に4～6枚取り付けられた羽根の向きを変えることにより，全方向への移動，停止ができる。旋回性能が大変優れており，静止状態から船体を前後に動かすことなく回頭できる。国内ではほとんど見られないが，海外ではタグボートなどに装備される。フォイトシュナイダープロペラについて図8.14に示す。

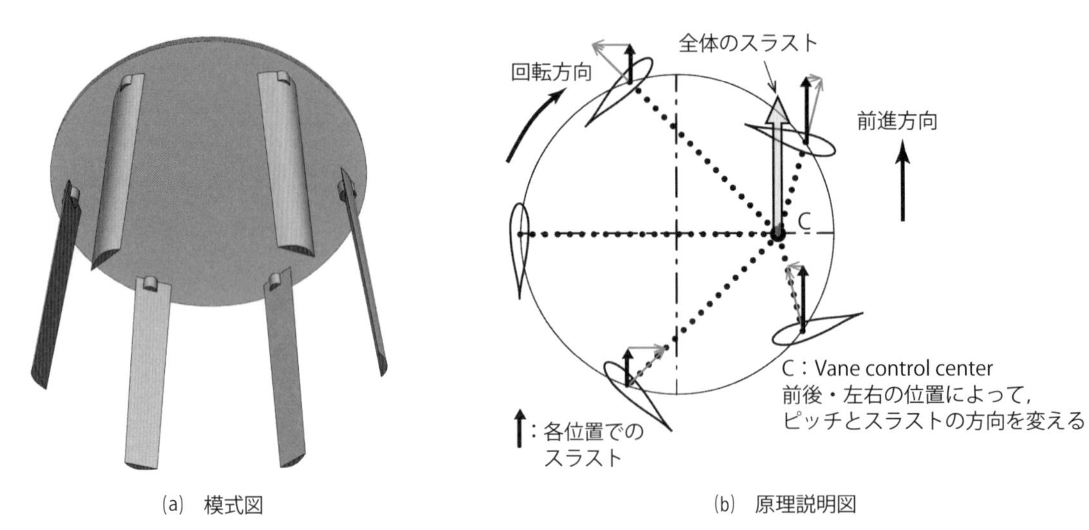

図 8.14　フォイトシュナイダープロペラ
〔出典：商船高専キャリア教育研究会編「これ一冊で船舶工学入門」〕

8.2　スクリュープロペラの構造（Screw propeller）

船舶の推進装置として，スクリュープロペラがもっとも一般的である。スクリュープロペラは単にプロペラと呼ぶことが多い。

8.2.1　スクリュープロペラの原理

スクリュープロペラの原理は，ねじの作用と同じである。ねじをドライバーで右に回せば奥に入り込み，左にまわせば手前に出てくる。これと同じようにプロペラを正転させると前進して，プロペラを逆転させると後進する。ねじの山と山の間隔をピッチといい，一回転させるとピッチの分だけ進む。プロペラの場合も 1 回転で進む距離をピッチという。スクリュープロペラの原理について図 8.15 に示す。

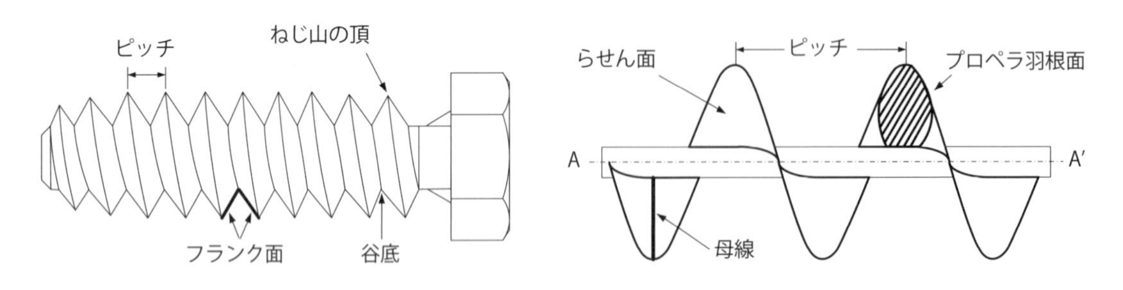

図 8.15　スクリュープロペラの原理（ボルト・ナットの関係とピッチ）
〔出典：商船高専キャリア教育研究会編「船舶の管理と運用」〕

8.2.2　スクリュープロペラの各部名称

スクリュープロペラの各部について説明する。スクリュープロペラの各部の名称について図 8.16 に示す。

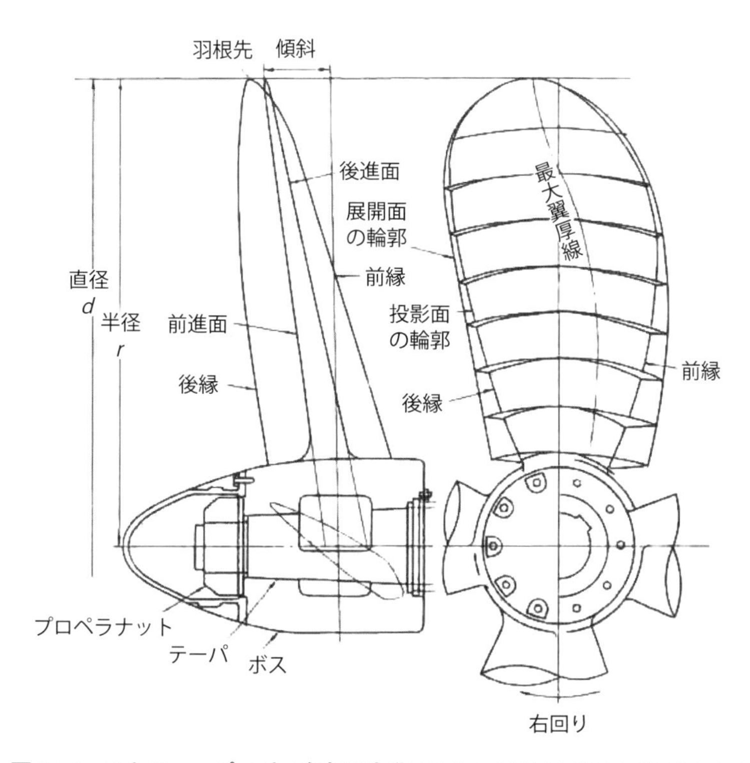

図 8.16　スクリュープロペラ各部の名称〔出典：文部科学省著「船用機関 1」〕

① **羽根，翼**（Propeller blade）

プロペラの推力（スラスト）を生み出す羽根状の部分を羽根または翼という。

② **キャップ**

プロペラボス後端部に締め付けナットの保護と，プロペラからの水流を整流する目的でキャップが取り付けられる。キャップの空所は海水の浸入を防ぐためにグリースやセメントを詰めている。

③ **締め付けナット**

プロペラをプロペラ軸に締め付けるナットをいう。プロペラの回転方向と，ナットの締め付け方向は反対とする（右回りのプロペラを締め付けるナットのねじは左ねじが使用されている）。

④ **ボス**（Boss）

プロペラ翼をプロペラ軸に取り付ける部分をボスという。ハブという場合もある。

⑤ **先縁**（前縁，Leading edge）

プロペラ羽根の正転方向側の縁を先縁または前縁という。

⑥ **後縁**（Trailing edge or following edge）

先縁の反対側の縁を後縁という。

⑦　**圧力面**（前進面，正面）

前進時に推力（スラスト）を受ける面を圧力面という。羽根の船尾側の面が前進面である。

⑧　**後進面**（背面）

後進時に推力（スラスト）を受ける面を後進面という。

⑨　**羽根先端，翼端**

羽根の先端部を羽根先端または翼端という。

⑩　**レーキ，傾斜**

軸心に垂直な面に対するプロペラ前進面の基線の傾きをレーキまたは傾斜という。一般的に羽根がプロペラ軸の中心線に対して船尾の方向に 10 ～ 15［°］程度傾いている。レーキを設ける理由はプロペラ先端と船体の間隔を保ち，キャビテーションを防止して船体に及ぼす振動を抑制する目的がある。

⑪　**羽根元**

羽根のボス取り付け部を羽根元という。

⑫　**キー，キー溝**

プロペラ軸の回転力を効率よくプロペラに伝える機械的要素で，凸型の部分をキー，凹部をキー溝という。

⑬　**コーンパート部**（テーパ部）

プロペラまたは組立型軸継手を取り付けるために軸端部を円錐構造にしたはめ合い部をコーンパートという。一般的に先細りになっていく部分をコーンやテーパという。コーンパート部について図 8.17 に示す。

$$\text{テーパ} = \frac{D_B - d_B}{L} \tag{8.1}$$

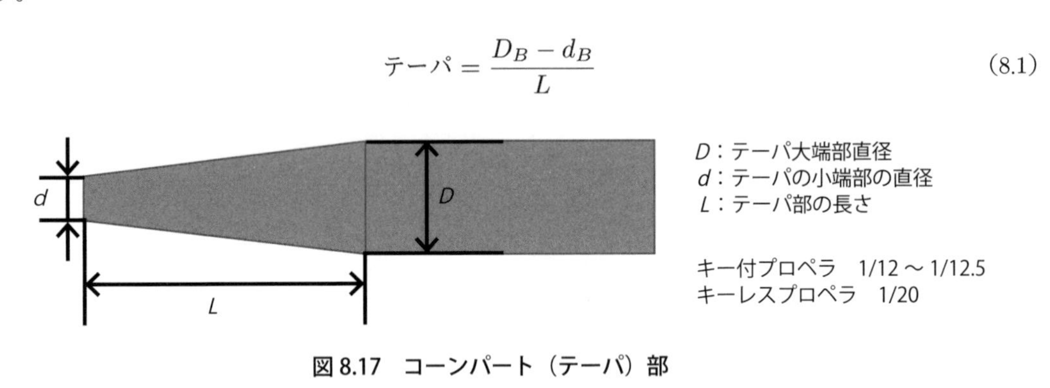

図 8.17　コーンパート（テーパ）部

8.2.3　スクリュープロペラに関する用語

スクリュープロペラに関係する用語について説明をする。

①　一体型と組立型

羽根とボスが一体に鋳造されたものを一体型，植込みボルトにより羽根がボスに締め付けられているものを組立型という。

②　回転方向

船尾からプロペラを見て，前進回転のときのプロペラの回転方向で，右回転または左回転で表す。

③　直径 D（Diameter）

プロペラが 1 回転したとき，羽根の先端が描く円の直径。

④　プロペラピッチ P（Propeller pitch）

プロペラの 1 回転で進む理論上の距離をプロペラピッチという。

⑤　プロペラピッチ比 r_P（Pitch ratio）

$$\text{プロペラピッチ比}\ r_P = \frac{\text{プロペラピッチ}\ P}{\text{プロペラ直径}\ D} \tag{8.2}$$

プロペラの大きさの違いによりピッチや直径は異なってくる。そこで，ピッチ比を用いることによりプロペラの大きさが違っていても相似形であれば同じ値となりプロペラの性能を比べる際に使用する。一般に 0.5 ～ 1.5 の範囲にある。

⑥　全円面積 A_O（Disc area）

プロペラ羽根の先端が回転して描く縁の面積を全円面積という。

$$\text{全円面積}\ A_O = \frac{\pi D^2}{4} \tag{8.3}$$

D：プロペラ直径

⑦　展開輪郭（Expanded contour）

羽根の前進面を一平面上に展開した輪郭を展開輪郭という。

⑧　展開面積 A_E（Expanded area）

プロペラ前進面を一平面上に展開した面積の合計から，ボス面積を除いたものを展開面積という。

⑨　投影輪郭（Projected contour）

羽根を回転軸に直角な平面に投影した輪郭を投影輪郭という。

⑩　投影面積 A_P（Projected area）

羽根を回転軸に直角平面に投影した面積を投影面積という。

⑪　面積比（Area ratio）

プロペラを設計するに当たり各種面積比を使用する。

$$\text{展開面積比}\ a_E = \frac{\text{展開面積}\ A_E}{\text{全円面積}\ A_O} \tag{8.4}$$

$$\text{投影面積比}\ a_P = \frac{\text{投影面積}\ A_P}{\text{全円面積}\ A_O} \tag{8.5}$$

⑫　ボス比 r_B（Boss ratio）

プロペラボスの直径 D_B [m] をプロペラの直径 D [m] で割った値をボス比という。プロペラボス比を小さくするほどスラスト，回転力率，プロペラ効率が増加する。プロペラボス直径は羽根の前進面の中心とボス表面が交わる点における直径をいう。

$$\text{ボス比 } r_B = \frac{\text{プロペラボス直径 } D_{BC}}{\text{プロペラ直径 } D} \tag{8.6}$$

⑬　羽根厚比

ボスの中心線を延長した羽根の厚さをプロペラ直径で割った値を羽根厚比という。この値によって羽根が比較的厚いか，薄いかの見当がつく。

⑭　**プロペラアパーチャ**

プロペラと船体との隙間の距離をプロペラアパーチャという。図 8.18 にプロペラアパーチャを示す。

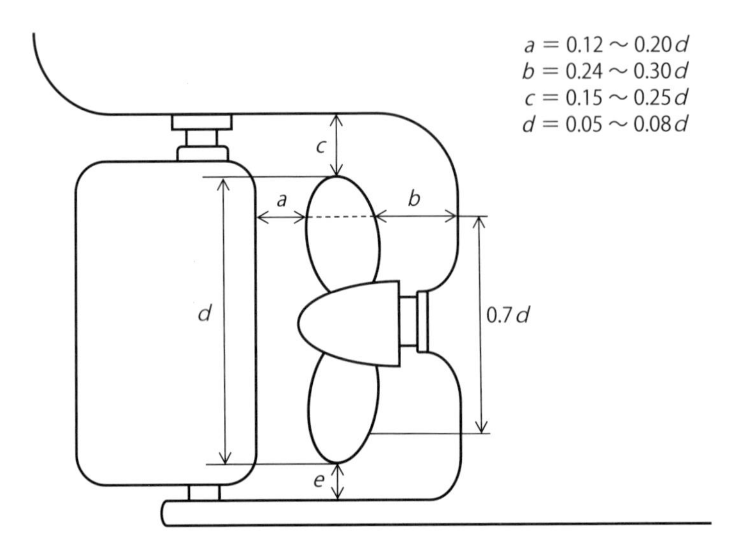

図 8.18　プロペラアパーチャ

8.2.4　伴流（ウェーク，Wake）

船が進むとき，船の周囲の水が船体に引きずられて，船の進行方向と同じ方向へ流れる。これを**伴流（ウェーク）**という。10 ノットで航行している船に対して，船尾付近を 2 ノットの伴流が船体にくっついていこうとしたとき，プロペラは周囲の水から見ると 8 ノットで進んでいることになる。プロペラは流れの速いところより，流れの遅いところで仕事をする方が楽であるから，伴流がもっとも速くなり，プロペラの周囲の水に対する相対速度が遅くなる船尾付近にプロペラを設ける。船尾の伴流域について図 8.19 に示す。

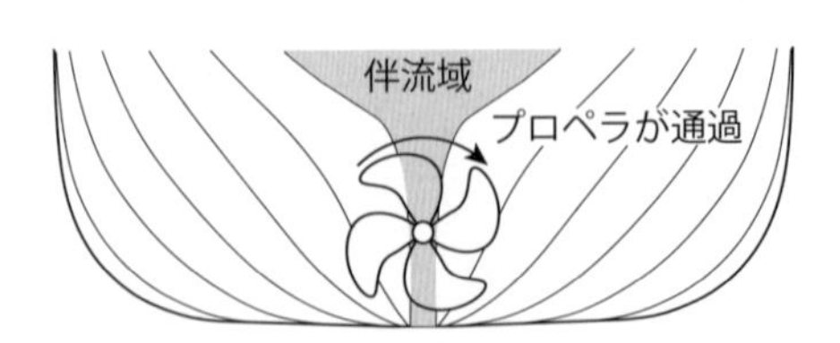

（本図は説明図であり，正確な伴流域とは異なる）

図 8.19　船尾の伴流域

〔出典：商船高専キャリア教育研究会編「これ一冊で船舶工学入門」〕

伴流は，その生じる要因により，次の 3 つに分類される。

① 流線伴流（ポテンシャル伴流）

船体の前進により船首方向に押しのけられた水が，船側に沿って船尾方向に流れ，最後に船尾の空所を満たす形で進行方向へ流れ込む流れを流線伴流という。船体の周囲を流れる水の流動運動によって生じる。

② 摩擦伴流（粘性伴流）

船体外板と摩擦により水が前方に引きずられて前方に進む流れを摩擦伴流という。船体長さ，表面粗度，船速に関係する。

③ 波伴流（造波伴流）

船の進行によって生じる波の水の回転運動により生じ，波の頂部では波の進行方向に，波底部では逆方向に生じる流れを波伴流という。プロペラ位置と波の山が一致すると進行方向へプラスの伴流が生じ，谷が一致するとマイナスの伴流となる。

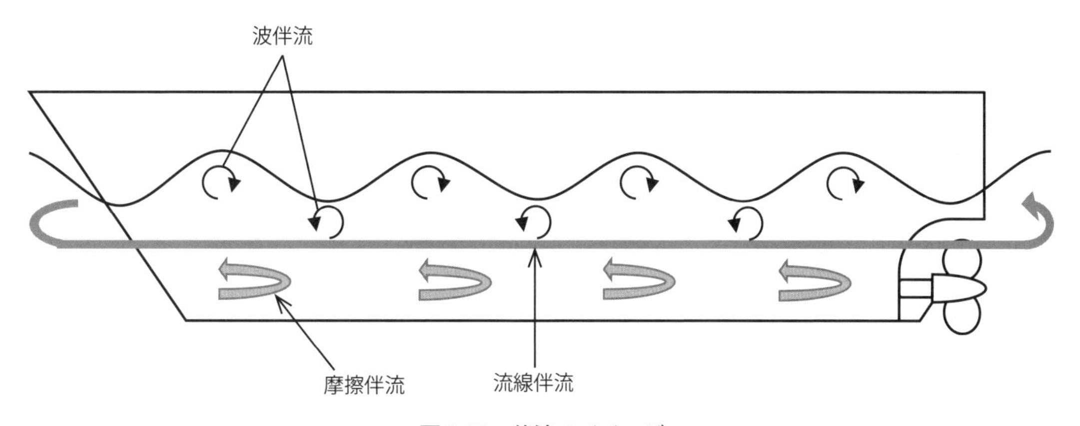

図 8.20　伴流のイメージ

なぜ船のプロペラは後ろ向きで，飛行機のプロペラは前向きなのか？

船のプロペラが後ろにあるのは伴流の影響を考慮したものであるが，その他の理由として，船のプロペラが前にあると岩礁や浅瀬，漂流物などに衝突して損傷するおそれがあるからである。飛行機のプロペラも後ろに配置した「推進式」と呼ばれているタイプもあり，理論上効率がよいといわれている。しかしプロペラが後ろにあると，事故が起きたとき，プロペラが前に飛んできて機体や翼を損傷させるおそれがある。また，推進力以外にも効率よく揚力を発生させるためにプロペラが前に付いた「けん引式」が一般的となった。

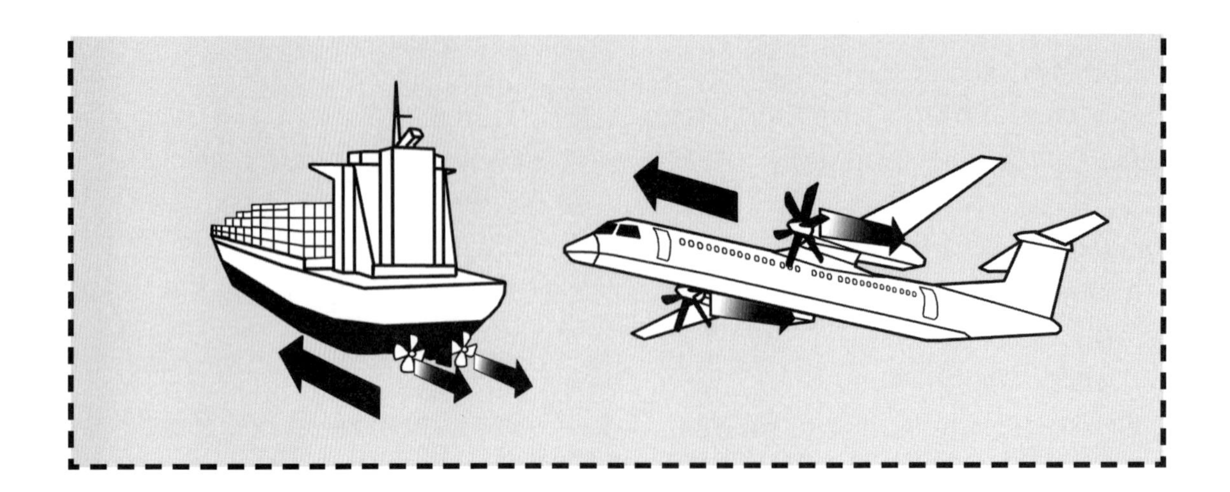

8.2.5　プロペラスピードとスリップ

プロペラで発生したスピードとスリップについて説明する。

①　プロペラスピード Vp（Propeller speed）

プロペラスピードとは，プロペラスリップのない理想的な流体内を航行したときの速力をいう。

$$Vp = \frac{P \times N \times 60}{1852} \tag{8.7}$$

Vp：プロペラスピード [k't]，P：プロペラピッチ [m]，N：毎分回転数 [rpm]

②　プロペラスリップ（Propeller slip）

プロペラスリップとは，プロペラスピードに対する実際の船速（ログスピード）の遅れの割合をいう。ただし，これは見かけのスリップであり，伴流を考慮したものを真のスリップという。伴流速度は実測が難しいため，船では一般的に見かけのスリップを用いている。図 8.21 にスリップの関係を示す。

$$Sa = \frac{Vp - Vs}{Vp} \times 100 \tag{8.8}$$

Sa：見かけのスリップ [%]，Vs：対水速度，ログスピード [k't]

$$Sr = \frac{Vp - (Vs - U)}{Vp} \times 100 = \frac{Vp - Va}{Vp} \times 100 \tag{8.9}$$

Sr：真のスリップ［%]，U：伴流［k't]，Va：船の前進速度［k't]

③　負のスリップ

負のスリップとは，船が潮などの流れにのってプロペラスピードよりも船速が出ている状態をいう。

④　スリップの増加

一般に次のようなとき，スリップが増加する。

(ア)　船体の汚損や海洋生物の付着などにより，船体抵抗が増加したとき。

(イ)　海象などによる抵抗が増加したとき。

(ウ)　プロペラの深度が浅く，空気吸い込み現象を起こしたとき。

(エ)　プロペラ回転数が増加したとき。

(オ)　プロペラピッチが増加したとき。

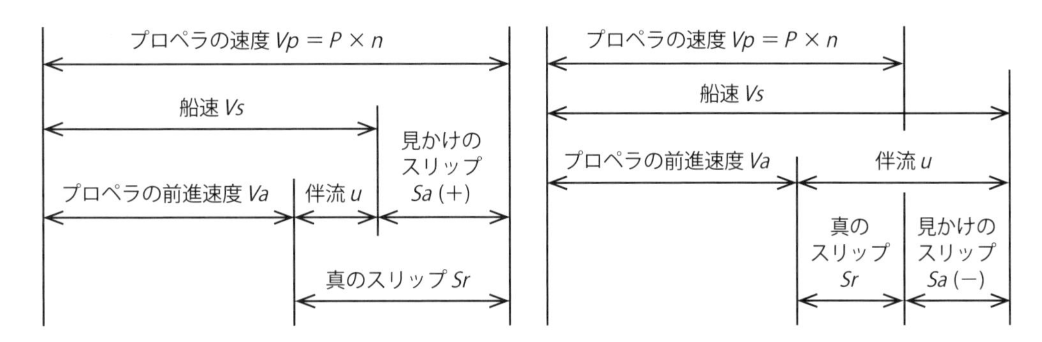

図 8.21　スリップの関係図

8.2.6　プロペラの効率

主機で発生した力がどれだけプロペラに伝えられ，どれだけ船が進む力になったかを示す。図 8.22 に動力の流れと効率を示す。

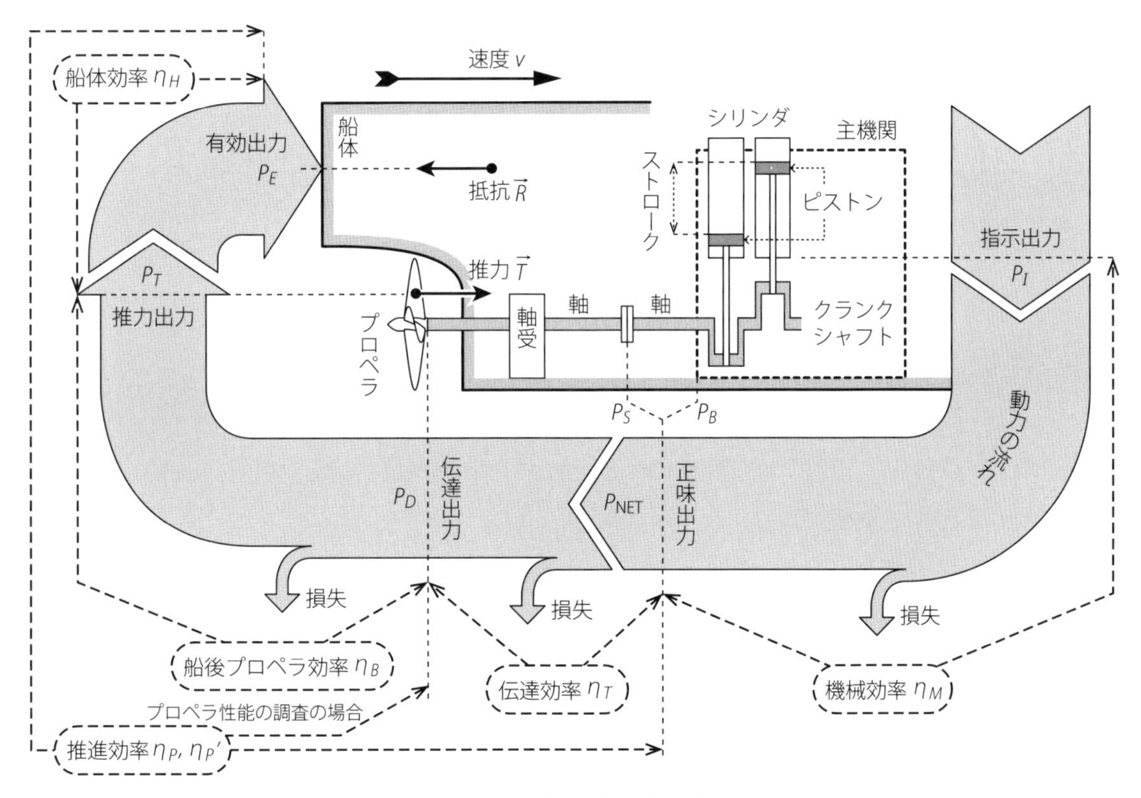

図 8.22　動力の流れと効率

〔出典：商船高専キャリア教育研究会編「これ一冊で船舶工学入門」〕

① 機械効率 η_M（Mechanical efficiency）

指示出力 P_l に対する機関出力（正味出力）P_{NET} の割合を機械効率という。

$$\eta_M = \frac{P_{\text{NET}}}{P_l} = \frac{\text{BHP}}{\text{IHP}} \tag{8.10}$$

② 伝達効率 η_T（Transmission efficiency）

機関出力（正味出力）P_{NET} に対する伝達出力 P_D の割合を伝達効率という。

$$\eta_T = \frac{P_D}{P_{\text{NET}}} = \frac{\text{DHP}}{\text{BHP}} \tag{8.11}$$

③ 船後プロペラ効率 η_B（Propeller efficiency behind hull）

伝達出力 P_D に対する推力出力 P_T の割合をプロペラ効率という。

$$\eta_B = \frac{P_T}{P_D} = \frac{\text{THP}}{\text{DHP}} \fallingdotseq 0.6\sim0.7 \quad \text{（一般的な大型船）} \tag{8.12}$$

プロペラ効率を高めるためには，一般に，プロペラ直径を大きくし，低速回転にした方がよい。しかし，プロペラ直径を大きくした場合，船の喫水，プロペラの翼端と船体の間隔，プロペラの翼端の深さ，プロペラ製作などの制限を受ける。

④ 船体効率 η_h（Hull efficiency）

推力出力 P_T に対する有効出力 P_E の割合を船体効率という。

$$\eta_h = \frac{P_E}{P_T} = \frac{\text{EHP}}{\text{THP}} \fallingdotseq 1.01\sim1.04 \quad \text{（一般商船）} \tag{8.13}$$

このとき船体効率が 1.0 より大きくなる理由は，伴流による影響によるものである。

⑤ 推進効率 η_p（Propulsive efficiency）

機関出力（正味出力）P_{NET} に対する有効出力 P_E の割合を推進効率という。

$$\eta_p = \frac{P_E}{P_{\text{NET}}} = \frac{\text{EHP}}{\text{BHP}} \tag{8.14}$$

⑥ プロペラ効率比 η_R（Relative rotative efficiency）

船後プロペラ効率 η_B と単独プロペラ効率 η_O の比をプロペラ効率比といい，プロペラを船体に装着する前と装着した後の効率の比をいう。

$$\eta_R = \frac{\eta_B}{\eta_O} = \frac{\dfrac{\text{THP}}{\text{DHP}}}{\dfrac{\text{THP}}{\text{PHP}}} = \frac{\text{PHP}}{\text{DHP}} \tag{8.15}$$

単独プロペラ効率 η_O（Propeller efficiency in open）とは，プロペラを船体から外し水中において単独で作用したときの伝達動力 $P_{D'}$ と推力出力 P_T の比をいう。

$$\eta_O = \frac{P_T}{P_{D'}} = \frac{\mathrm{THP}}{\mathrm{PHP}} \tag{8.13}$$

プロペラ効率比 η_R の値は，プロペラと船体および船体付加物との流体力学的相互作用を及ぼす，船体の形状，プロペラや舵の形状，大きさ，位置によって変化する。

8.3　プロペラ羽根，翼

8.3.1　羽根の形状，輪郭（Outline）

プロペラ羽根の輪郭は船の種類や目的に応じて用いられている。一般的な商船ではえぼし形が採用され，高速船ではだ円形，曳舟ではカプラン形が用いられている。各種，羽根の展開輪郭の形状について図 8.23 に示す。

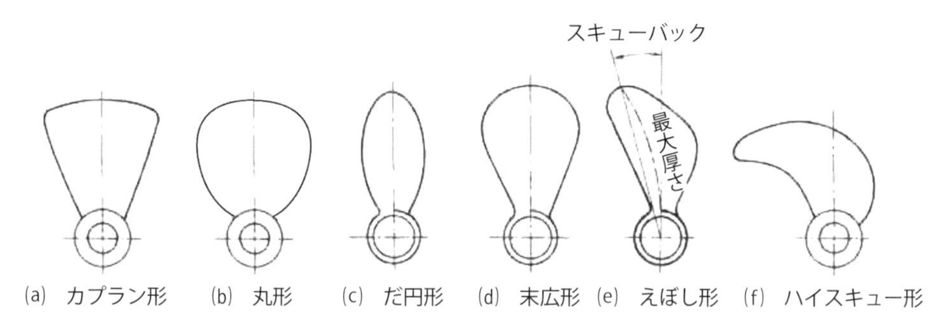

図 8.23　羽根の輪郭〔出典：文部科学省著「船用機関 1」〕

①　スキューバック

羽根の中心線を湾曲させたもの（プロペラ羽根の設計中心線と羽根先端のずれ）。スキューバックを設ける目的はプロペラスラストの変動を少なくしてプロペラの振動を防止，および羽根先端と船体との距離を大きくして水流の乱れを少なくしてプロペラ効率を向上させることである。

②　ハイスキュープロペラ

スキューバックを大きくしたものをハイスキュープロペラという。ハイスキュープロペラの特長について次にあげる。

㈠ プロペラの振動防止に優れている。

㈡ キャビテーションの防止に優れている。

㈢ プロペラから発生するノイズの減少に優れている。

㈣ プロペラの翼端と船体の間隔（プロペラチップクリアランス）を小さくしてプロペラ効率を上げることができる。

8.3.2　羽根の幅

最大羽根幅の位置が羽根の先端に近くなるほどスラストが大きくなりキャビテーションの防止に有効である。最大羽根幅の位置が羽根の中央にある場合，スラストは減少するがプロペラ効率がわずかに高くなる。

8.3.3　羽根の断面の形状

羽根の断面形状について図 8.24 に示す。

①　**オジバル形**（Ogival section）

羽根断面の形状において最大翼厚が中央にあるものをオジバル形という。キャビテーションの発生防止や，空気吸い込み現象の防止に有効な形状をしている。

②　**エーロフォイル形**（Aerofoil section）

羽根断面の形状において最大翼厚が縁から約 1/3 の位置にある。プロペラ効率の点で優れた形状をしているものをエーロフォイル形という。エーロフォイル形の中に船研型（MAU 形）とトルースト型があり，船研型ではウォッシュバックを前縁のみに付け，トルースト型では前縁と後縁にウォッシュバックを付けている。

1 枚の羽根においてオジバル形とエーロフォイル形を併用する場合がある。羽根先先端付近にはオジバル形を採用し，羽根元付近にはエーロフォイル形を採用する。これは，羽根先先端部は，キャビテーションが発生しやすいためである。

ウォッシュバック（Wash back）

プロペラ羽根断面において，前縁および後縁が前進面を示す基準線より反りあがっている部分をウォッシュバックという。翼厚が大きい根元付近ではエーロフォイル翼形でウォッシュバックを設けた場合，翼相互干渉の影響を少なくできて有効である。

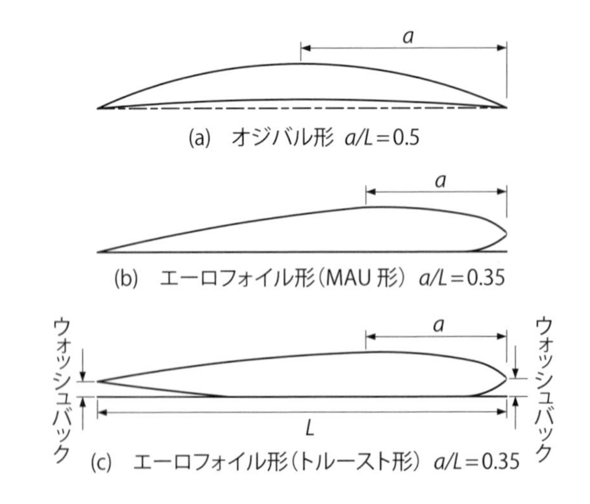

図 8.24　羽根の断面形状

〔出典：商船高専キャリア教育研究会編「これ一冊で船舶工学入門」〕

8.3.4　羽根に働く力（スクリュープロペラの推進力）

水流がある入射角で翼断面に流入するとき，前進面を押す圧力（正圧，圧縮応力）は前縁付近で大きく，後縁の方に行くにしたがって圧力差がなくなる。これに対して後進面に働く圧力（負圧，引張り応力）は前縁よりやや後寄りで非常に大きくなり後縁に行くにしたがって次第に減少する。このことから，水が翼に働く力は，翼を押そうとする正圧よりも，翼を引き付けようとする背圧のほうが大きく働いている。

「スラスト」＝「圧力面に働く羽根を押す力」＋「背面に働く羽根を引っ張る力」となり，「羽根を押す力（正圧）」＜「羽根を引っ張る力（負圧）」となる。羽根に働く力について図 8.25 に示す。

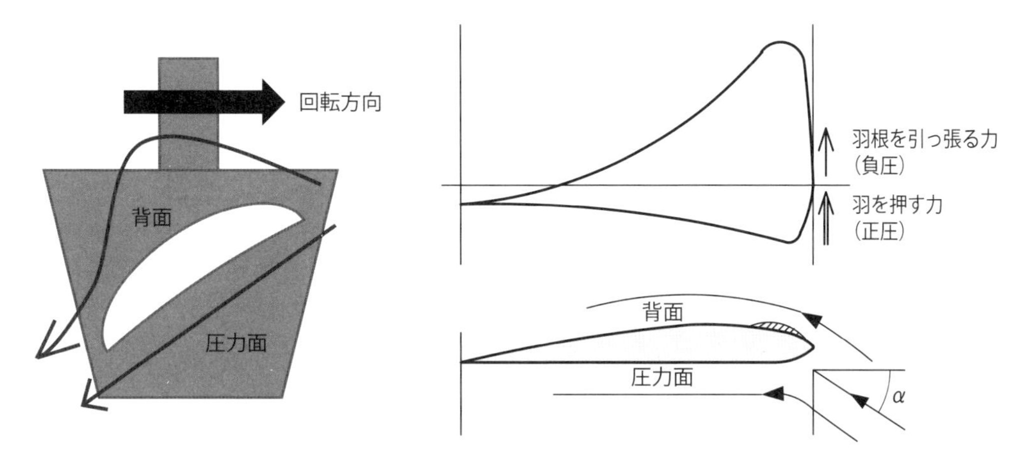

図 8.25　羽根に働く力
〔右図は商船高専キャリア教育研究会編「船舶の管理と運用」を基に作成〕

8.3.5　羽根に働く外力

プロペラが回転しているときの羽根に働く定常的な外力を次に示す（図 8.26）。

① 羽根の前後に作用するスラスト
② 羽根の円周方向に作用するトルク
③ 羽根の半径方向に作用する遠心力

プロペラが回転しているときの羽根に働く変動的な外力を次に示す。

① 船体動揺
② キャビテーションによる振動
③ 浮遊物との衝突

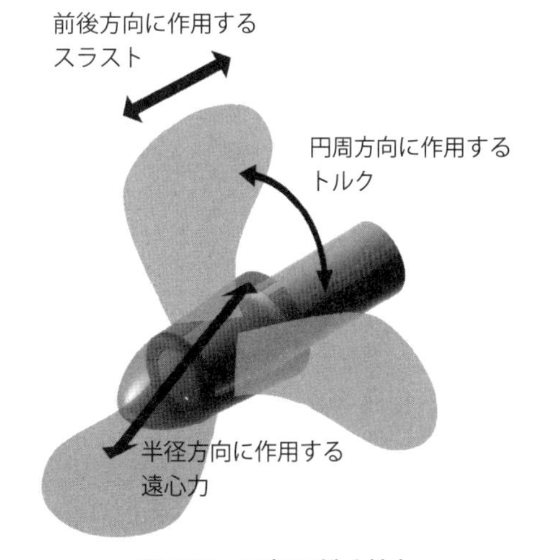

図 8.26　羽根に働く外力

8.4　スクリュープロペラの材料

プロペラは水中で回転しながら，大きな推力を生み出している。プロペラが損傷した場合は船の運航に甚大な影響を与えるため，信頼性が求められる。

プロペラの材料に求められる条件として次にあげる。

①　十分な強度を持っていること。

②　粘り強さを持っていること。

③　腐食や侵食がしにくいこと。

④　製作しやすいこと。多くのプロペラは鋳造して製作されるため鋳造性がよいこと。

⑤　重さが軽いこと。

⑥　補修がしやすいこと。

⑦　安価であること。

プロペラの材料の種類として，一般的に高力黄銅鋳物やアルミニウム青銅鋳物が多く用いられている。高力黄銅鋳物はマンガン黄銅とも呼ばれ，強度，耐食性，鋳造性に優れているが脱亜鉛現象の不安がある。アルミニウム青銅鋳物は高力黄銅に比べて軽量でかつ強度が大きく侵食や腐食にも強いが，鋳造性や加工性が難しく，高価である。

8.5　スクリュープロペラの管理

8.5.1　羽根の侵食と腐食

プロペラ羽根に起こる腐食には，キャビテーションにより侵食するエロージョン（Eroshion）と，電気化学的に腐食するコロージョン（Corrosion）がある。

(1)　羽根の侵食（エロージョン）

推進力の源である負圧が一定以上に大きくなると，常温でも水が沸騰し空洞（キャビテーション）が生じる。この空洞部が泡となって羽根面に沿って流れ出し，周囲の水圧によって押しつぶされるとき衝撃圧が生じ，羽根表面を侵食する。図 8.27 にキャビテーション現象を，図 8.28 に翼の表面に発生したエロージョンを示す。

(2)　羽根の腐食（コロージョン）

プロペラ材料に多く用いられる高力黄銅鋳物の主成分は銅と亜鉛である。海水中で局部電池作用によりイオン化傾向の高い亜鉛が侵され，銅だけが残る現象を脱亜鉛現象（Dezinctication corrosion）という。このような局部電池作用は異金属間だけなく，同一金属であっても，①羽根成分の組織や成分の不均一，②溶接補修などによる残留応力，③海水中の濃度差，④海水中の温度差，⑤海水中の酸素や炭酸ガスの浮有量の差異などの原因により起こる。

図 8.27　キャビテーション
〔提供：ナカシマプロペラ〕

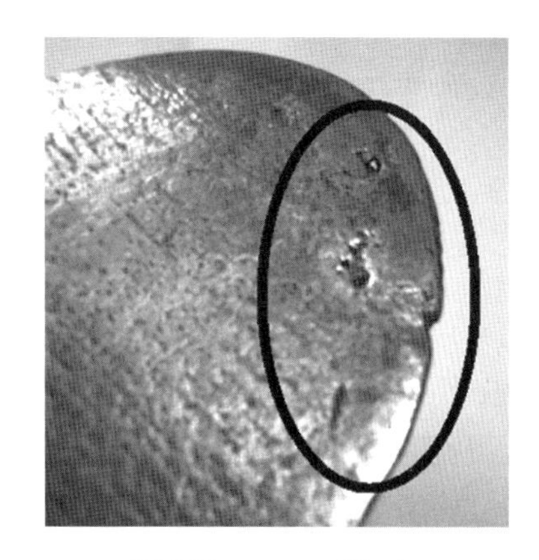

図 8.28　エロージョン
〔出典：商船高専キャリア教育研究会編「船舶の管理と運用」〕

8.5.2　羽根表面の管理

羽根の表面が粗くなると，水と接触する表面の摩擦抵抗が増え，トルクが増加するが，スラスト力が減少してプロペラ効率を著しく低下させる。また，キャビテーションが発生しやすくなる。

8.5.3　スクリュープロペラおよびプロペラ軸の振動

プロペラおよびプロペラ軸の異常振動の原因として次のものがあげられる。

① 工作不良。ピッチ，直径など工作の不均一。

② プロペラ各部の重量の不つり合い。静的および動的な不つり合い。

③ キャビテーションの発生。

④ プロペラ回転における伴流の不均一。

プロペラの位置における伴流は，均一な軸方向の流れでなく，大きさも方向も変化しやすいため，プロペラおよびプロペラ軸の異常振動の原因となる場合がある。

① プロペラ中心線と船体および軸径の中心線の不一致。

② プロペラの深度不足。

③ ピッチングやローリングによるプロペラ深度の変化が激しいとき。

④ **カルマン渦**の発生によるもの。

カルマン渦とは流体中に物体を置いたとき，または流体中で物体を動かしたとき，物体の後方に規則正しく交互に並んだ 2 列の渦ができる現象をいう（図 8.29）。

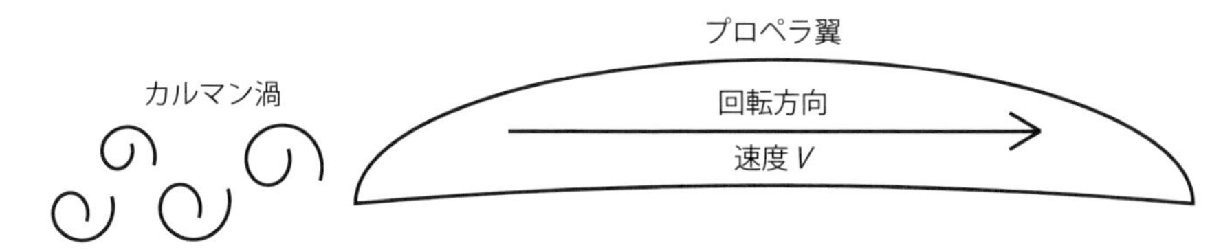

図 8.29　カルマン渦

8.5.4　スクリュープロペラの検査

スクリュープロペラは普段水中にあるため，容易に点検や修理ができない。そのため，ドッグに入渠したときに入念に検査を行わなければならない。スクリュープロペラの検査事項として次にあげる。

① 羽根表面の損傷や腐食の有無について調べる。

② 各羽根のピッチに不同がないか調べる。

③ プロペラボス内に海水の浸入がないか調べる。

④ キーおよびキー溝に損傷の有無について調べる。

8.5.5　スクリュープロペラのピッチの計測方法

各翼のプロペラピッチがそろっていないと振動の原因となる。

ピッチの計測方法には次の 2 つがある。

① ピッチゲージを使用しない方法（図 8.30）

(ア) 定盤上にプロペラ半径の 70［%］を半径として円を描く。

(イ) 描いた円の中心とプロペラボスの中心を合わせておく。

(ウ) 描いた円と，翼の後縁との垂直距離 H を測る。

(エ) つづいて，描いた円と翼の前縁との垂直距離 h を測る。

(オ) 円周上に，後縁の交点と前縁の交点の円弧の長さを測る。

(カ) 次の計算によりピッチが求まる。

$$\text{プロペラピッチ } P = \frac{2\pi r}{\text{円弧の長さ } a'b'} \times (H - h) \tag{8.17}$$

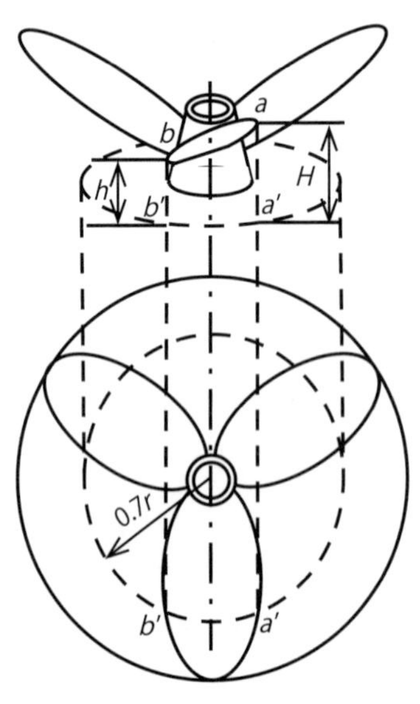

図 8.30　ピッチ計測法

② ピッチゲージを使用する方法（図 8.31）

この方法はプロペラを取り外さないでピッチの計測が可能である。

(ア) プロペラ軸後端にピッチゲージを取り付ける。

(イ) プロペラ半径の 70［%］の位置に計測棒を取り付ける。

(ウ) 翼の前縁に計測棒を合わせ，垂直距離 H を測る。このときの各度を 0 度とする。

(エ) つづいて，翼の後縁に計測棒を合わせ，垂直距離 h を測る。このときの角度を θ とする。

(オ) 次の計算によりピッチが求まる。

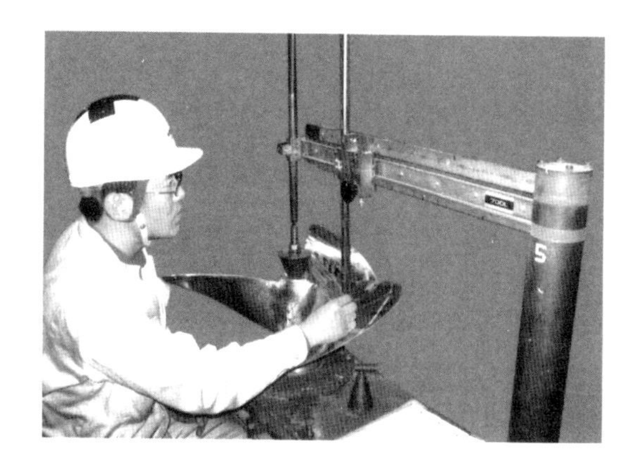

図 8.31　ピッチ計測状況〔提供：イーグル工業〕

$$\text{ピッチ } P = \frac{360}{\theta} \times (H - h) \tag{8.18}$$

8.6　スクリュープロペラの取り付け方式

スクリュープロペラをプロペラ軸に取り付ける方法について説明する。

8.6.1　キー付プロペラとキーレスプロペラ

キー付プロペラとは，機械的要素であるキーを用いてプロペラ軸の回転力をスクリュープロペラに伝えるものである。キー付プロペラに大きなトルクが加わった場合，キー部には非常に大きなせん断力が作用し，キー溝周辺のクラックやプロペラ軸のコーンパート部の船尾側（大端部）に円周方向に発生するフレッティングコロージョンからのクラックなどの恐れがある。キーレスプロペラとはプロペラ軸とプロペラボスとのはめ合い部に，キーを使わずにプロペラを押し込み，摩擦力によって固定する構造のプロペラである。キーがないため大きなトルクが発生してもプロペラ軸などに発生するクラックを回避できる。

8.6.2　ドライフィット方式とウェットフィット方式

スクリュープロペラをプロペラ軸に取り付け時の押し込み方法や取り外し時の引き抜き方法として**ウェットフィット方式**および**ドライフィット方式**がある。ドライフィット方式は，プロペラをプロペラ軸コーンパート部に圧入するときに，コーンパート部に何も塗布しないまま押し込む方式である。ウェットフィット方式は，プロペラボス外周からプロペラボス内周まで通じる油穴と，プロペラボス内周テーパ部に油溝を設けており，油圧ポンプによってプロペラ軸コーンパート部とプロペラボスとの接触面に油を注入しながら押し込む方式である。ウェットフィット方式のキーレスプロペラについて図 8.32 に示す。

ウェット方式の利点として次のことがあげられる。

① メタルタッチでないため押し込み時の肌荒れが防げる。

② 大型プロペラやキーレスプロペラなどの押し込み作業が容易になる。

③ 引き抜き作業時にボスを加熱する必要がない。

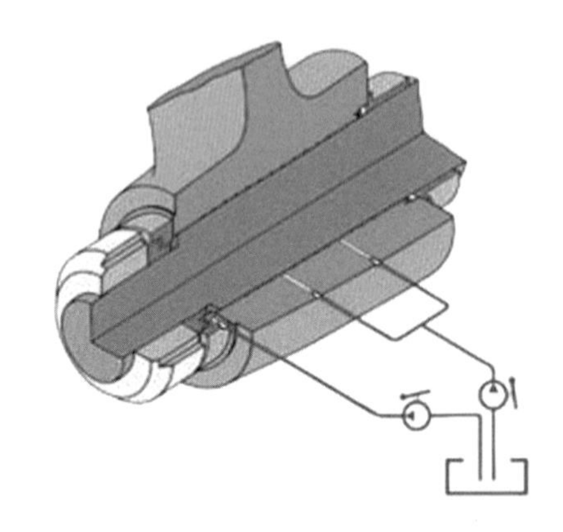

図 8.32 キーレスプロペラ（ウェット方式）
〔提供：ナカシマプロペラ〕

8.6.3 スクリュープロペラの取り外し

スクリュープロペラの取り外し要領は各船によって様々な方式があるが，ここでは一例を示す。

① プロペラキャップ，ロープガードを取り外す。

② プロペラボスと軸との関係位置について押し込みマークを付ける。

③ 締め付けナットとボス合いマークを確認。

④ プロペラ軸が船尾側へ抜け出さないように固定する。

⑤ 締め付けナットを若干緩める。

⑥ プロペラボスと船尾管の間に油圧ジャッキをかませて押し出す。

⑦ プロペラ油溝に油圧をかけて軸から浮かせて抜き出す。

⑧ 簡単に抜けないときは飽和蒸気や湯で全体的に温める。決して直火を当てないこと。

⑨ プロペラを吊り上げておき，締め付けナットを外す。

8.6.4 スクリュープロペラの取り付け

スクリュープロペラを取り付けることを，押し込むともいう。スクリュープロペラの取り付け要領は各船によって様々な方式があるが，ここでは一例を示す。

① コーンパート部を清掃し，油をふき取る。

② プロペラを押し込みマークまで押し込む（このときプロペラ油溝に油圧をかけて軸から浮かせて押し込む）。

③　回り止めして，O リングをパッキン押えで固定する。

④　ボス内部に空気圧をかけ O リングからの漏洩を，石けん水などを用いて確認する。

⑤　防食用充填剤をボス内空室に充填する。

⑥　キャップ合いマークを参考に取り付けボルト止めした後コンクリートで穴を埋める。

参考文献

1. 池西憲治，概説　軸系とプロペラ，海文堂出版，1985
2. 隈本士，新訂　船用プロペラと軸系，成山堂書店，1976
3. 青木健，プロペラと軸系装置，海文堂出版，1979
4. 石原里次，船舶の軸系とプロペラ（改訂版），成山堂書店，2002
5. 面田信昭，船舶工学概論（改訂版），成山堂書店，2002
6. 商船高専キャリア教育研究会，船舶の管理と運用，海文堂出版，2012
7. 商船高専キャリア教育研究会，これ一冊で船舶工学入門，海文堂出版，2016
8. 東京海洋大学海技試験問題研究会，海技士 2E 徹底攻略問題集，海文堂出版，2009
9. 東京海洋大学海技試験問題研究会，海技士 1E 徹底攻略問題集，海文堂出版，2009
10. 文部科学省，文部科学省著作教科書　水産 304　船用機関 1，海文堂出版，2017

練習問題

問 8-1　一般に，羽根にレーキを設けるのは，なぜか。

問 8-2　プロペラボス比を求める場合のプロペラボス直径は，ボス部のどこの直径か。また，プロペラボス比の値の大小は，プロペラ効率にどのような影響を及ぼすか。

問 8-3　スキューバックとは，どのようなことか。また，羽根にスキューバックを設けると，どのような効果があるか。

問 8-4　最大羽根幅が，羽根の中央にあるか，または先端付近にあるかによって，どのような事項が変わるか。

問 8-5　船研形，トルースト形およびオジバル形の羽根断面は，それぞれどのような形状をしているか。

問 8-6　羽根断面の形状として，エーロフォイル形およびオジバル形の優れている点は，それぞれ何か。

問 8-7　前進回転時，羽根の前進面を押す力と後進面に働く負圧力（羽根を船首方向へ吸い込む負圧）は，それぞれどのように羽根に作用しているか（羽根の断面形状を描き，前進面と後進面に作用する圧力分布を示せ）。

問 8-8　プロペラの回転中，羽根に作用する外力には，どのようなものがあるか（定常的に作用する力とその作用する方向を 3 つ，変動的に作用する力を 2 つあげよ）。

問 8-9　入渠時，羽根表面を磨いて滑らかにするのは，なぜか。

問 8-10　ドライフィット方式およびウェットフィット方式は，それぞれどのような方式か。

問 8-11　プロペラをプロペラ軸に取り付ける場合，どのような要領で取り付けるか（作業要領を記せ）。

CHAPTER 9

軸系

軸系とは，主機からプロペラへつなぐ，軸，軸受，船尾管，プロペラを一連に配列した装置をいう。主機の回転力をプロペラに伝え，プロペラの回転力によって発生した推力を船体に伝える。軸系が 2 本以上のものを多軸船という。2 軸船の場合，右舷のプロペラは右回り，左舷のプロペラは左回りとするのが一般的である。図 9.1 は軸系全体を表したものである。各部材については後述する。

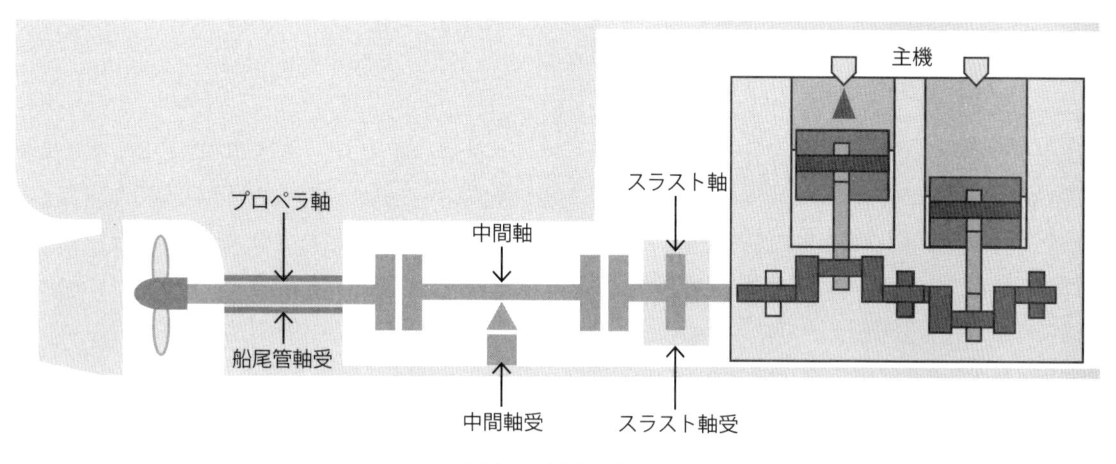

図 9.1　軸系全体図

9.1　プロペラ軸

船首側は船内で中間軸に接続して，船尾側は船外でプロペラを取り付けているもの。プロペラ軸は主機のトルク，プロペラの重さ，推力，回転力によるねじり，また荒天時には振動，衝撃などさまざまな力がかかるため，一般的に高い強度を保つ鍛鋼が用いられる。

9.1.1　プロペラ軸の各部名称

プロペラ軸について図 9.2 に示す。

① プロペラ取付けテーパ部（**コーンパート部**）

② **軸スリーブ**：プロペラ軸の保護を目的としてスリーブで覆っている。

③ **フランジ**（カップリング）：船内の中間軸と接合する。

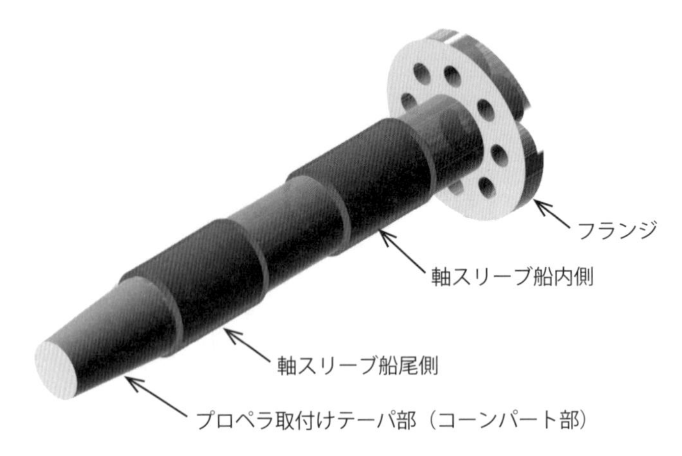

図 9.2　プロペラ軸

9.1.2　プロペラ軸の種類

プロペラ軸の保護を目的として，船舶安全法上，プロペラ軸の海水に対する保護方法の違いにより第 1 種プロペラ軸と第 2 種プロペラ軸に分類される。第 1 種プロペラ軸は，海水に対する確実な防食が施されたプロペラ軸または国土交通省が型式承認した耐食性材料で製造されたプロペラ軸をいう。第 2 種プロペラ軸は，第 1 種プロペラ軸以外のプロペラ軸をいう。プロペラ軸の抜き出し検査期間は，船尾管軸受の潤滑方式および構造，プロペラの取り付け構造などにより決まるが，原則として第 1 種プロペラ軸の場合は 5 年ごと，第 2 種プロペラ軸の場合は 3 年ごとに抜き出す。

9.1.3　プロペラ軸の構造

(1)　プロペラ取付けテーパ部（コーンパート部）

プロペラを取り付ける**コーンパート部**は，海水の浸入による腐食を防ぐ必要がある。そのため，プロペラボスの船首側はプロペラボスとプロペラ軸スリーブの間に O リング（ゴムパッキン）を入れる。押込型とグランド型があり，一般的にグランド型の方が海水の浸入防止に優れている。プロペラボスの船尾側はボスとナットとの間に赤鉛パテを塗布する。キャップの中はナットとキャップの間にグリースを充填する。プロペラボスの水密部の構造について図 9.3 に示す。

(2)　軸スリーブ

鍛鋼は強度に強いものの海水により腐食しやすいため，海水冷却方式ではプロペラ軸の保護を目的にスリーブを行っている。プロペラ軸の保護方法により，第 1 種プロペラ軸と第 2 種プロペラ軸がある。

一般に**軸スリーブ**はプロペラ軸に焼ばめによって固定されている。プロペラ軸の腐食箇所について図 9.4 に示す。

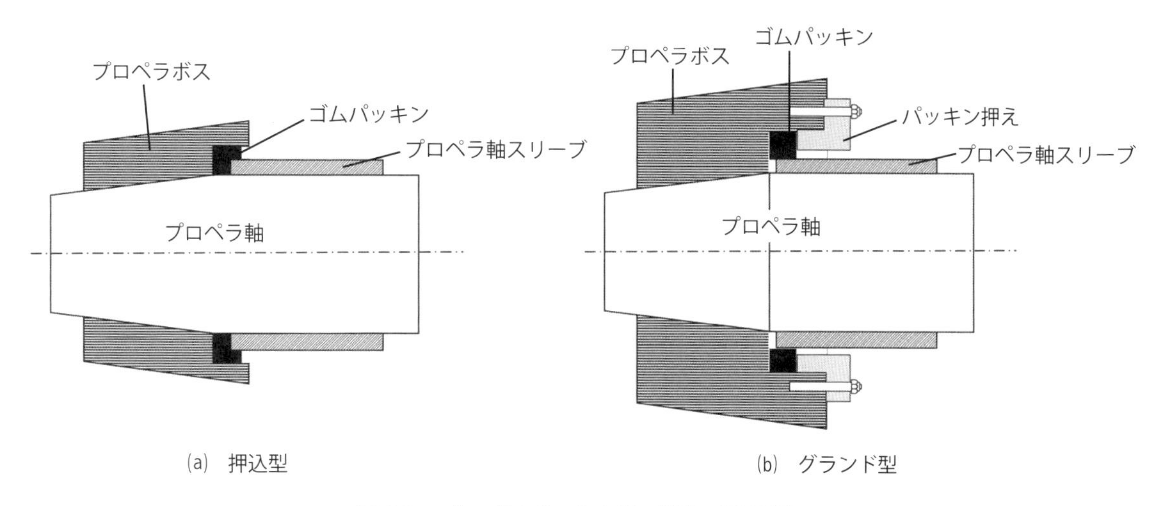

図 9.3　プロペラボス水密部の構造（船首側）

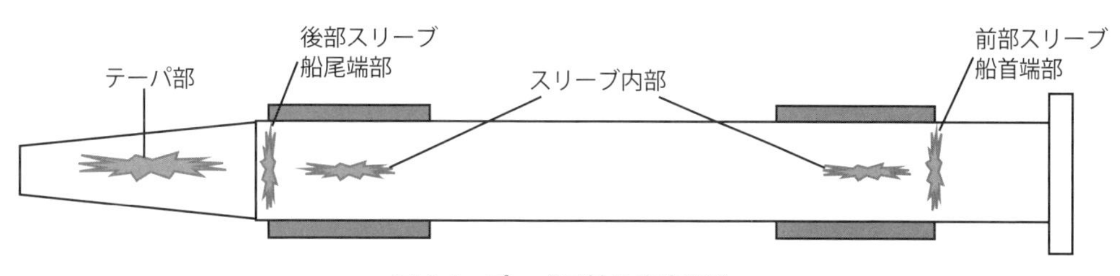

図 9.4　プロペラ軸の腐食部分

(3)　プロペラ軸の船首側フランジ（軸継手）の構造

プロペラ軸の船首側は中間軸とフランジによって接続されている。一般的に舵があるため，船首側の船内へプロペラ軸を引き抜く。このタイプではプロペラ軸とフランジが一体となった一体型フランジを用いる。CPP（可変ピッチプロペラ）のようにプロペラとプロペラ軸が一体化したものや，2 軸船などで船尾側にプロペラ軸の引き抜きができるものは，組立型のフランジを用いる。フランジ（軸継手）の種類について図 9.5 示す。

(4)　フランジの R（アール）部

フランジの根元は，断面形状の急激な変化による応力の集中を避けるために R（アール，曲線）部を設けている。R が大きいほど応力の集中が避けられるが，フランジが大きくなってしまう。フランジを大きくすることなく，応力を低下させる方法として R 部に R_1，R_2 の二重にとる二重 R 方式がある。フランジの二重 R について図 9.6 に示す。

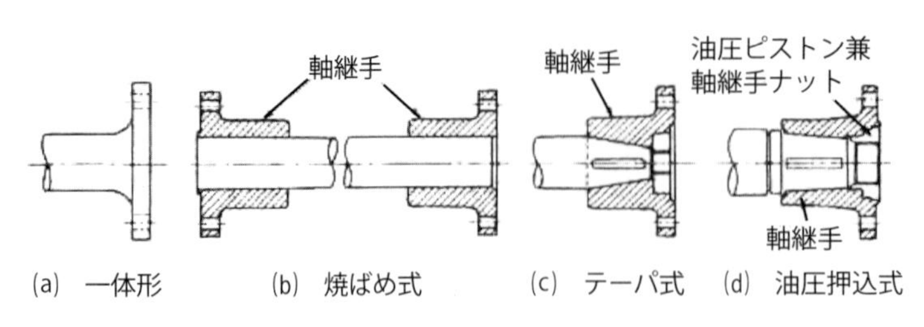

図 9.5 フランジ（軸継手）の種類
〔出典：文部科学省著「船用機関 1」〕

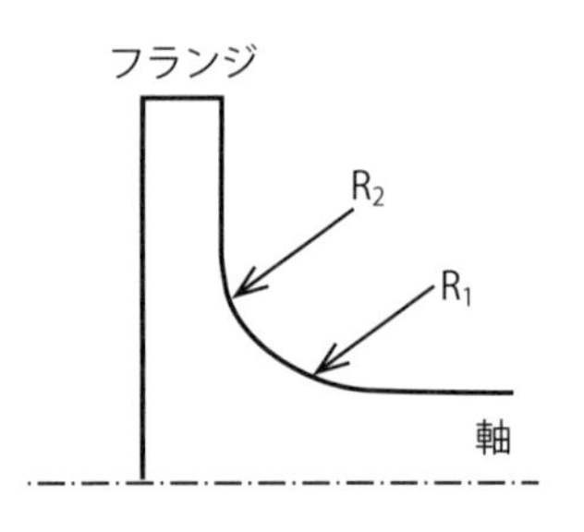

図 9.6 フランジの二重 R 部

(5) ロープガード

ロープガードはプロペラ軸に付属する部品ではないが，プロペラ軸の保護を目的として，船尾管の船尾部に取り付けられている。ロープガードを設ける理由として，水中の異物（特にロープなどの長いもの）のプロペラ軸への巻き込み防止や，プロペラボスの船首側や船尾管の船尾側の保護および整流を目的としている。ロープガードについて図 9.7 に示す。

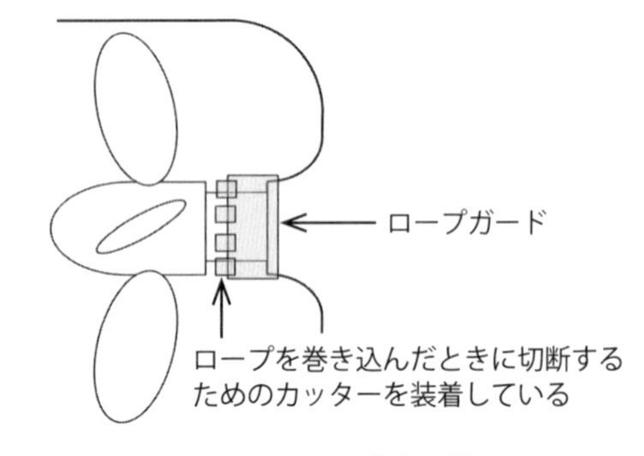

図 9.7 ロープガード

9.1.4 プロペラ軸の抜き出し検査

プロペラ軸は船舶安全法による定期検査および第一種中間検査を受けなければならない。プロペラ軸の抜き出し要領について下記に記す。プロペラ軸を抜き出す場合や固定ピッチプロペラの場合は船内に抜き出すことが多いが，可変ピッチプロペラなどプロペラボスとプロペラ軸が一体となっているものは船外に抜き出す。

＜プロペラ軸の抜き出し要領＞

① プロペラ軸を抜き出すためのチェーンブロックを用意する。

② 船内に抜き出す場合，シャフトトンネル内に受け台を準備し，中間軸のうち最後部の 1 本，または 2 本を取り外す。

③ 船外に抜き出す場合，中間軸と切り離し，組立型カップリングを取り外す。

④ テーパ部やスリーブなどが傷付かないように注意しながら，船尾管から抜き出す。

＜プロペラ軸の損傷＞

① クロスマークの発生

ねじりによる繰返し応力により疲労を起こし，軸心に対して 45 度の角度で X 状の割れが軸表面にあらわれる。一般にコーンパート部の船首側に発生する（図 9.8）。

② フレッチングコロージョンの発生

プロペラ軸テーパ部に海水が浸入したことによる腐食やプロペラボス内面のコーンパート部とプロペラ軸テーパ部の当たりが悪かったことにより，回転中にプロペラボスとプロペラ軸の摩擦によって生じた剥離上の侵食傷。

③　溝腐食の発生

プロペラボスとスリーブ間にあるゴムパッキンの取り付け不良によって海水が浸入し，図 9.8 のように溝状に腐食する。

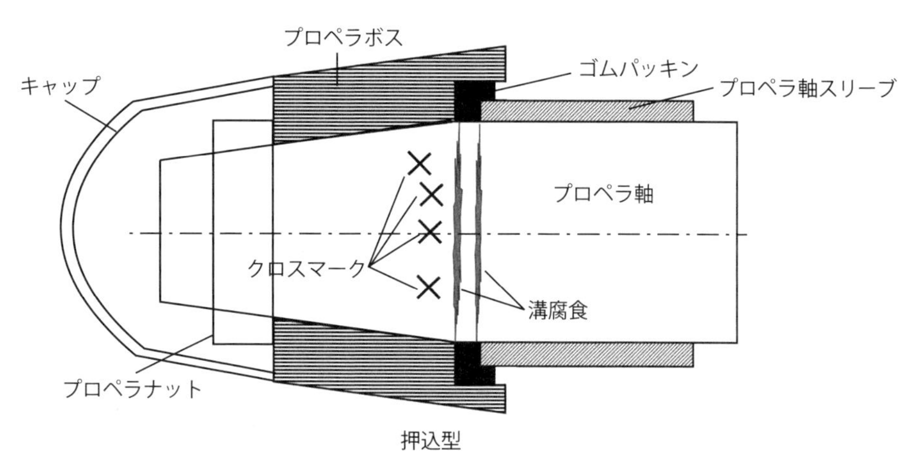

図 9.8　クロスマークの発生と溝腐食

④　プロペラ軸コーンパート部腐食防止法

プロペラボス船首側は，プロペラボスとプロペラ軸スリーブ間にゴムパッキンを用いて水密にする。プロペラボス船尾側は，プロペラキャップを設置して内部に充填剤を詰める。また，プロペラボスとプロペラ軸間の空所にも充填剤を詰める。

9.2　船尾管（Stern tube）

プロペラ軸が船体を貫通する部分を**船尾管**という。船尾管はスクリュープロペラの重さやトルクおよび推力が働いているプロペラ軸の支持とプロペラ軸を伝って海水が船内に浸入することを防止する軸封の役目がある。船尾管は船体と一体化された管であり，ブッシュが船首側と船尾側から押し込まれている。ブッシュの内面がプロペラ軸の軸受の役目を行う。軸受の潤滑方法の違いにより，海水潤滑油式船尾管および油潤滑式船尾管に分別される。船舶の種類や目的により違いがあるが，一般的に軸の直径が 400 [mm] 以下で海水潤滑式が，400 [mm] 以上で油潤滑式が用いられている。

9.2.1　海水潤滑式船尾管

海水潤滑式の船尾管の構造について図 9.9 に示す。プロペラ軸の軸受部（支面材）には合成ゴムや合成樹脂が用いられる。海水潤滑式船尾管軸受について図 9.10 に示す。船首側軸受部と船尾側軸受部の間に主機海水系統などから，喫水＋10 ～ 30 [kPa] の海水を送水することにより船尾管軸受の潤滑作用および冷却作用を行う。

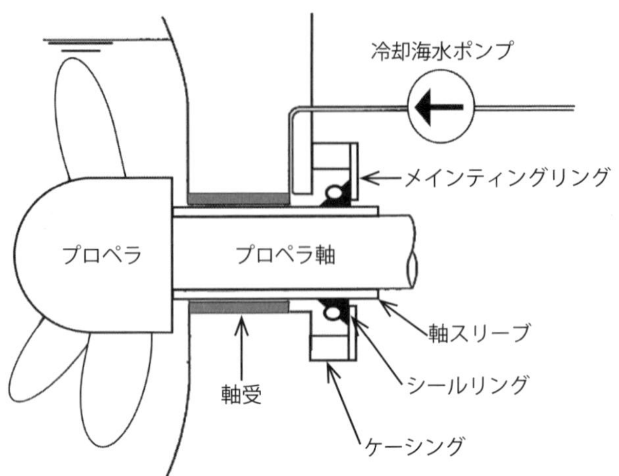

図 9.9　海水潤滑式船尾管の構造

図 9.10　海水潤滑式船尾管軸受の船尾管ブッシュ
〔提供：イーグル工業〕

リグナムバイタ

リグナムバイタは熱帯地方に分布する広葉樹である。リグナムバイタはかつて船尾管の軸受部（支面材）の材料としてもっとも一般的であった。比重が 1.3 のため世界でもっとも硬く重い木材といわれている。木には多量の樹脂を含み，自己潤滑性に優れた軸受材であった。現在は合成ゴムや合成樹脂に代わり見られなくなってしまった。リグナムバイタの船尾管への取り付け状態について図 a.1 に示す。

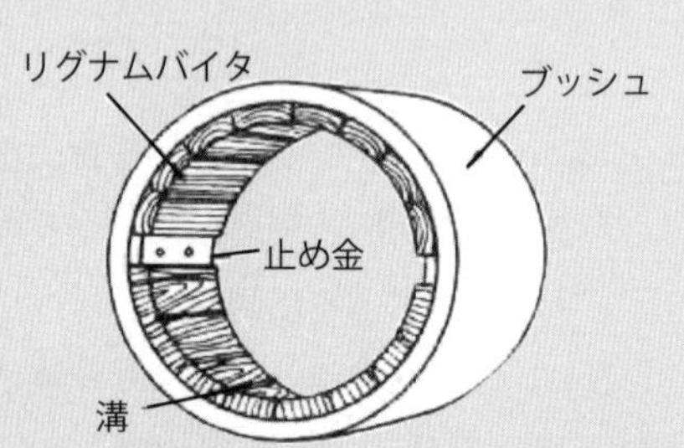

図 a.1　リグナムバイタの取り付け状態
〔出典：文部科学省著「船用機関 1」〕

9.2.2　海水潤滑式船尾管シール装置

一般に海水潤滑式船尾管のシール（軸封）装置は船尾管の船首側にのみ取り付けられる。海水潤滑式船尾管シール装置として一般的に使用されている端面シール式軸封装置について説明する。端面シール軸封装置のシールリングは，ガータースプリングにより軸スリーブに固定され，プロペラ軸とともに回転する。船体と固定されたメインティングリングとの接触面に摺動しながら水密を保つ。このため，軸スリーブの摩擦がない。シールリングの摺動面溝に所定の圧力の海水を供給し，摺動面の清浄作用および潤滑作用を行う。端面シール式軸封装置について 9.11 に示す。

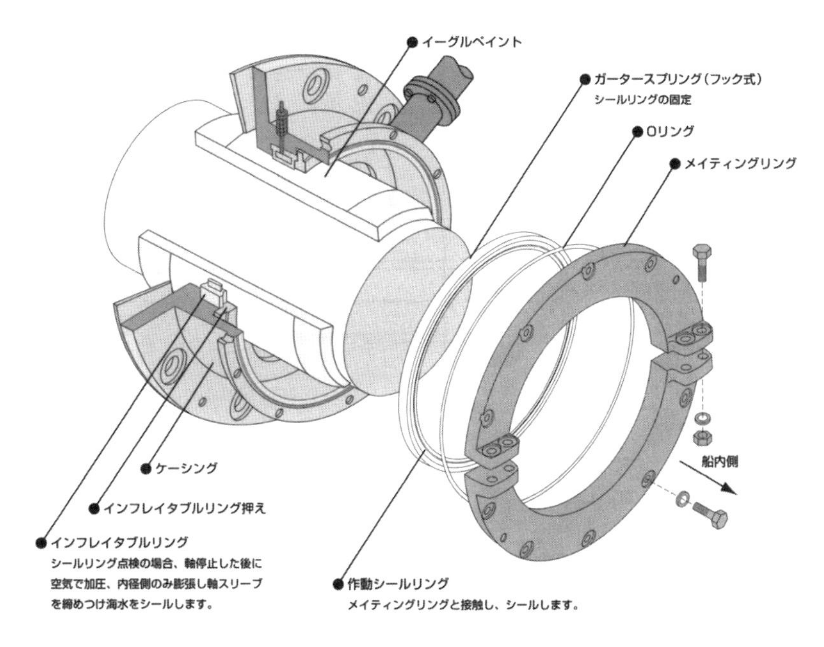

図 9.11　端面シール式軸封装置
〔提供：イーグル工業〕

9.2.3　油潤滑式船尾管（Oil bath type stern tube）

油潤滑式の船尾管の構造について図 9.12 に示す。プロペラ軸の軸受部(支面材)には鋳鋼製のブッシュの内面にホワイトメタルを遠心鋳造されたものが用いられる。ホワイトメタルは負荷容量が大きいため，軸受の長さを短くでき，摩耗量も極めて小さい（図 9.13)。船首側軸受部と船尾側軸受部の間に潤滑油を給油する。潤滑油の圧力は喫水による海水圧力＋20 ～ 30 [kPa] 程度に保つため，喫水より高所に設けられたヘッドタンク（重力タンク）から自然落下により供給される。また，軸受部の冷却作用および清浄作用を保つため循環ポンプを設ける。喫水変化の大きい船ではヘッドタンクの高さを変えて複数設けている。油潤滑式船尾管は海水潤滑式船尾管に比べて次のような利点がある。

① 軸受・プロペラ軸の摩耗が少ない。
② プロペラ軸が海水から絶縁されているため，腐食が生じにくい。
③ 海水潤滑式のようにスリーブやゴムを巻くなどの必要がない。
④ 上記の理由から比較的イニシャルコストが安く，メンテナンス費も安い。

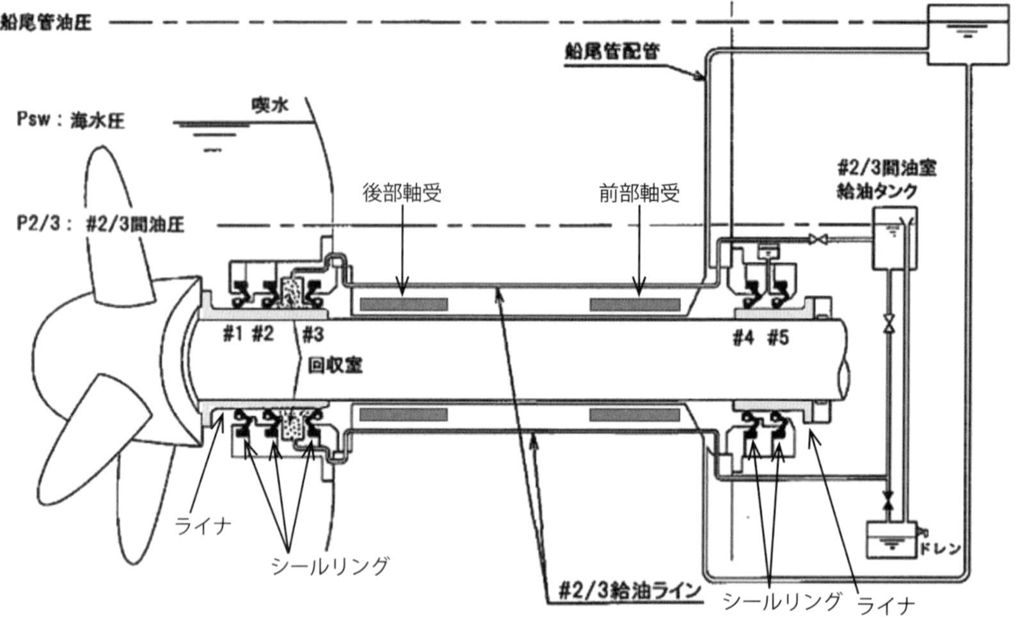

図 9.12　油潤滑式船尾管の構造
〔イーグル工業より提供の図を基に作成〕

図 9.13　油潤滑式船尾管軸受
〔提供：イーグル工業〕

9.2.4　油潤滑式船尾管シール装置

船尾管の船首部端部と船尾部端部に設ける。船首側シール装置は軸受に給油された油が船内側に漏れださないようにしている。

シールリングの材質はフッ素ゴムで，①ゴムの弾性による力，②リップ裏側のスプリングによる力，③海水および潤滑油による圧力差による力によってライナに押し付けられている。この中でもっとも圧力が大きいものは③である。シールリングの発熱量が大きい場合，循環系統に冷却器を取り付けて温度上昇を防止する。

(1)　リップシール式軸封装置

船体側に固定され，リップ裏側のスプリングの圧力で，プロペラ軸に固定されたライナに摺動させながら接触し水密を保つ。リップシール式軸封装置について図 9.14 に示す。

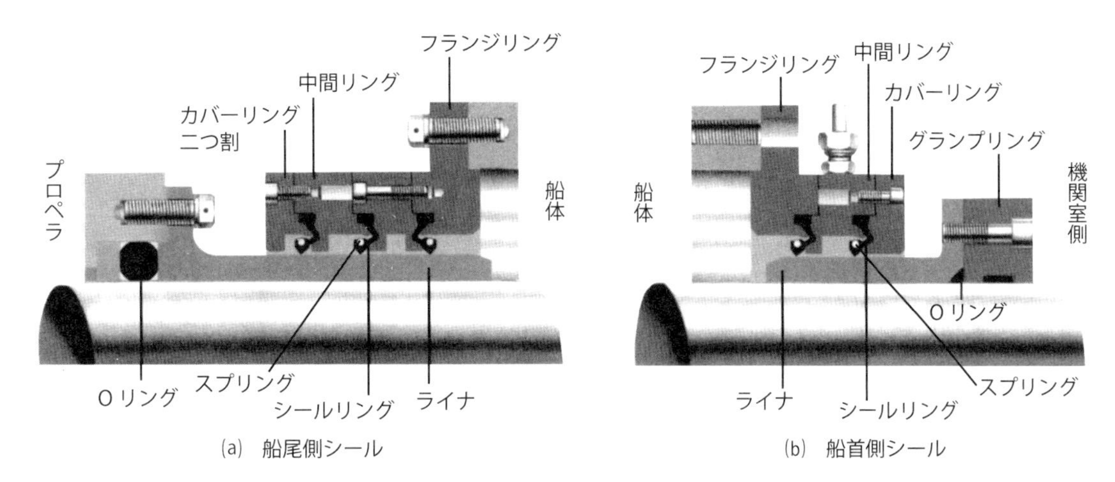

図 9.14　リップシール式軸封装置
〔イーグル工業より提供の図を基に作成〕

(2)　エアシール式軸封装置

最近では環境に配慮した**エアシール式軸封装置**が採用されるようになってきている。これは船尾管シール装置の中央部の空気室に喫水による海水圧力よりやや高く保った圧縮空気を供給して，海水と潤滑油を遮断することにより海水へ潤滑油が漏れ出すことを防ぐ。エアシール式軸封装置の構造について図 9.15 に示す。

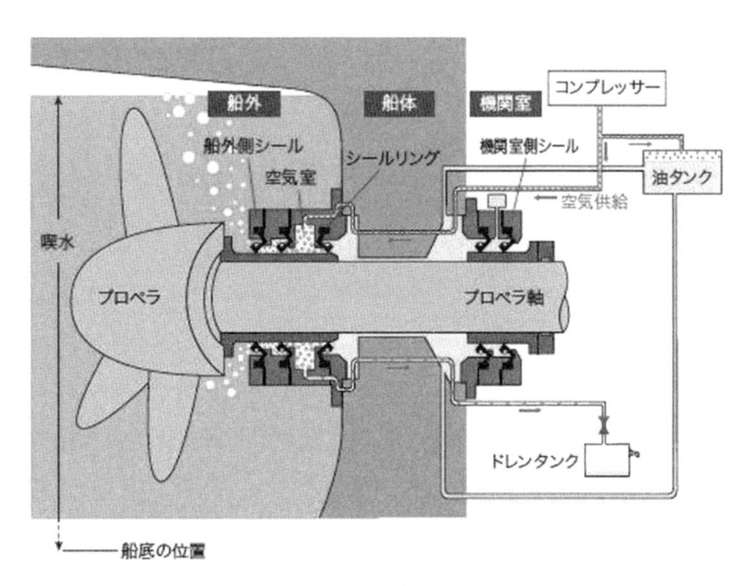

図 9.15　エアシール式軸封装置〔提供：イーグル工業〕

9.2.5　船尾管の管理

シールリングが損傷する場合の原因として次のものがあげられる。

① プロペラ軸のライナの外径に対してシールリングの内径が小さすぎる場合。

② シールリングのリップ部の背面に海水や油の圧力がかかりすぎる場合。

③ プロペラ軸のライナとリップとの取り付けが悪くて偏心している場合。

④ 軸振動が激しい場合。

油潤滑式船尾管シール装置の点検箇所と点検内容として次のものがあげられる。

① シールリングのリップ部の摩耗状態と当たりの状態。

② シールリングのクラックおよびブリスター発生の有無。

③ スプリングの腐食の有無と張りの状態。

④ ライナの摩耗状態と腐食の有無。

⑤ 軸受ホワイトメタルの亀裂。

9.2.6　シールリングのブリスター

ブリスター（Blister）とは水ぶくれの意味で，ライナとシールリングの摺動部に発生する。

<ブリスターの発生原因>

シールリングを構成するゴムの中に水分が染み込み，摩擦熱によって蒸発して空洞が形成される。そこに再び水分が入り込みブリスターが形成される。摺動部の締め付け圧力が高い場合，ゴムの中の水分が蒸発しにくいためブリスターの形成はあまり見られないが，ライナの摩耗が進み，摺動部の当たり幅が広くなると水分が蒸発しやすくなり，ブリスターが発生しやすくなる。ブリスターのイメージを図 9.16 に示す。

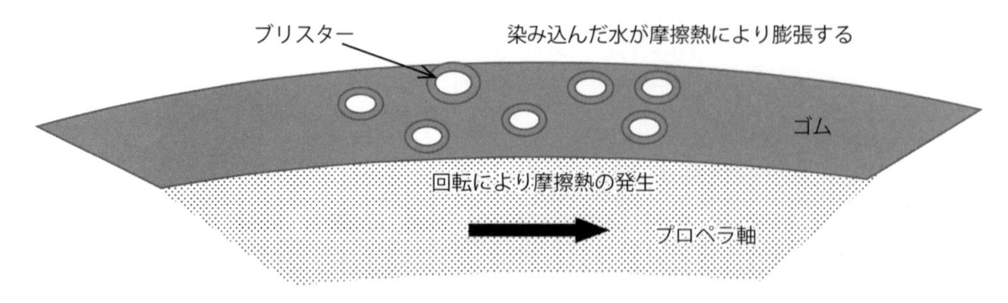

図 9.16　ブリスターのイメージ

9.3　中間軸（Intermediate shaft），中間軸受（Plumber block）

中間軸は，船首側のスラスト軸と船尾側のプロペラ軸を連結する軸である。また，**中間軸受**は中間軸を支えるための軸受である。強制潤滑式中間軸受の外観を図 9.17 に示す。

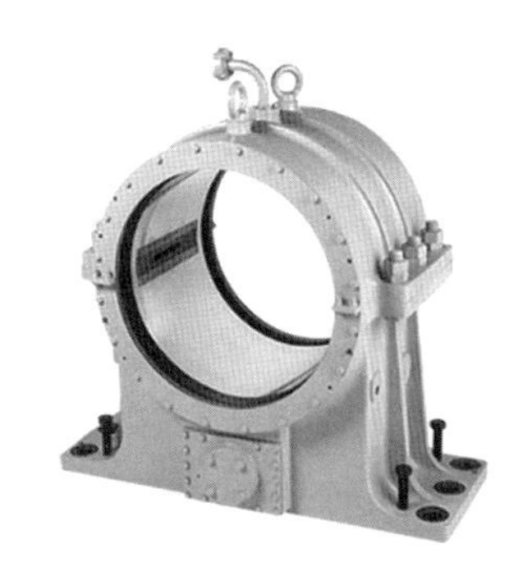

図 9.17　強制潤滑式中間軸受
〔提供：イーグル工業〕

9.3.1　中間軸

中間軸は軸の中心に空間のない中実軸を使用するのが一般的である。中間軸の寸法は船舶機関規則などで定められる。フランジは一体型が一般的であるが，プロペラ軸のフランジ同様，さまざまな種類がある。

9.3.2　中間軸受

中間軸受は自己潤滑式と強制潤滑式に大別される。自己潤滑式は軸受下にあるオイル溜まりから，軸に取り付けられたオイルリングまたはオイルカラーにより潤滑油がかき上げられて，軸受面であるホワイトカラーに給油する。自己潤滑式の潤滑油は海水によって冷却されるのが一般的である。強制潤滑式は潤滑油系統のポンプにより潤滑油が供給される。このため，極低速回転時の軸受面への給油に有利である。また，潤滑油系統による冷却が行われるため，海水による冷却を必要としない。図 9.18 に自己潤滑式中間軸受の構造を示す。

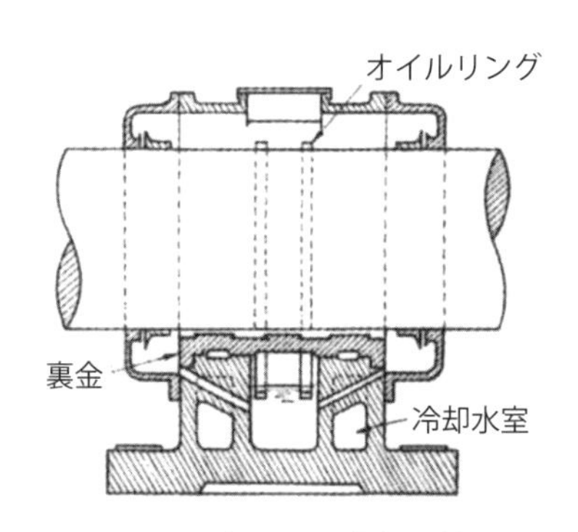

図 9.18　自己潤滑式中間軸受
〔出典：文部科学省著「船用機関 1」〕

9.4　スラスト軸（Thrust shaft），スラスト軸受（Thrust bearing）

スラストとは推進力のことをいい，**スラスト軸**および**スラスト軸受**はプロペラの回転力によって発生した推進力を船体に伝える役目をする。スラスト軸受について図 9.19 に示す。

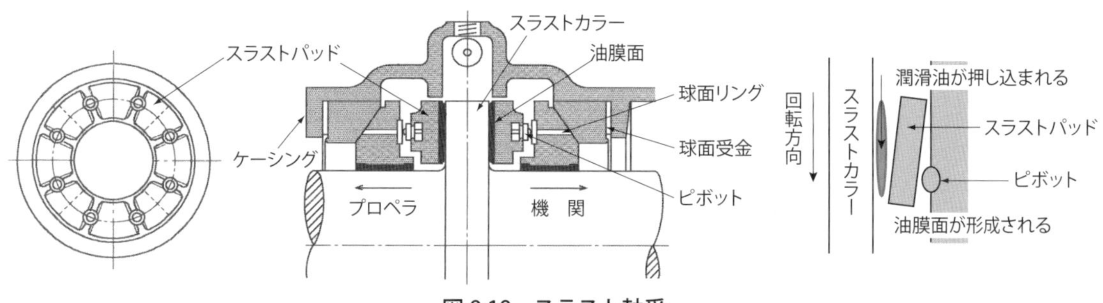

図 9.19　スラスト軸受

スラスト軸受は主機または減速機に組み込まれている。ここでは，スラスト軸受として一般的なミッチェルスラスト軸受について説明する。ミッチェルスラスト軸受はスラスト受面にホワイトメタルを鋳込んだ扇形のスラストパッドを6～8個，スラスト軸と同心円状に並べてある。前進運転時プロペラで発生したスラストは次のような流れで船体に伝えられる。

① プロペラで発生したスラストは，プロペラ軸，中間軸を介してスラスト軸まで伝えられる。

② スラスト軸のスラストカラーから油膜を介してスラストパッドに伝えられる。このとき，スラストパッドは傾斜しておりスラストカラーに付着した潤滑油がくさび状になったスラスト受面の隙間に強く押し込まれ，完全な油膜を形成することができる。

③ 次に，ピボッド，球面リング，球面受金，ケーシング，船体本体の順にスラストが伝えられる。

9.5 動力伝達装置（Transmission）

主機で発生した回転力を軸系に伝達するとき，操縦性や効率をよくするために設ける装置である。その他，主機で発生した動力を発電機や荷役用のポンプおよびコンプレッサーなどの駆動力として取り出すものも存在する。一般に動力伝達装置はスラスト軸受，クラッチ，減速装置，反転装置などが一体型油圧作動式湿式多板減速逆転機と呼ばれている。ここでは，動力伝達装置のそれぞれの働きについて説明を行う。図9.20に船内における動力伝達装置の使用例について示す。

主機の駆動力を発電機の駆動力として取り出すものを一般的に**オメガドライブ**と呼んでいる。

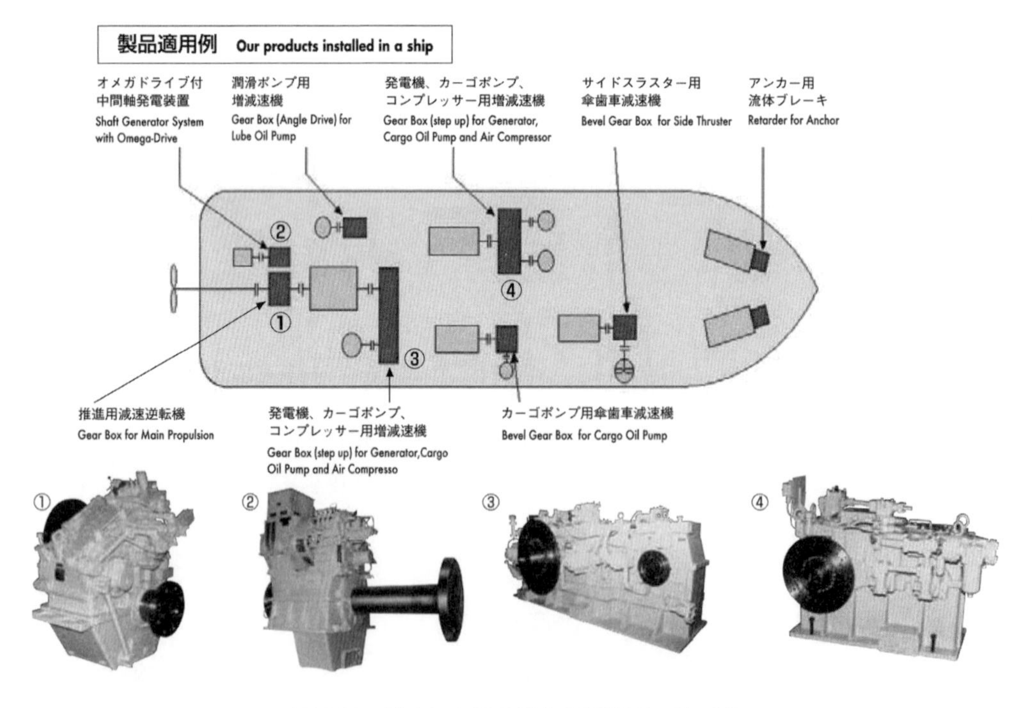

図9.20 船内における動力伝達装置の使用例
〔提供：日立ニコトランスミッション〕

9.5.1　クラッチ（Clutch）

主機からの回転力を軸系に伝達したり，切り離したりするための装置を**クラッチ**という。伝達するときはクラッチを嵌合（かんごう）し，切り離す場合は離脱または解放という。クラッチを離脱することでプロペラを回さず主機をアイドリング運転することが可能である。

(1)　湿式油圧多板クラッチの構造

クラッチにはさまざまな種類があるが，ここでは商船でもっとも使用されている湿式油圧多板クラッチについて説明する。湿式とは摩擦板を潤滑油の中で作動させるものをいう。湿式に対して，空気中で摩擦板を作動させる乾式がある。油圧はクラッチを作動させる力に油圧を用いたものである。また，多板とは摩擦板（シンタープレート）と相手板（スチールプレート，バックプレート）が複数組あるものをいう。多板に対して，摩擦板と相手板が 1 組である単板クラッチもある。湿式油圧多板クラッチの特長は長時間にわたるスリップ運転が可能であることがあげられる。湿式油圧多板クラッチの構造について図 9.21 に示す。

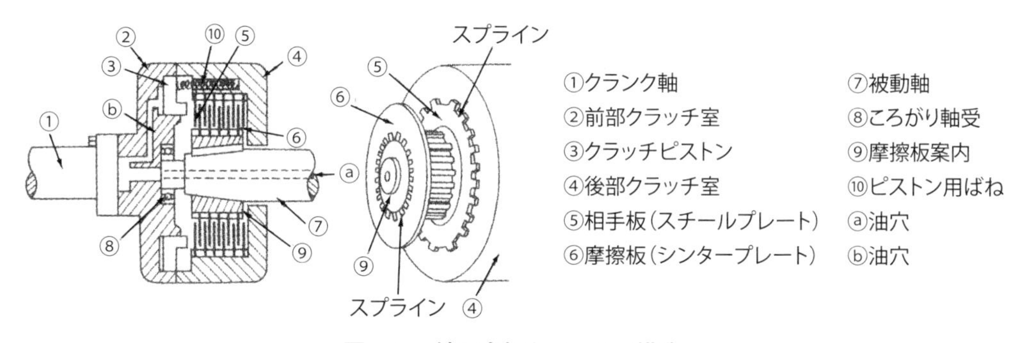

図 9.21　油圧多板クラッチの構造

(2)　湿式油圧多板クラッチの作動

湿式油圧多板クラッチは，それぞれ内周および外周にスプラインを設けた摩擦板と相手板を交互に組み込み，この組み合わせ枚数を増やすことにより小さな外径で大きなトルクを伝達できる。

クラッチを嵌合させるときは，油圧によりクラッチピストンが押され，入力側の相手板と出力側の摩擦板が接触する。離脱するときは油圧を抜くとばねの力によりクラッチピストンが押し戻されて，相手板と摩擦板が切り離される。クラッチ離脱時，つれ回りを防止するため，相手板に反（そ）りを設けている。また，冷却効果および潤滑効果を上げるため摩擦板に油溝が設けられている。

9.5.2　減速装置（Reduction gear）

プロペラは低回転数の方が効率がよいため，中・高速型の機関を使用する場合に，回転数を減速させるための装置である。減速装置の概要について図 9.22 に示す。

(1) 減速装置を設ける目的

機関の出力を高くするためには，①シリンダ容積を大きくする方法，②平均有効圧力を高くする方法，③回転数を高くする方法がある。しかし，①は機関室の大きさにより制限を受け，②は熱応力により限界がある。③の機関の回転数を高くする方法ではプロペラ効率が悪くなるため，減速装置を設けてプロペラ回転数を抑える。これにより，機関の小型高出力化が可能となる。

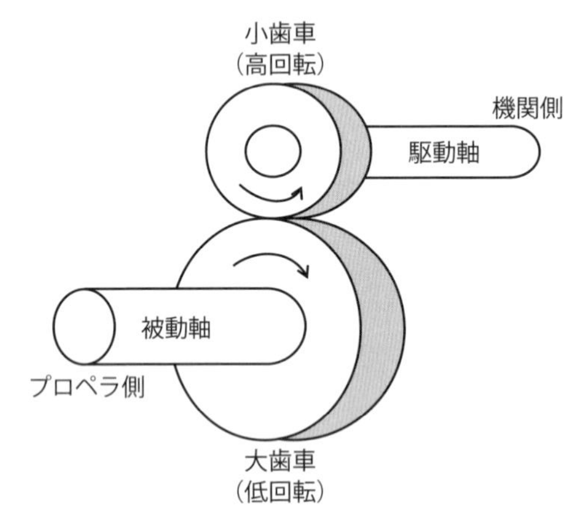

図 9.22　減速装置

(2) 減速装置の構造

減速装置は一般的に歯車式減速装置が用いられる。歯車の種類や組み合わせ方，入力軸と出力軸が同軸上になるものとならないものなどさまざまな種類が存在する。主な減速装置の種類について図 9.23 に示す。

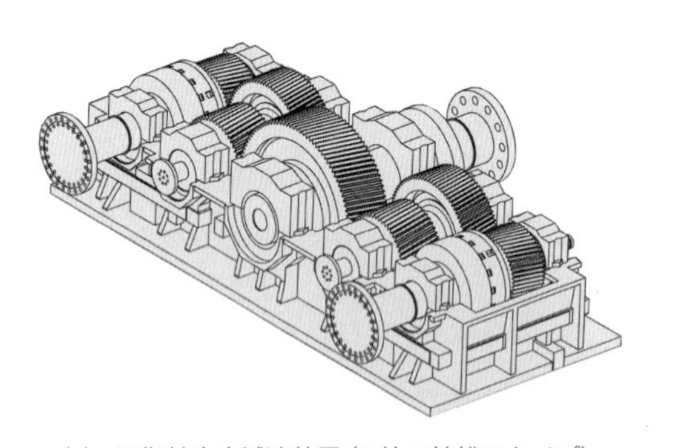

(a) 平衡軸歯車減速装置（2 基 1 軸船のタイプ）

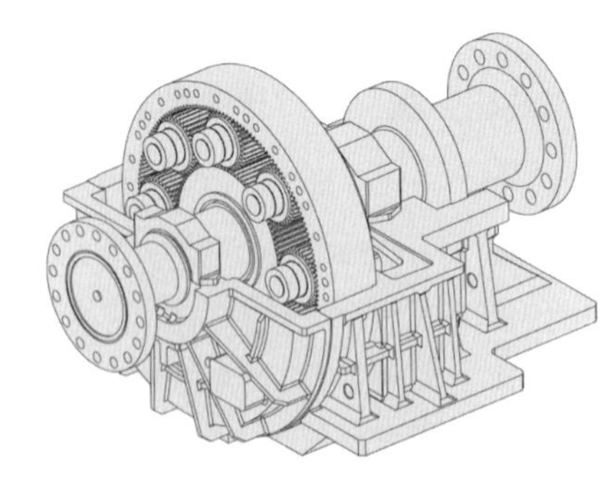

(b) 遊星軸歯車減速装置（入力軸と出力軸が同じ）

図 9.23　減速装置の種類
〔提供：日立ニコトランスミッション〕

9.5.3 電気推進方式による減速

小型高速機関で駆動する発電機で発電して，その電気により推進モータを駆動する方式で減速方式の一つといえる。電気推進システムについて図 9.24 に示す。

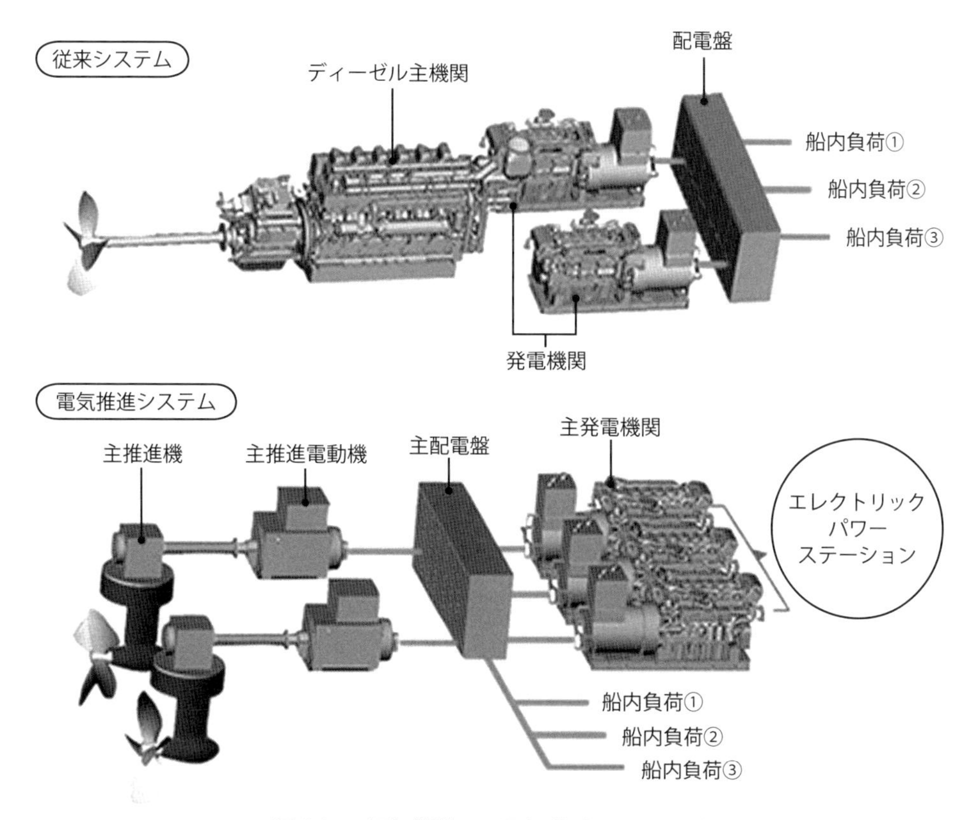

図 9.24　電気推進システム〔提供：ヤンマー〕

9.5.4　逆転装置（Reversing gear）

固定ピッチプロペラの場合，船舶を後進させるためには，プロペラの回転方向を逆転させる必要がある。逆転をさせる方法として，主機の回転方向を逆転させる直接逆転式と，主機の回転方向は一定のまま逆転装置を介してプロペラを逆転させる方法がある。ここでは，油圧作動式湿式多板減速逆転機の逆転機構を図 9.25 に示し，前進時と後進時の動力の伝達方法について説明をする。

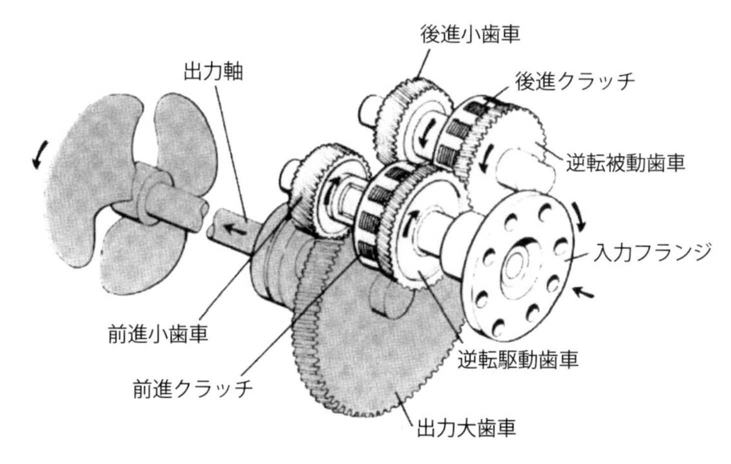

図 9.25　油圧作動式多板減速逆転機〔提供：日立ニコトランスミッション〕

逆転装置の作動について，次の順に主機から動力が伝達されていく。

• 前進時（前進クラッチ ON）
（主機→）入力フランジ→前進クラッチ→前進小歯車→出力大歯車→出力軸（→軸系→プロペラ）

• 後進時（後進クラッチ ON）
（主機→）入力フランジ→逆転駆動歯車 →逆転被動歯車→後進クラッチ→後進小歯車→出力大歯車→出力軸（→軸系→プロペラ）

9.5.5　弾性継手（Flexible coupling）

弾性継手は，主機が中速以上の機関の場合に用いられることが多い。弾性継手は一般的に主機のフライホイールと減速装置の間に設ける。弾性継手の外観を図 9.26 に示す。

図 9.26　弾性継手
〔提供：三木プーリー〕

(1)　弾性継手の目的

弾性継手は次の目的で設置を行う。

① ディーゼル機関に発生するトルク変動の対策。

② 軸のねじり振動による固有回転数を変えて，危険回転数を常用回転数域にあらわれないようにする。

③ たわみ継手の働き。たわみ継手とは軸心のずれをある程度許容できるようにしたもの。

(2)　高弾性ゴム継手の構造

高弾性ゴム継手はアキシャル型とラジアル型に大別される。アキシャル型はフランジ間の軸方向にゴムエレメントが配置され，軸方向に回転トルクを伝え，ゴムエレメントにはせん断力が働く。ラジアル型はフランジ間の円周方向にゴムエレメントが配置され半径方向に回転トルクを伝え，ゴムエレメントには圧縮力が働く。高弾性ゴム継手の構造について図 9.28 に示す。

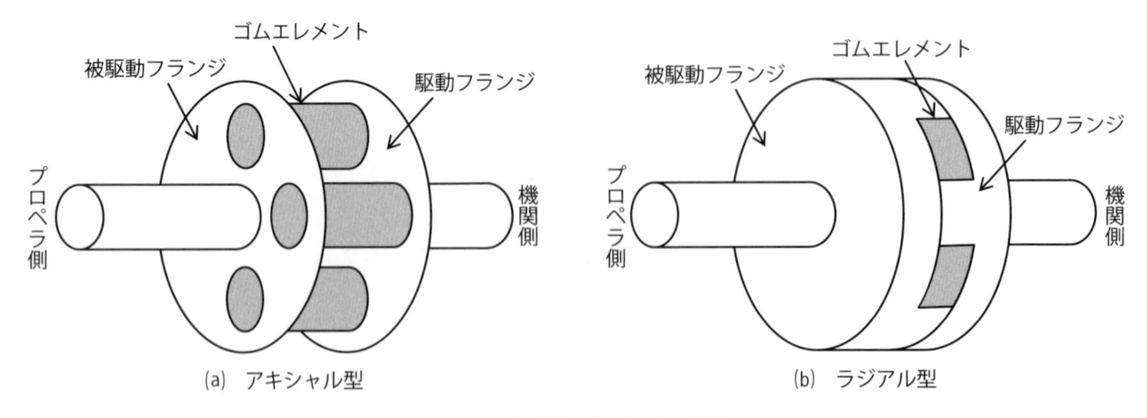

図 9.27　高弾性ゴム継手の構造

(3)　ゴム継手の損傷

ゴム継手が損傷を受ける外的トルクの要因について次にあげる。

① ねじり振動によるトルク変動。

② 主機発停時またはクラッシュアスターン（危急後進）による衝撃的なトルク変動。

③ 頻繁な機関操縦によるトルク変動。

参考文献

1. 池西憲治，概説　軸系とプロペラ，海文堂出版，1985
2. 隈本士，新訂　船用プロペラと軸系，成山堂書店，1976
3. 青木健，プロペラと軸系装置，海文堂出版，1979
4. 石原里次，船舶の軸系とプロペラ（改訂版），成山堂書店，2002
5. 面田信昭，船舶工学概論（改訂版），成山堂書店，2002
6. 商船高専キャリア教育研究会，船舶の管理と運用，海文堂出版，2012
7. 商船高専キャリア教育研究会，これ一冊で船舶工学入門，海文堂出版，2016
8. 東京海洋大学海技試験問題研究会，海技士 3E 徹底攻略問題集，海文堂出版，2009
9. 東京海洋大学海技試験問題研究会，海技士 2E 徹底攻略問題集，海文堂出版，2009
10. 東京海洋大学海技試験問題研究会，海技士 1E 徹底攻略問題集，海文堂出版，2009
11. 文部科学省，文部科学省著作教科書　水産 304　船用機関 1，海文堂出版，2017

練習問題

問 9-1　軸コーンパートの腐食防止のため，プロペラボスの船首側，船尾側およびボス内凹部は，それぞれどのようにするか。

問 9-2　ロープガードを設ける目的は，何か。

問 9-3　船外に抜くプロペラ軸と船内に抜くプロペラ軸では，構造上，どのような相違があるか。

問 9-4　プロペラ軸系に生じる異常振動の原因の中で，プロペラに関するものをあげよ。

問 9-5　プロペラおよびシール装置を取り外した後，プロペラ軸を船内に抜き出す場合の要領について述べよ。

問 9-6　プロペラ軸のフレッチングコロージョンとはどのような現象か。また，どの部分に生じやすいか。さらに，発生を防ぐには，どのようにすればよいか。

問 9-7　油潤滑式船尾管および船尾管シール装置に関する次の問いに答えよ。

① 油潤滑式船尾管は，海水潤滑式船尾管に比べて，どのような利点があるか。

② シールリングのリップ部は，どのような力によってシールライナに押し付けられているか。また，それらの力の中でもっとも大きいものは，どれか。

③　油潤滑式船尾管シール装置については，どのような箇所を点検しなければならないか。

④　シールリングが損傷する場合の原因は，何か。

CHAPTER 10

ディーゼル推進プラント

大型の舶用ディーゼル主機関は単体では動かすことはできない。機関の運転に必要な燃料油や潤滑油，冷却水などの系統が機関につながり供給されることにより運転できる。これらの各系統にはポンプや冷却器などの補機が設けられていて，船を推進させるために必要な主機関と補機を合わせてディーゼル推進プラントと呼ばれる。図 10.1 にディーゼル推進プラントの概略を示す。本章では大型ディーゼル推進プラントを構成する各系統の流れと系統を構成する補機について説明する。

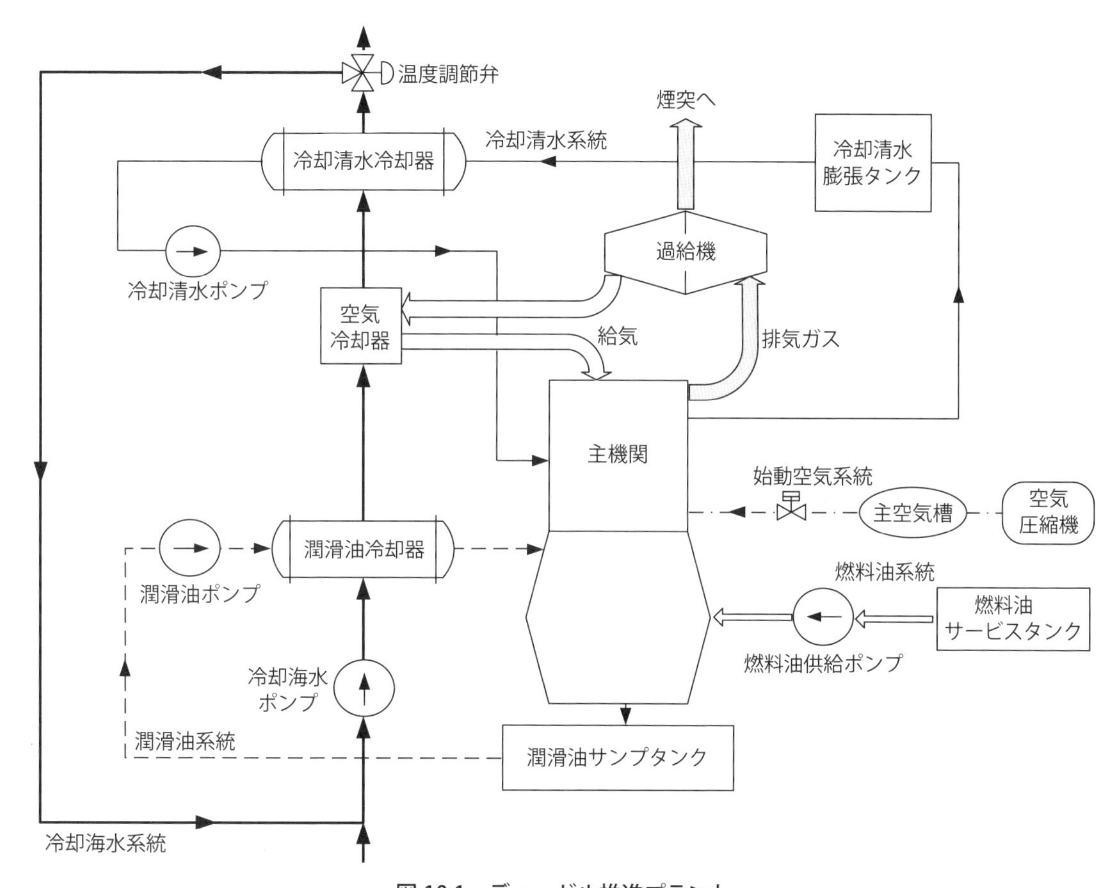

図 10.1　ディーゼル推進プラント

10.1　配管系統

機関室内にはさまざまな系統の配管が張り巡らされ，機機の前後には弁（バルブ）がある。これらの配管や弁にはどのような流体が流れているかわかりやすくするために配管識別色が明示されている。各系統の名称および英語名称ならびに英略称，**配管識別色**について表 10.1 に示す。

表 10.1　各系統の名称，英語名称，英略称，配管識別色

系統の名称	英語名称	英略称	配管識別色
冷却清水	Cooling Fresh Water	CFW	青
冷却海水	Cooling Sea Water	CSW	緑
潤滑油	Lubricating Oil	LO	黄
燃料油	Fuel Oil	FO	赤 （C 重油を使用する船の場合） A 重油：2 本線，C 重油 1 本線
始動空気	Starting air	—	ねずみ
蒸気	Steam	—	銀
ビルジ	Bilge	—	黒

10.2　燃料油系統（Fuel oil line）

ディーゼル機関の運転に必要な燃料油を供給する系統を**燃料油系統**といい，一般に FO タンクから機関入口までをいう。大型船の燃料油で使用される C 重油は粘度が高く，不純物が多いため燃料油系統には加熱器や燃料油清浄機などが設けられている。機関入口における圧力は，軽油や A 重油などの軽質油の場合は 0.05 ～ 0.15［MPa］，2 ストローク機関で C 重油を使用する場合は 0.7 ～ 0.9［MPa］と高圧になる。燃料油の温度は，機関入口の温度で，軽油や A 重油を使用する場合は加熱しないが，C 重油を使用する場合は 120［℃］程度まで加熱する。

10.2.1　燃料油の種類

(1)　C 重油

大型船用機関では安価な C 重油を使用している。C 重油は加熱しなければ流体として取り扱うことができないため，タンクや配管系統は蒸気により常に温められている。また，燃料噴射弁において燃料の噴射をよくするため燃料油加熱器により高温に温められる。その他，不純物が多く含まれているため燃料油清浄機が必要となる。

(2)　A 重油

A 重油は低温でも流体として取り扱うことができるため，加熱器や清浄機を配置できない中・小型機関で使用されている。大型船では出入港時など機関が低温になるときに，C 重油から A 重油に切り替えて使用する。

(3)　B 重油

B 重油は A 重油と C 重油を混合してつくられるもので，C 重油のみを使用できない機関で燃料費を抑えたい場合に使用する。一般的に B 重油を使用する機関では船内に混合装置を設けて船内で生産して使用する。

10.2.2　燃料油系統の流れ

燃料油系統の流れについて図 10.2 に示す。

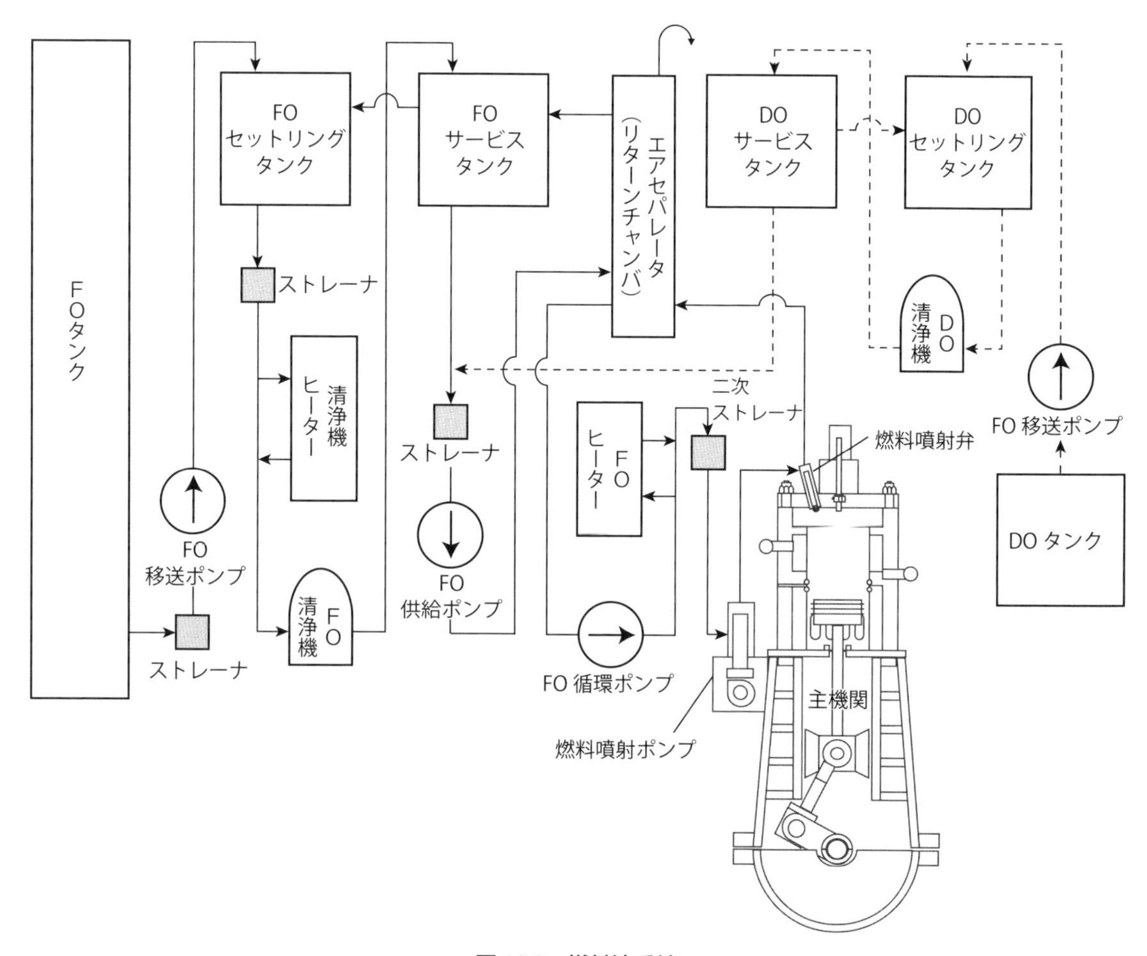

図 10.2　燃料油系統

<C 重油の流れ>

① 燃料油タンク（FO タンク，FO Tank）

C 重油を貯蔵しておくタンク。燃料油の取り出し部付近には蒸気管が張り巡らされ粘度を低くして吸い込みやすくしている。

② **ストレーナ**（Strainer）

燃料油中の不純物を取り除く濾し器で，舶用推進プラントのストレーナには一般的にノッチワイヤ式が用いられている。ストレーナは各主要補機の前に配置させている。ストレーナのメッシュは主機関に近づくにつれて数値が大きくなる。メッシュとは 1 インチあたりの目の数で示し，数字が大きいほど細かくなる。ストレーナのメッシュについて図 10.3 に示す。

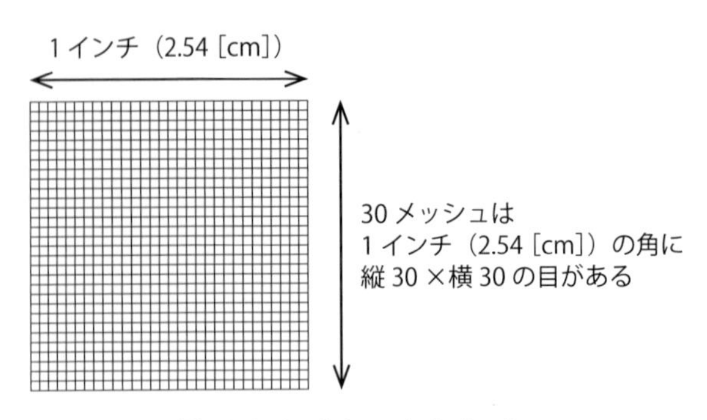

図 10.3　ストレーナのメッシュ

③　燃料油移送ポンプ（FO 移送ポンプ，FO Transfer pump）

燃料油タンクから燃料油沈殿タンクへ燃料を移送するポンプで，一般的に歯車ポンプが使用される。また，船の傾きを直すために燃料タンク間の移送にも使用される。燃料油系統のポンプには一般的に歯車ポンプやねじポンプが使用される。

④　FO 沈殿タンク（FO セットリングタンク，FO Settling tank）

タンク内で加熱し燃料を静置させることにより重力で水分や固形物などの残渣物を沈殿させる。

⑤　FO 清浄機加熱器（FO 清浄機ヒーター，FO Purifier heater）

燃料油清浄機で分離をするのに適した粘度まで加熱する。

⑥　**清浄機**（FO 清浄機，FO Purifier）

高速回転をさせることにより流体に遠心力を与え，油，水，不純物の密度差を利用して分離する機械である。遠心分離機の外観および原理について図 10.4 に示す。

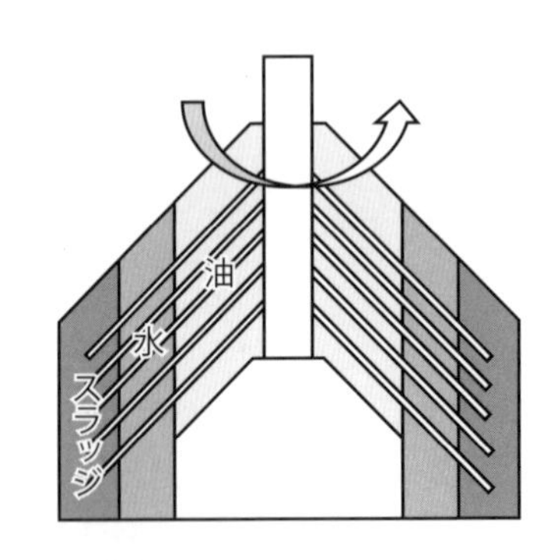

図 10.4　遠心分離機および遠心分離機の原理
〔左図は三菱化工機より提供〕

⑦　FO サービスタンク（FO Service tank）

清浄した燃料油を一時的に貯蔵するタンク。

⑧　FO 供給ポンプ（FO Supply pump）

燃料油サービスタンクからエアセパレータへ燃料を移送するポンプで，圧力は 0.5 ～ 0.6 [MPa] 程度である。

⑨　エアセパレータ（Air separator）

燃料油中の空気を分離するとともに，機関で噴射されなかった燃料を系統に戻す箇所。機関の負荷変動などにより，燃料の戻る量が多くなった場合に系統内の流れを緩衝させる。リターンチャンバやオーバーフロータンクなどと呼ばれることもある。

⑩　ストレーナ

⑪　燃料油循環ポンプ（FO Circulation pump）

エアセパレータから燃料噴射ポンプへ燃料を移送するポンプで，圧力は 0.8 ～ 1.0 [MPa] 程度になる。燃料油昇圧ポンプ（FO Booster pump）と呼ばれることもある。

⑫　燃料油加熱器 FO ヒーター

蒸気を使用して燃料を噴射に適した粘度まで加熱を行う。

⑬　ストレーナ

⑭　燃料噴射ポンプ

燃料噴射ポンプにより燃料がシリンダ内に噴射される。戻り管にある圧力調整弁により，燃料噴射ポンプの吸入側に圧力がかけられている。

⑮　噴射されなかった燃料はエアセパレータに戻る。

＜ A 重油の流れ＞

①　DO タンク（DO Tank）

②　ストレーナ

③　DO 移送ポンプ（DO Transfer pump）

④　DO 沈殿タンク（DO Settling tank）

⑤　DO 清浄機（DO Purifier）

⑥　FO サービスタンク（FO Service tank）

⑦　C 重油配管と接続

10.3　潤滑油系統（Lubricating oil line）

ディーゼル機関の各駆動部の潤滑および冷却を行う系統で，自動車でいうエンジンオイルに相当する。大型機関の場合，駆動部を潤滑するシステム油系統，過給機の潤滑を目的とした過給機潤滑油系統，シリンダとピストンの間の潤滑および密封を目的としたシリンダ油系統などに分けられる。潤滑油の圧力は機関回転数が速くなるほど高くなる。2 ストローク大型機関では，主軸受潤滑油圧力が 0.15 ～ 0.25 [MPa]，カム軸潤滑油圧力が 0.25 ～ 0.30 [MPa]，中速 4 ストローク機関では 0.35 ～ 0.45 [MPa] 程度になる。潤滑油設定温度は機関入口で 40 ～ 50 [℃]，機関出口で 50 ～ 60 [℃] 程度になる。

10.3.1　潤滑油の働き

潤滑油には潤滑や冷却以外にもさまざまな働きをする。潤滑油の働きについて次にあげる。

①　潤滑作用：機械の接触面の摩擦を減少させる働きをする。

②　冷却作用：摩擦面で発生した摩擦熱を吸収して，熱交換器まで熱を移送する。

③　応力分散作用：点または線接触を行う場所において，受圧面積を拡大し発生応力を軽減する。

④　密封作用：シリンダとピストンの間のガスの漏えいを防いだり，異物の侵入を防いだりする。

⑤　洗浄作用：機関内で発生した金属粉や燃焼生成物などをかき流す。

⑥　錆止め作用：金属面を油膜で覆うことにより酸化を防ぐ。

10.3.2　潤滑油系統の流れ

潤滑油系統の流れについて図 10.5 に示す。

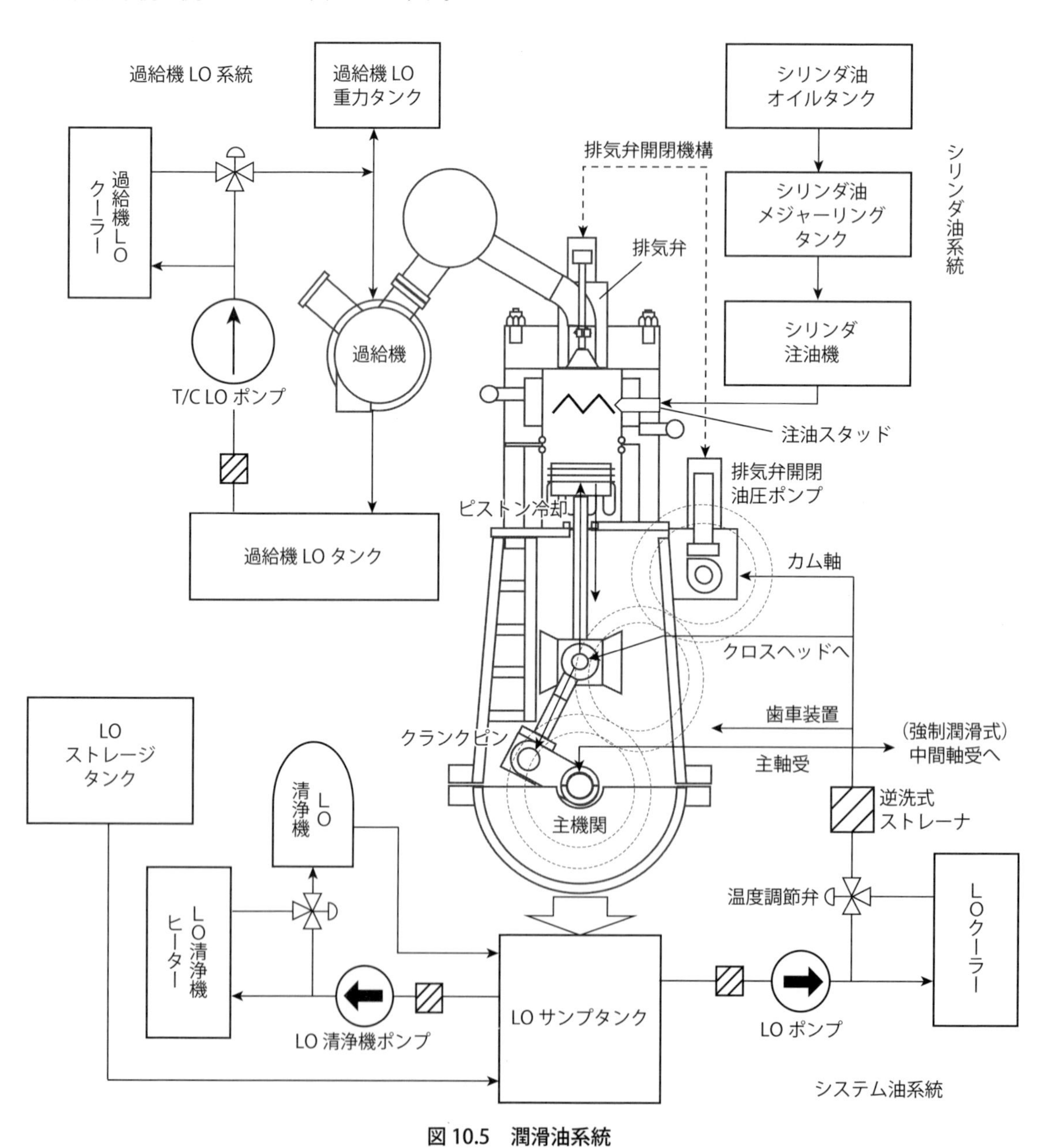

図 10.5　潤滑油系統

(1)　システム油系統（System oil line）

システム油系統は機関各駆動部の潤滑および冷却を目的とした系統である。

①　潤滑油サンプタンク（LO サンプタンク，LO Sump tank）

エンジン下部に配置して，機関各部を潤滑した潤滑油を溜めておく。

②　**ストレーナ**

潤滑油の持っている清浄作用により機関内部のゴミなどを収集したのち，繰り返し使用するため潤滑油中のゴミなどを回収する目的でストレーナを設置する。

③　潤滑油ポンプ（LO ポンプ，LO Pump）

潤滑油を機関に供給するポンプで，中・小型機関では機関の回転により駆動する直結ポンプが使用される。大型機関では機関とは独立した電動のポンプが使用されている。潤滑油ポンプには一般的に歯車ポンプやねじポンプが使用されている。図 10.6 に**歯車ポンプ**および **3 本ねじポンプ**のカット図を示す。

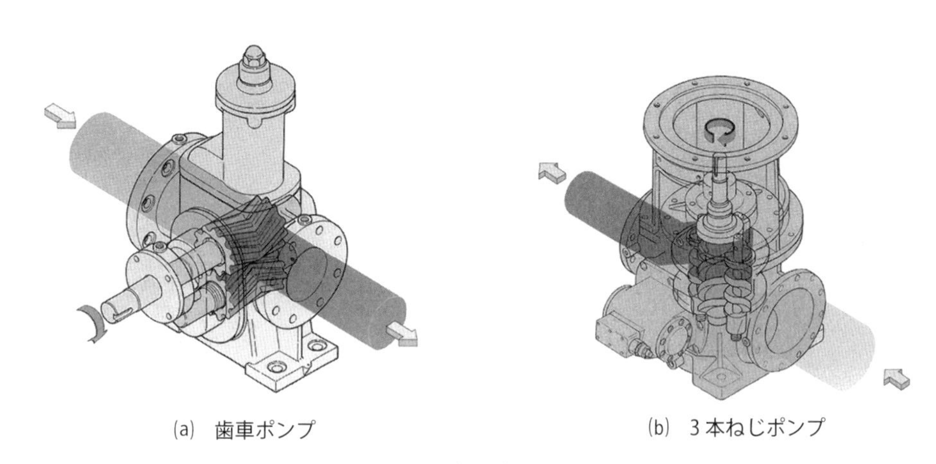

(a)　歯車ポンプ　　(b)　3 本ねじポンプ

図 10.6　歯車ポンプおよびねじポンプ
〔提供：大晃機械工業〕

④　潤滑油冷却器（LO クーラー，LO Cooler）

潤滑油は機関各部の潤滑を行うとともに冷却も行う。高温になった潤滑油は冷却能力の低下や，粘度低下により膜形成が困難になるなど，潤滑油の目的が果たせなくなる。このため，潤滑油冷却器を設置して海水などと熱交換をすることにより冷却する。潤滑油冷却器には温度調節弁とバイパスラインが設けており，潤滑油冷却器に流れる量を調整することにより，潤滑油の温度を適正に保つ。潤滑油冷却器には円筒多管式（シェルアンドチューブ式）とプレート式があり，それぞれについて次に説明する。

(ア)　**円筒多管式熱交換器**（シェルアンドチューブ式熱交換器）

円筒多管式熱交換器は円筒状の胴体（シェル）の中に多数の管（チューブ）を配置した構造で，管の中を海水が，管の外側を潤滑油が流れて熱交換を行う。円筒多管式熱交換器について図 10.7 に示す。

(イ)　**プレート式熱交換器**

プレート式熱交換器はステンレスの薄い板を重ね，その間を潤滑油と冷却水が交互に流れることにより熱交換を行う。円筒多管式熱交換器に比べて伝熱面積が大きく，交換熱量が大きいためコンパクトにできる。また，プレートを分解することで容易に清掃ができる。プレート式熱交換器について図 10.8 に示す。

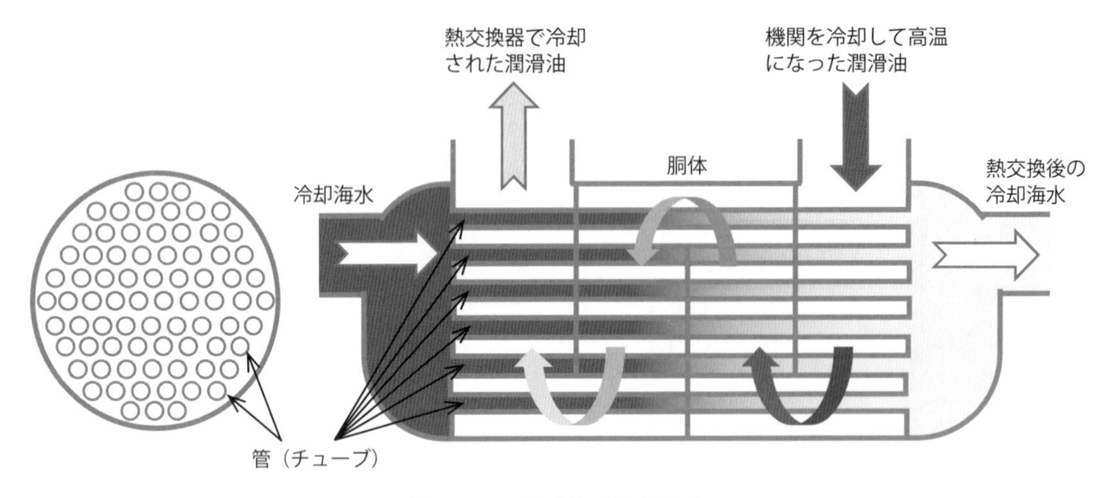

図 10.7　円筒多管式熱交換器

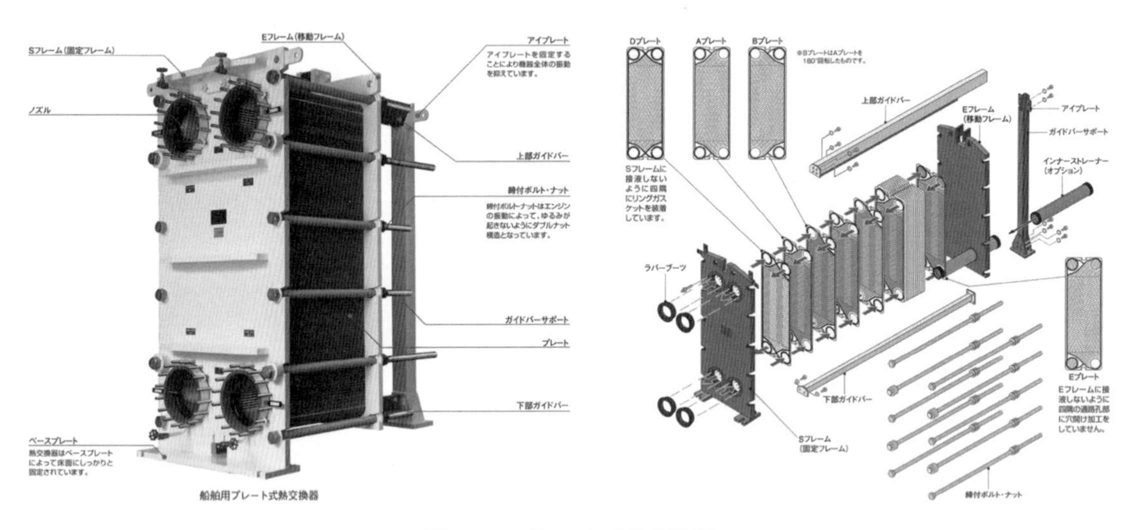

図 10.8　プレート式熱交換器
〔提供：日阪製作所〕

⑤　ストレーナ

⑥　機関（潤滑油主管）

機関内部の潤滑油の流れについて，トランクピストン型およびクロスヘッド型をそれぞれ記す。

(ア)　トランクピストン型

潤滑油主管→主軸受→クランクジャーナル→クランクシャフト内部を通過→クランクピン軸受→連接棒大端部→連接棒内部を通過→連接棒小端部→ピストンピン軸受→ピストン→サンプタンク

(イ)　クロスヘッド型

(a)　潤滑油主管→主軸受

(b)　潤滑油主管→クロスヘッド→ピストンロッド内部を通過→ピストンの冷却

(c)　潤滑油主管→連接棒内部を通過→連接棒大端部→クランクピン軸受

(ウ)　トランクピストン型，クロスヘッド型共通

カム軸（カム軸潤滑油系統を別に備える機関もある），付属機器駆動装置，スラスト軸受

⑦　各部を潤滑・冷却したのちサンプタンクに戻る

(2)　シリンダ油系統（Cylinder oil line）

トランクピストン形ではシステム油を掻き上げてシリンダとピストンの間の潤滑をするが，クロスヘッド形大型機関ではクランク室とシリンダが分断されているため，シリンダ油系統を別に設ける必要がある。シリンダ油はシリンダとピストン間の潤滑および密閉を目的としてシリンダライナに注油される。シリンダ油の一部は燃焼ガスとともに燃焼し，一部はオイルリングにより掻き落とされ排出される。なお，トランクピストン型でも低速ロングストローク機関ではシリンダ油系統を備えるものもある。シリンダ油の流れについて次に記す。

①　シリンダ油タンク

シリンダ油を貯蔵しておくタンク。

②　シリンダ油メジャータンク

定期的にシリンダ油タンクから補充をして使用量の管理を行うタンク。

③　シリンダ注油器（Cylinder oil lubricator）

機関の回転に合わせて注油器のカム軸が回転し，各シリンダに合わせて設けられたプランジャが押し出されることにより注油スタッドへ送油される。

④　注油スタッド（Cylinder oil stud）

注油スタッドは注油器によりシリンダ油が送油され，注油スタッド内に蓄圧され，シリンダ内との圧力差によって注油される。また，ガス圧による逆流を防ぐため，逆止弁を備えている。

⑤　シリンダライナ

シリンダライナに4～8の注油孔が設けられ，注油スタッドより注油される。

(3)　潤滑油清浄系統

潤滑油の清浄系統はシステム油系統とは別にサンプタンクから取り出し，潤滑油清浄機で清浄したのちサンプタンクに戻す側流清浄方式が用いられている。潤滑油清浄機には燃料油清浄機と同様に遠心分離機が用いられている。暖機時は潤滑油ヒーターを用いてサンプタンク内の潤滑油を温めることにより，システム油系統を循環させて機関の暖機を行うことができる。

(4)　過給機潤滑油系統

過給機の軸受の潤滑は，密閉式の自己潤滑式と，過給機の外部にポンプと冷却器を配置した過給機潤滑油系統を持つ強制潤滑式がある。過給機は高速回転をしているため，瞬時の油切れでも軸受を焼損さ

せ重大事故につながる。このため，過給機潤滑油系統には停電などでポンプが停止しても数分間潤滑油を供給できるように，過給機よりも高い箇所に重力（グラビティー）タンクが設けている。

(5) その他の潤滑油系統および作動油系統

① クラッチおよび減速機の潤滑油を行う，クラッチ潤滑油系統および減速機潤滑油系統。
② 船尾管軸受の潤滑を行う，船尾管軸受潤滑油系統。
③ その他，可変ピッチプロペラや操舵機，係船装置，クレーンなどの荷役設備の作動油の系統。

10.3.3 潤滑油の流れ

潤滑油は繰り返し使用するため，時間が経つと劣化してくる。潤滑油の性能を調べる方法として，通常は陸上の検査機関で分析をするが，船内で簡易的に試験をする方法として**スポットテスト**がある。スポットテストはアルカリ価を測定して，潤滑油の清浄分散性（汚染物質を潤滑油内に保持できる能力）を知ることにより潤滑油の性能管理を行う。また，トランクピストン型の機関ではアルカリ価の急激な減少により，ブローバイの程度や燃焼生成物の混入の度合いを知ることができる。潤滑油が劣化したまま，機関を運転し続けると悪影響が出るため，潤滑油の交換が必要となる。

10.3.4 船舶で使用されている潤滑油の種類

船ではディーゼル機関以外にもさまざまな機械があり，それぞれの機械の使用用途や粘度，性質に合わせた潤滑油が使用されている。表 10.2 に舶用機器用の潤滑油の一例を記す。

表 10.2 船舶で使用する潤滑油

機器の名称	油の種類	適正な粘度
主機関，発電機，過給機，船尾管	システム油	SAE30，40
シリンダ	シリンダ油	SAE50
蒸気タービン機関	タービン油	—
甲板機械，操舵装置，可変ピッチプロペラ，各種油圧機器	油圧作動油	VG5 ～ 100
空気圧縮機	コンプレッサー油	VG100
冷凍機	冷凍機油	VG32 ～ 68
減速機，甲板機の歯車部	ギア油	VG100 ～ 460

SAE：車両潤滑油類の粘度で米国自動車技術者協会により決定した粘度
VG：工業用潤滑油類の粘度で ISO により決定した粘度

10.4 冷却清水系統（Cooling fresh water line）

ディーゼル機関のシリンダの冷却を行うための系統で，自動車でいうクーラントに相当するものである。シリンダを冷却する際に，シリンダライナとシリンダジャケットの間を通過することから**ジャケッ**

ト冷却水とも呼ばれている。シリンダのほか，排気弁，過給機ケーシングなどの高温部についても冷却をする。また，機関始動前に冷却清水を温め循環させることにより，暖機にも利用される。冷却清水の圧力は機関入口で 0.15 ～ 0.25［MPa］程度である。設定温度は機関入口で 65 ～ 70［℃］，機関出口で 70 ～ 85［℃］になる。また，最新の機関になるほど，設定温度は高くなる傾向がある。これは冷却による熱損失を抑えるためである。

10.4.1　冷却清水系統の流れ

冷却清水の配管系統について図 10.9 に示す。

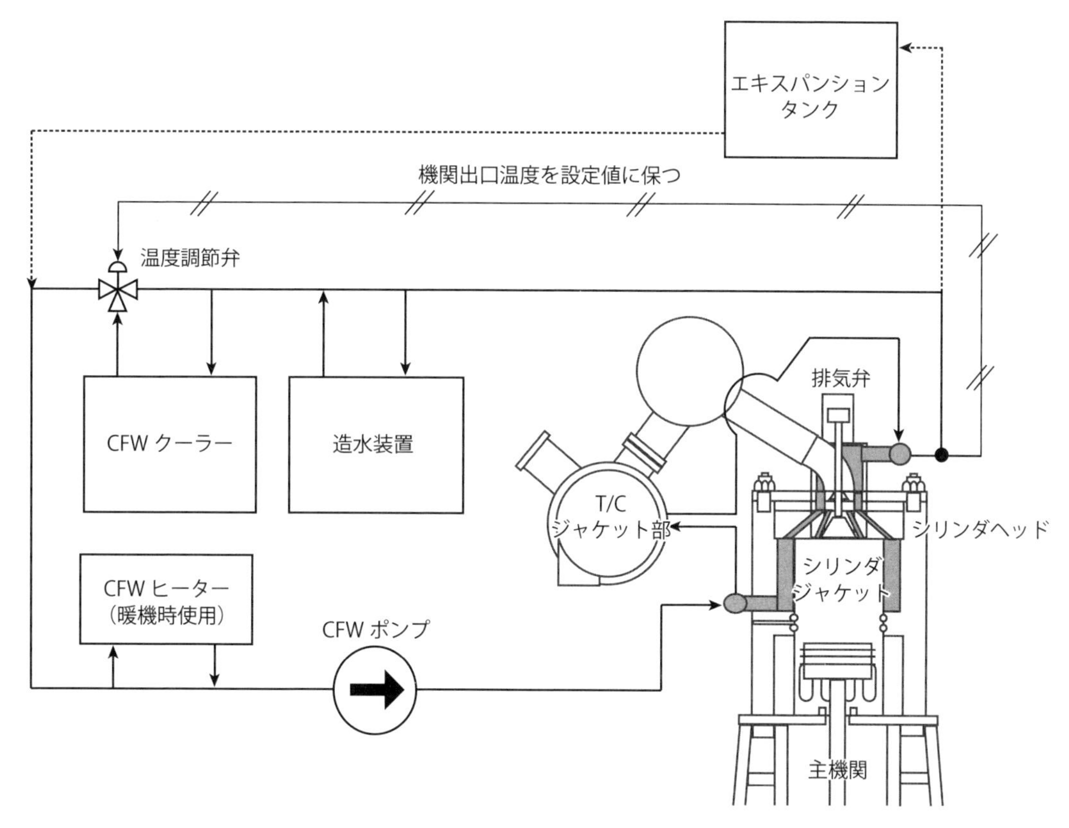

図 10.9　冷却清水系統

①　冷却清水ポンプ（CFW ポンプ，CFW Pump）

機関や過給機に冷却清水供給するポンプ。一般的にうず巻きポンプが使用される。

②　機関（冷却水主管）

冷却水主管→シリンダライナ→シリンダヘッド→排気弁→冷却水集合管

③　過給機ケーシング

④　冷却清水冷却器（CFW クーラー，CFW Cooler）

エンジンおよび過給機を冷却して温度上昇した冷却清水を，冷却海水によって冷却する。自動車ではラジエターに相当するもの。

⑤　温度調節弁

温度調節弁は冷却清水の機関出口温度を調整している。温度調節弁には空気圧力式，電気式，自力式などがある。空気圧力式は温度検出媒体の熱膨張による体積変化を空気信号に変換し，空気動力式の弁の開度を変えて温度を調整する。電気式は温度センサーからの電気信号を空気信号に変換し，空気動力式の弁の開度を変えて温度を調整する。自力式は温度検出媒体の熱膨張による体積変化を直接弁の開度変化に変換させるもので中・小型機関で多く使用される。自力式温度調節弁の一例として**ワックス式温度調節弁**について図 10.10 に示す。

(a)　流体が高温時，ワックスエレメントが膨張しロータを回転させてクーラー側の開度を大きくする。

(b)　流体が低温時，ワックスエレメントが収縮しばねの力でロータを戻し，バイパス側の開度を大きくする。

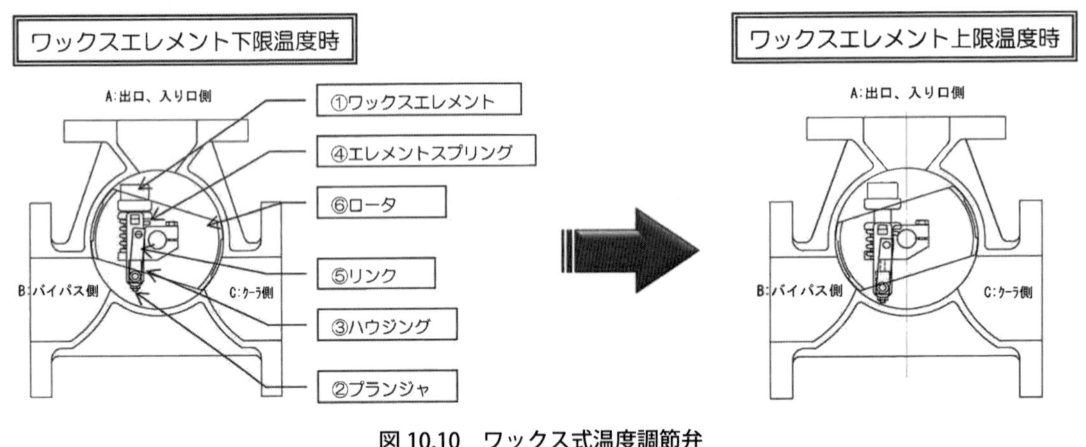

図 10.10　ワックス式温度調節弁
〔提供：TPR 商事〕

⑥　**冷却清水膨張タンク（エキスパンションタンク，**CFW Expansion tank）

冷却清水の温度変化による膨張収縮を行う。高所に配置し，系統内のエア抜きおよび圧力を高めている。また，冷却水の補充や防錆剤の投入を行う。

⑦　冷却清水加熱器（CFW 加熱器）

暖機の際に冷却清水を加熱し，温められた冷却清水を循環させることにより機関を温める。

⑧　**造水装置**（Fresh water generator）

エンジンを冷却することで温められた冷却清水を熱源にして海水を蒸発させ，それを冷却することにより清水をつくりだす装置。海水側を真空にすることにより海水の蒸発温度が下がり冷却清水(80[℃])でも海水を蒸発させることができる。つくられた清水はボイラ水の補給や雑用清水，生活用水として使用する。造水装置の外観および造水の行程について図 10.11 に示す。

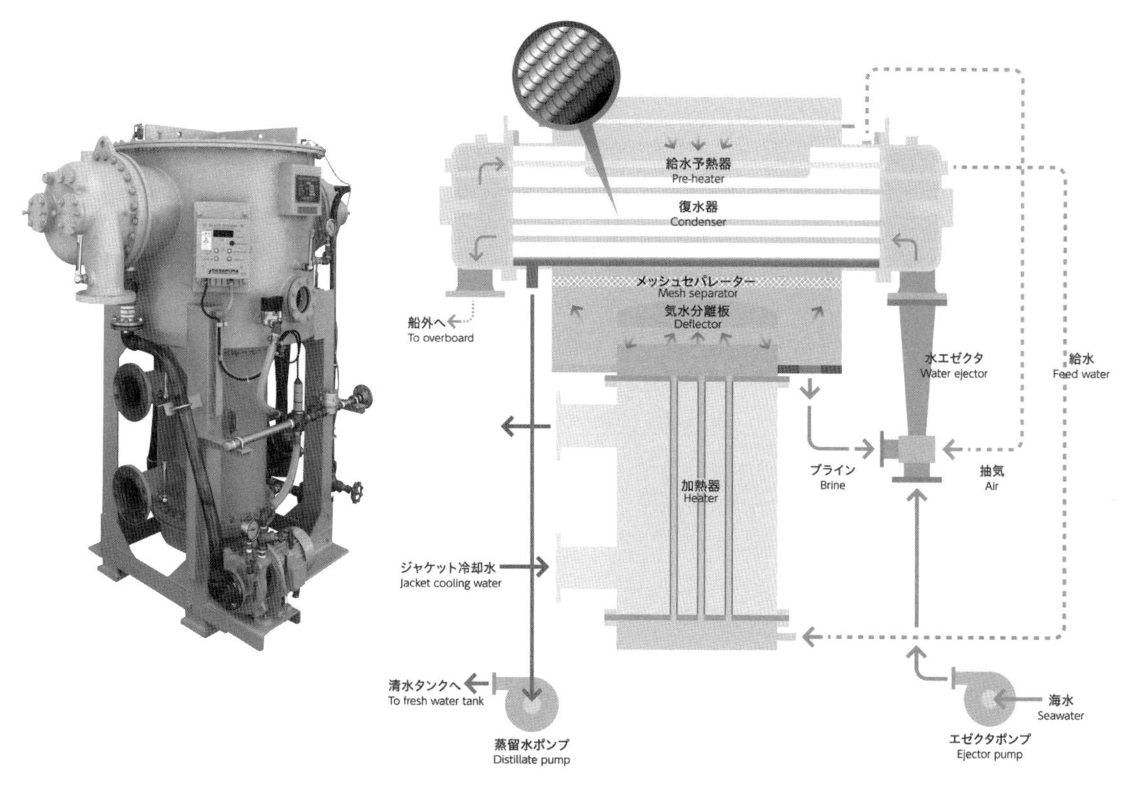

図 10.11　造水装置および造水行程
〔提供：ササクラ〕

10.4.2　冷却清水の管理

冷却清水には錆，腐食，水あかの発生，および凍結を防止するため防錆剤などの添加剤を添加されている。添加剤の濃度，pH，油分および沈殿物の除去などの管理を行う必要がある。

10.5　冷却海水系統（Cooling sea water line）

エンジンを冷却して温められた潤滑油や冷却清水を冷却する系統。また，燃焼効率をよくするために給気の冷却も行う。冷却海水系統の圧力は 0.15 ～ 0.2 [MPa] 程度で，冷却器において潤滑油や冷却清水側に海水が漏れ出すことを防止するため，冷却清水系統の圧力より低い圧力に設定されている。設定温度は，船が世界中のさまざまな海域を航行することを念頭に，ディーゼル推進プラントを設計するに当たり，一般的にもっとも高い海域の海水温度として JIS F0502 により 32 [℃] で設計されている。

10.5.1　冷却海水系統の流れ

冷却海水の配管系統の一例を図 10.12 に示す。

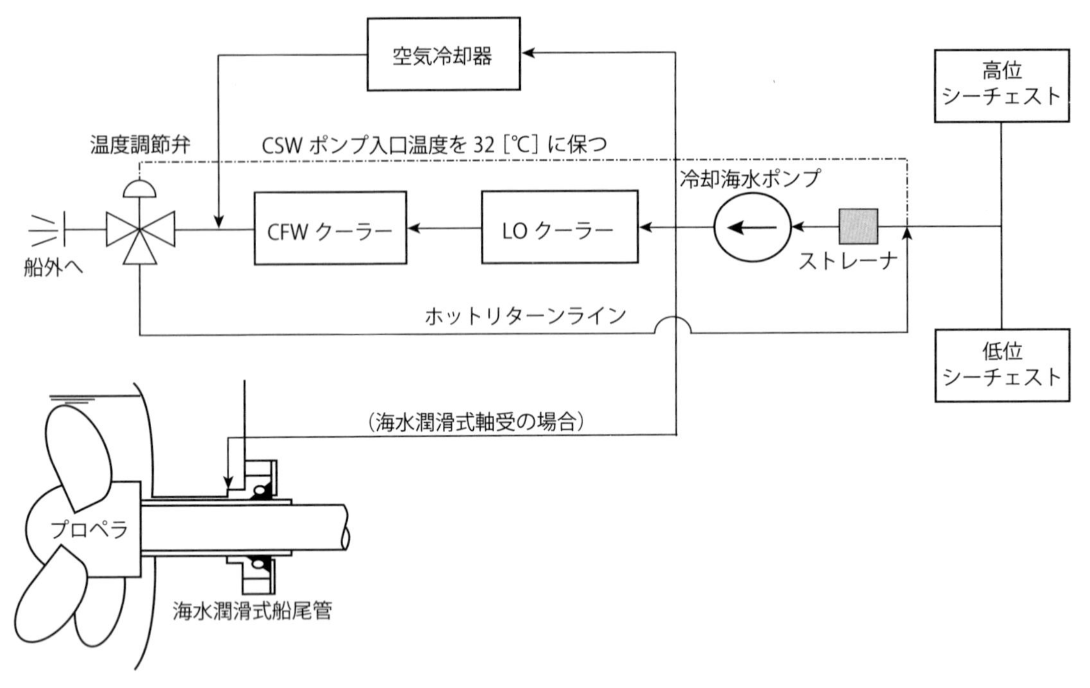

図 10.12　冷却海水系統

① **シーチェスト**（Sea chest）

海水の取り入れ口をいう。高位および低位があり，水深や喫水，海象などにより使い分ける。

② ストレーナ

燃料油や潤滑油で使用されるストレーナに比べて目が大きい。

③ 冷却海水ポンプ（CSW ポンプ，CSW Pump）

主機および軸系の各種熱交換器に冷却海水を送る。一般的にうず巻きポンプが使用されている。

④ 潤滑油冷却器（LO クーラー，LO Cooler）

エンジン各部を潤滑，冷却して温度上昇した潤滑油の冷却を行う。

⑤ 冷却清水冷却器（CFW クーラー，CFW Cooler）

主機および過給機を冷却して温度上昇した冷却清水を冷却する。

⑥ **空気冷却器**（エアクーラー，Air cooler）

過給機によって圧縮された高温の給気を冷却海水によって冷却する。これにより，燃焼用空気密度を高める。

⑦ **ホットリターンライン**，温度調節弁

熱交換後の温められた海水を冷却海水ポンプの吸入側に戻すことにより，冷却海水を設定温度に保つ。

10.5.2　海水系統の保護

海水系統の配管や機器は腐食や海洋生物の付着から保護する必要がある。海水系統の防食方法および海洋生物の付着防止方法について説明する。

(1)　防食方法

腐食の原因は金属内の電位差による電池作用によるもので，金属が海水中にあると腐食電流が流れやすくなり腐食が進む。海水系統の配管や機器の材料に使用される鋼より電位的に高いところをつくることにより防食電流を流す電気防食方法が利用されている。電気防食方法には，外部電源から直流電流を流して防食する外部電源方式と，鋼より電位的に高い亜鉛板を設置する流電陽極方式がある。亜鉛板は鋼より先に腐食し，防食することから犠牲陽極方式ともいわれている。船では直流電源が不要であること，施工が簡単で維持管理が不要であること，過防食による塗膜の剥離の危険性が少ない，漏れ電流による腐食が少ないことから流電防食方式が多く採用されている。金属腐食と流電防食方式の原理について図 10.13 に示す。

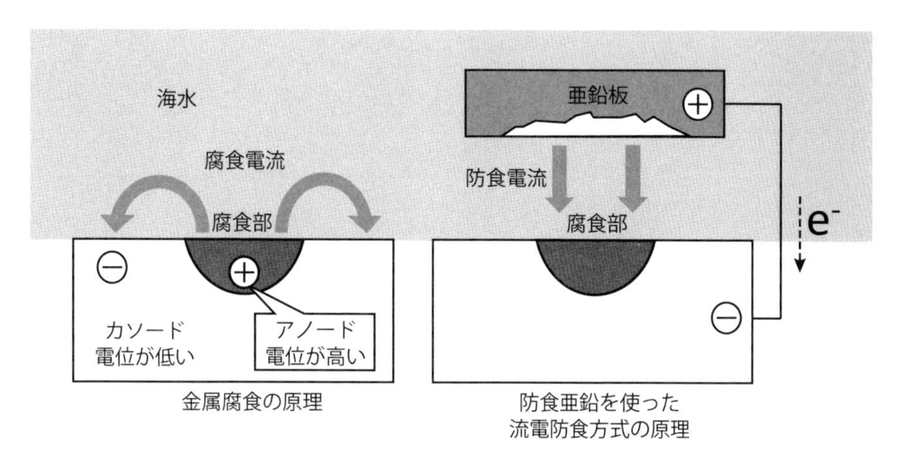

図 10.13　金属腐食と流電防食方式の原理

(2)　海洋生物の付着防止方法

海洋生物の付着の防止方法として海洋生物付着防止装置（MGPS：Marine Growth Preventing System）が使用される。これは海水を電気分解して塩素化合物を発生させ，それをシーチェスト内に注入することで海水管系に海洋生物が付着することを防止する方法などがある。

10.6　セントラルクーリングシステム

これまで海水を用いて冷却していた冷却器や補機についても，機器の保護や環境保護を目的に清水を使用して冷却するシステムを**セントラルクーリングシステム**という。冷却清水系統として主に主機を冷却していたラインを高温冷却清水系統，冷却海水系統として各熱交換器や補機を冷却していたラインを低温冷却清水系統として区別している。セントラルクーリングシステムにより潤滑油冷却器において，海水と潤滑油が熱交換をしないため，不具合があった場合でも潤滑油の船外流出を防止できる。また，スケールや海洋生物などの付着が限られるため管理がしやすくなる。セントラルクーリングシステムについて図 10.14 に示す。

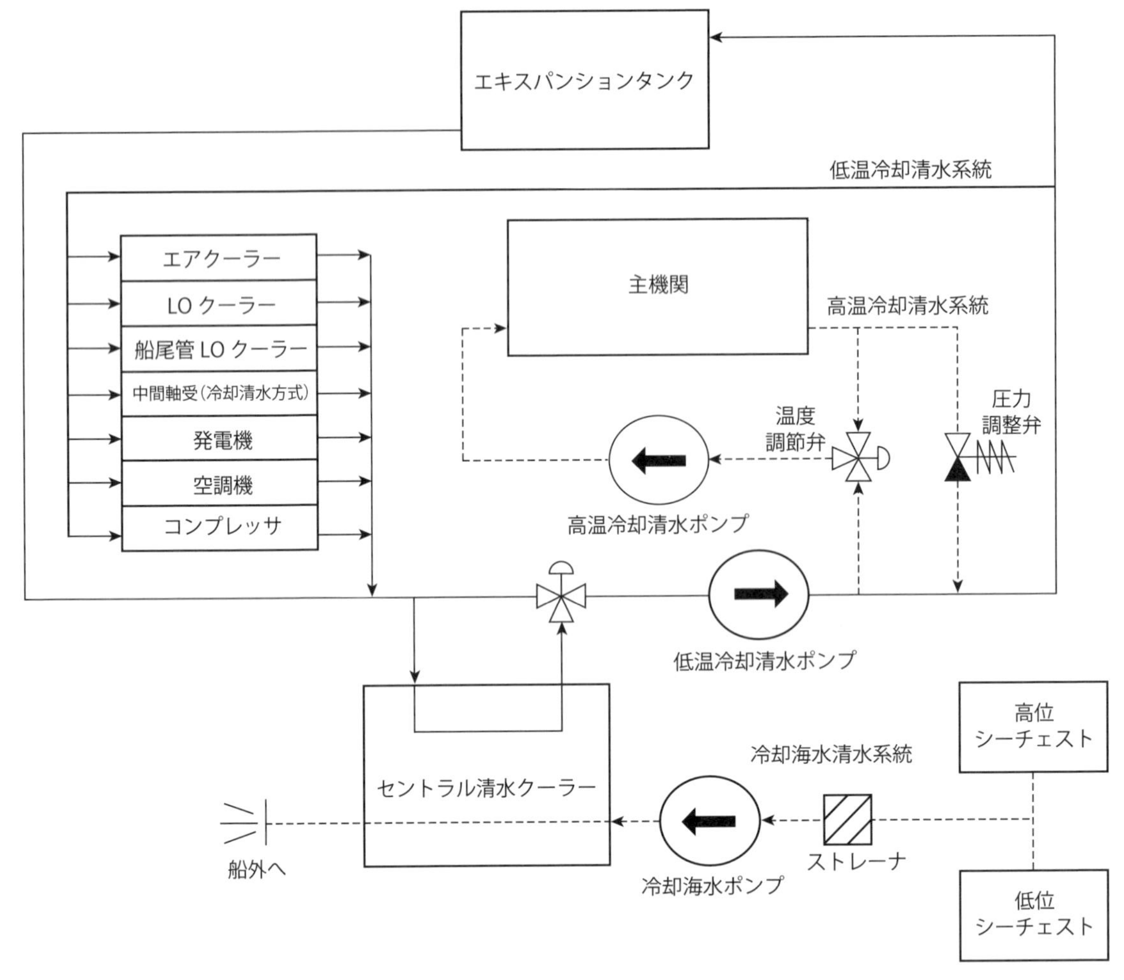

図 10.14　セントラルクーリングシステム

10.7　始動空気系統

機関を始動するには外部から力を加える必要がある。大型の機関の場合シリンダ内に直接圧縮空気を入れてピストンを押し下げることで始動させる直接始動式が採用されている。直接始動式の始動空気の圧力は 2.0 ～ 3.0 [MPa] 程度である。また，中・小型機関ではエアモータを利用したエアスタータ式が採用されている。ここでは直接始動式機関の始動空気系統と自己逆転式機関の逆転機構およびエアスタータ式について説明する。

10.7.1　直接始動式の始動空気系統の流れ

直接始動式の始動空気の配管系統について図 10.15 に示す。

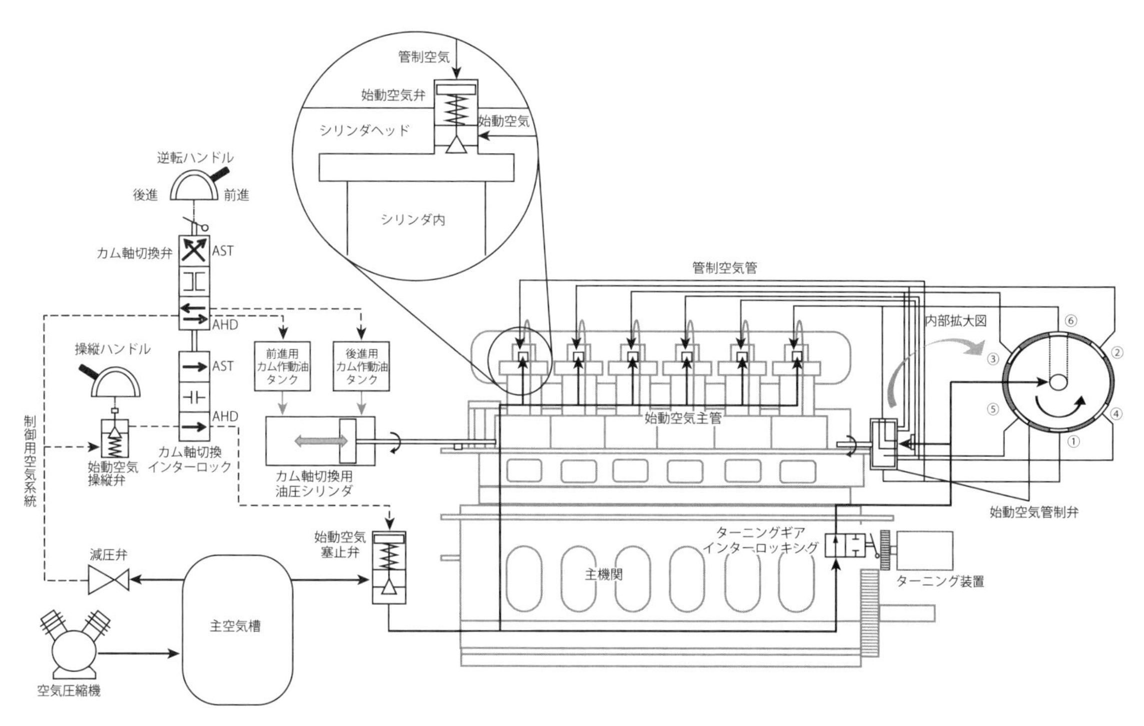

図 10.15　直接始動式の始動空気系統

① **圧縮機**（Compressor）

圧縮空気をつくる機械。圧縮空気は機関の始動以外にも，機関やプラントの制御や汽笛，雑用空気として使用される。

② **主空気槽**（Air tank，Air reservoir）

圧縮空気を蓄えておくタンク。空気槽の容量は，主機関が自己逆転式の場合 12 回以上，逆転装置や可変ピッチプロペラにより後進できる場合は 6 回以上，発停できる容量を有さなければならない。主空気槽は最高圧力が 2.9［MPa］の圧縮空気を蓄えられる圧力容器で，船舶機関規則に合格したものでなければならない。

③ 始動空気操縦弁

始動空気塞止弁の開閉を行うための制御用空気を操作する。

④ 始動空気塞止弁

始動空気操縦弁または始動用電磁弁から圧縮空気が塞止弁の開閉プランジャに送られて，塞止弁が開き，エンジン側に始動空気が流れる。

⑤ 始動空気管制弁（始動空気分配弁）

着火順序にしたがって，ピストンが始動位置（膨張行程）にあるシリンダを選択して管制空気（パイロットエア）を始動弁に送る。6 シリンダ以上の機関では，いずれかのピストンが始動位置にいるが，5 シリンダ以下の機関では，ターニングをしていずれかのピストンの圧縮上死点過ぎ 5 ～ 10 度の始動位置に合わせる必要がある。

⑥　始動弁

シリンダヘッドに取り付けられ，始動位置にあるシリンダの始動弁に管制空気が送られ始動弁が押されることにより，始動空気主管の圧縮空気がシリンダ内に入りピストンが押し下げられて始動する。管制空気を遮断すると戻しばねにより戻され閉止する。

10.7.2　自己逆転機構

自己逆転式機関とは主機関自体が逆回転することで船を後進することができる機関である。逆転させるためには燃料噴射のタイミングおよび吸排気弁の開閉タイミングを変える必要がある。自己逆転機構の種類にはいくつかあるが，図 10.15 の機関ではカム軸を移動させることによりタイミングの変更を行う。逆転時，逆転制御用の空気がカム作動油タンクに送られ，油圧に変換してカム軸の移動を行う。

10.7.3　エアスタータによる始動方法

中・小型機関の始動方法に用いられ，大型船においては発電機の始動方法で用いられている。エアスタータによる始動は，高圧空気（0.6 ～ 0.9 [MPa] 程度）で作動するエアモータを取り付けて機関を始動させる方式で，エアモータの出力の増大により近年 1000 [kW] 以上の中・高速機関にも採用する機種が増えてきている。エアスタータはモータ部と駆動部に分かれており，モータ部はエアタービン式とベーン式があり，比較的大型の機関ではエアタービン式が，中・小型の機関ではベーン式が採用されている。駆動部は減速ギア，摩擦板，ピニオン，ピニオン軸などで構成されている。エアモータに高圧空気を入れると，エアタービンまたはベーンが高速で回転して，減速機構を介してピニオンがリングギアとかみ合いフライホイールを回転させ始動する。

エンジンの始動方法

エンジンを始動する際，外部から力を加える必要があるが，前述した直接始動式とエアスター タ式以外にも小型機関では以下の方法がある。

①　リコイルスタータ式

ロープを引いてエンジンを始動させる方法。草刈り機などの小型機関に使用されている。

②　キックスタータ式

足踏み式のレバーを下すことによってエンジンを始動させる方法。主にオートバイに使用されている。

③　セルスタータ式

電気モータ（セルモータ）によりエンジンを始動させる方法。自動車をはじめとした多くの小型機関に使用されている。

10.8　給排気系統および蒸気系統

給気系統および排気系統について説明し，併せてディーゼル推進プラントにおける蒸気系統についても説明する。給排気系統および蒸気系統の流れについて図 10.16 に示す。

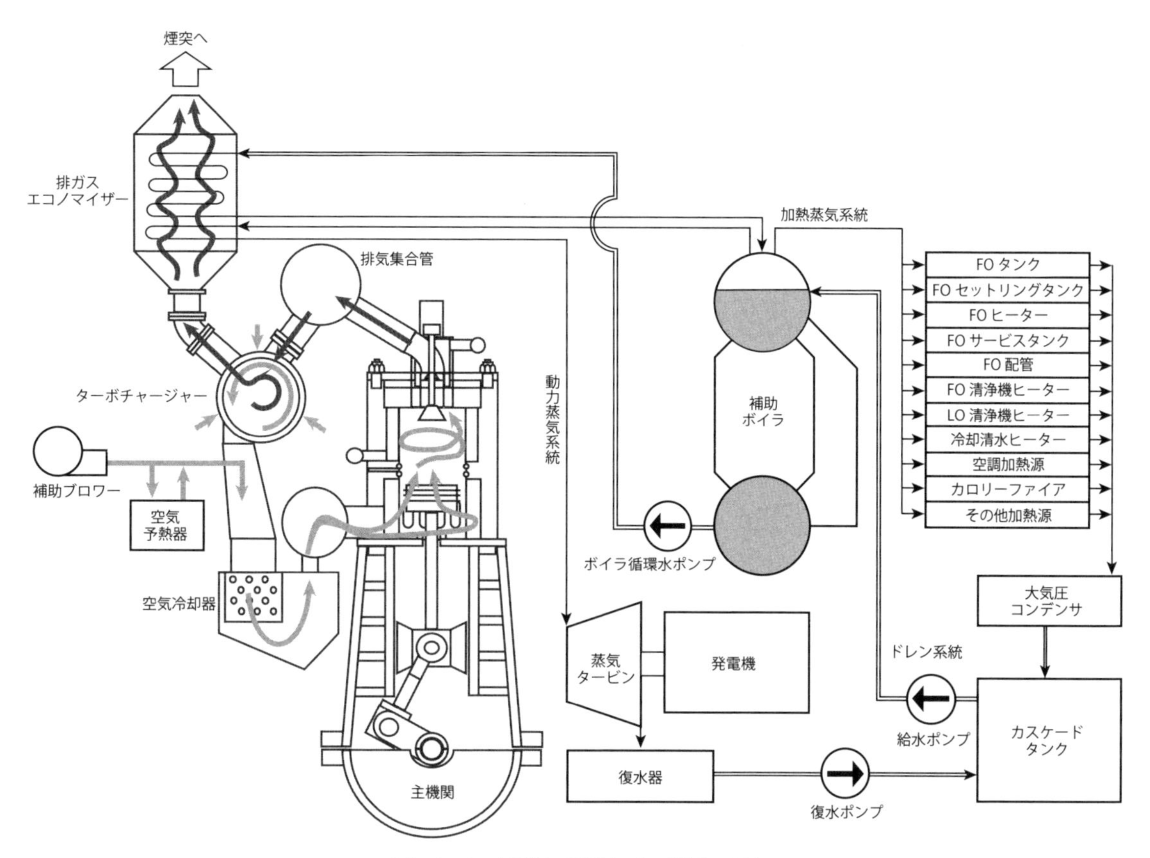

図 10.16　給排気系統および蒸気系統

10.8.1　給気系統（Intake air line）

給気系統は燃料の燃焼に必要な空気をシリンダ内に送り込む系統である。燃焼効率をよくするために過給機や空気冷却器を設けている。給気の温度は機関入口で 40［℃］程度になるようにしている。給気温度が高すぎる場合は，空気の膨張により燃焼効率が低下する。給気温度が低すぎる場合は着火性が悪くなったり，ドレンの発生により低温腐食の原因となる。

① **排気タービン過給機**（Turbocharger）

排ガスによりタービンを駆動して，同軸反対側に取り付けられたブロワーによって機関に給気する。このとき，主機の各シリンダへ送られる燃焼用空気の密度を高めて，より多くの燃料油を燃焼させることにより，機関出力を高める。

② **補助ブロワー**（Auxiliary blower）

2サイクル機関の場合給気行程がないため，機関の始動時や低負荷時などでは過給機の回転数が低くなり，給気量が少なくなるため補助ブロワーを用いて空気を送り込む（4ストロークサイクル機関では設置しない）。

③　空気予熱器（Air preheater）

機関始動時など，給気温度が低すぎる場合に着火性を向上させるため給気をあらかじめ温めておく装置が一部の機関に存在する。

④　**空気冷却器**（エアクーラー，Air cooler）

過給機によって圧縮された空気は高温となり膨張する。この膨張した給気を海水（セントラルクーリングシステムでは低温冷却清水）で冷却することにより，空気密度を高める熱交換器である。

⑤　機関の給気マニホールド

⑥　給気弁（4ストローク機関）または給気孔（2ストローク機関）

⑦　シリンダ内

10.8.2　排気系統（Exhaust gas line）

排気系統は燃焼ガスをシリンダから船外に排出する系統である。排ガスの温度はシリンダ出口で320～370［℃］程度，排ガスタービンの入口で420［℃］程度，出口で240～300［℃］程度になる。排ガスの温度は高く，熱エネルギーを十分に保有しているため，そのまま大気に排出するのはもったいないとの考えから，舶用推進プラントでは排ガスの持つ熱エネルギーをできるだけ利用するために排気タービン過給機や排ガスエコノマイザーなどが取り付けられている。

①　排気弁

シリンダ内の排気ガスは排気弁が開いて排出される。

②　排気タービン過給機（Turbocharger）

排ガスの持つ熱エネルギーを利用してタービンを駆動し，同軸反対側に取り付けられたブロワーを回転させる。

③　**排ガスエコノマイザー**（Exhaust gas economizer）

排気タービン過給機から出た排ガスの熱エネルギーを利用して高温・高圧の蒸気をつくる。つくられた蒸気は燃料油系統の加熱や船内電源用の蒸気タービン発電機の駆動，その他暖機や積荷の加熱に利用される。特にC重油を使用する船舶においては，粘度を下げるためにタンクの底部や配管に沿って配管され常に過熱している。

④　**排ガス処理装置**

地球環境の保護を目的として，排ガス排出規制が強化されてきている。これに伴い，排ガスに含まれる窒素酸化物（NO_x）や硫黄酸化物（SO_x）を削減するための装置を設けている船舶もある。

⑤　煙突

排気ガス処理装置

(1)　窒素酸化物（NO_X）の削減

窒素酸化物（NO_X）の後処理装置として代表的なものに，SCR（Selective Catalytic Reduction）脱硝装置がある。SCR 脱硝装置は，排気ガス中に尿素水を噴射し，排ガスの熱でアンモニア（NH_3）を生成し，触媒上で NO_X と反応させて無害な窒素と水に分解させる。

(2)　硫黄酸化物（SO_X）の削減

硫黄酸化物（SO_X）の後処理装置として代表的なものに，SO_X スクラバーがある。SO_X スクラバーは，排ガスを海水などの洗浄水で洗浄し排ガス中の硫黄分を削減させる。洗浄後の海水を浄化装置でスラッジと分離し排水するオープンシステムと，排水の水質が規制されている地域などで，洗浄水に清水を用いて，洗浄後の水を冷却および水酸化ナトリウム（NaOH）と反応させて洗浄水を循環させるクローズシステムがある。

図 a.1 に SCR 脱硝装置システムとオープンシステムの SO_X スクラバーを示す。

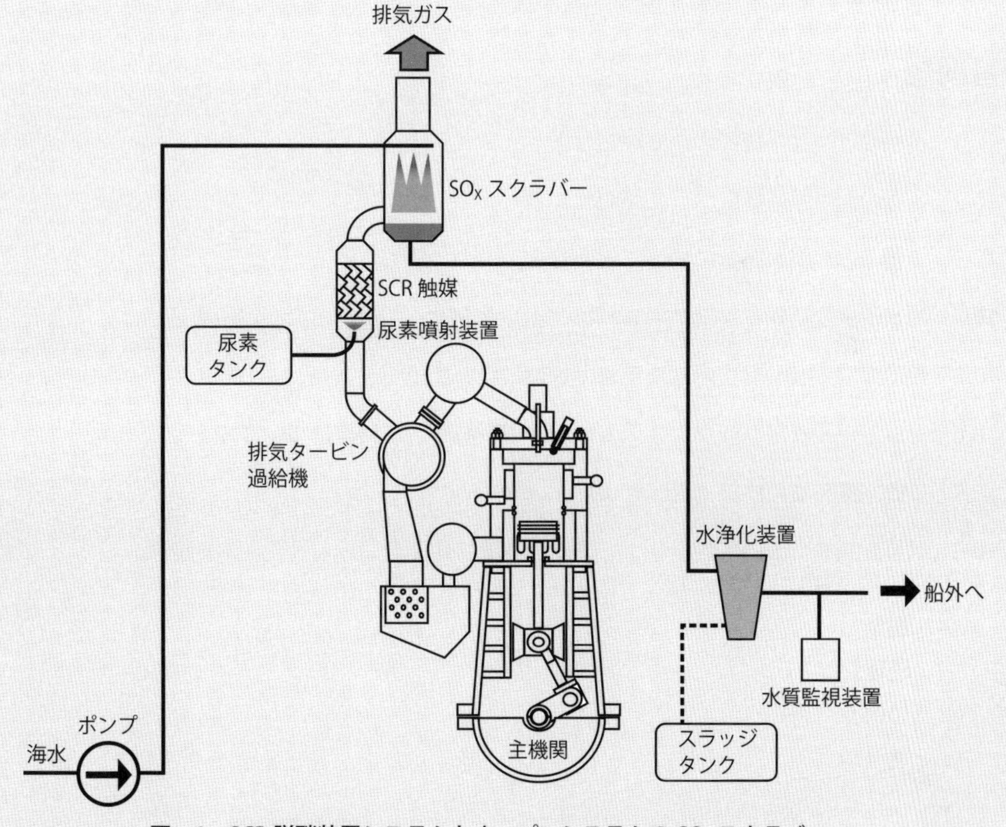

図 a.1　SCR 脱硝装置システムとオープンシステムの SO_X スクラバー

10.8.3　蒸気系統（Steam line）

補助ボイラおよび排ガスエコノマイザーでつくられた蒸気は燃料油系統を中心とした加熱源として使用される。また，蒸気タービン発電機（T/G，Tarbo Generatar）を設置している船の動力蒸気としても使用される。機関の運転に直接関わらないが，大型船のディーゼル推進プラントを運転するうえで重要な役割を担っている。

参考文献

1. 山下新日本汽船海技部，機関概論，成山堂書店，1983
2. 独立行政法人海技教育機構海技大学校機関科教室，海技士 1･2E 口述対策問題集，海文堂出版，2011
3. 東京海洋大学海技試験問題研究会，海技士 2E 徹底攻略問題集，海文堂出版，2009
4. 東京海洋大学海技試験問題研究会，海技士 1E 徹底攻略問題集，海文堂出版，2009
5. 大島商船高専マリンエンジニア育成会，機関学概論，成山堂書店，2006
6. 大島商船高等専門学校練習船大島丸，大島丸実習ノート

練習問題

問 10-1　主機の燃料油系統について説明せよ。

問 10-2　主機の潤滑油系統について説明せよ。

問 10-3　主機の冷却清水系統について説明せよ。

問 10-4　冷却清水膨張タンク（エキスパンションタンク）の役目と設置場所を述べよ。

問 10-5　冷却海水系統の腐食の原理とその対策について説明せよ。

問 10-6　セントラルクーリングシステムについて系統および利点について説明せよ。

問 10-7　始動空気系統について説明せよ。

問 10-8　給排気系統について説明せよ。また，空気冷却器を設ける理由を説明せよ。

練習問題の解答

CHAPTER 2

解 2-1　2.1.1 と 2.1.2 を参照

解 2-2　2.2.1 を参照

解 2-3　2.2.1 と 2.2.2 を参照

CHAPTER 3

解 3-1　3.2 を参照

解 3-2　3.4 を参照

CHAPTER 4

解 4-1　4.1.1 の（1）を参照

解 4-2　4.1.1 の（3）を参照

解 4-3　4.1.2 の（1）を参照

解 4-4　4.1.3 を参照

解 4-5　4.1.5 を参照

解 4-6　4.1.6 を参照

解 4-7　4.2.1 を参照

解 4-8　4.2.1 の（2）を参照

解 4-9　4.2.2 を参照

解 4-10　4.2.2 を参照

解 4-11　4.2.3 を参照

解 4-12　4.3.2 を参照

解 4-13　4.3.4 を参照

解 4-14　4.3.6 を参照

CHAPTER 5

解 5-1　60.1 [m^3]

［解説］

エタンの場合，式(5.10) において n = 2，H = 6 となる。式(5.10) よりエタンと Air の体積比は

$$1 : \frac{100}{21}\left(2 + \frac{6}{4}\right) = 1 : 16.7$$

と示される。つまりエタンを量論比で燃焼させるには，エタンの 16.7 倍の体積の空気が必要である。また空気過剰率 1.2 であるため，理論空気量の 1.2 倍の空気を供給する。これらのことから，エタン 3 [m^3] を空気過剰率 1.2 で燃焼させる場合に必要な空気の体積は以下の式で求まる。

$$3 \times 16.7 \times 1.2 = 60.1$$

解 5-2　①　20000 [ppm]

②　炭素：860 [g]，71.7 [mol]，水素：120 [g]，60.0 [mol]，硫黄：20 [g]，0.625 [mol]

③　C に対して 71.7 [mol]，H に対して 30 [mol]，S に対して 0.625 [mol]

④　3.27 [kg]　　⑤　14.2 [kg]　　⑥　14.2　　⑦　17.8 [kg]

［解説］

①　1 [%] = 10,000 [ppm] である。本設問の値は，IMO の硫黄分規制を大幅に超えていることに注意。

②　燃料 1 [kg]（1000 [g]）に対する質量割合より

炭素原子：1000 × 0.86 = 860 [g]　　→炭素の原子量 12 [g/mol] より 860 ÷ 12 = 71.7 [mol]

水素原子：1000 × 0.12 = 120 [g]　　→水素の原子量 1 [g/mol] より 120 ÷ 1 = 120 [mol]

硫黄原子：1000 × 0.02 = 20 [g]　　→硫黄の原子量 32 [g/mol] より 20 ÷ 32 = 0.625 [mol]

③　炭素，水素，硫黄のそれぞれの燃焼反応式は以下の通り。

$$C + O_2 \rightarrow CO_2,\ 2H_2 + O_2 \rightarrow 2H_2O,\ S + O_2 \rightarrow SO_2$$

各式の係数より，C と S はそれぞれのモル数と同じだけの酸素が必要，水素（H_2）に対しては半分のモル数の酸素が必要であることがわかる。以上のことから

炭素を燃焼させるには：71.7 [mol]

水素を燃焼させるには：H 原子が 120 [mol] あるので，H_2 は 60 [mol]。60 ÷ 2 = 30 [mol]

硫黄を燃焼させるには：0.625 [mol]

以上のモル数の酸素が必要であることが求まる。

④　③で各々の必要酸素のモル数が求まったので，合計質量は

$$(71.7 + 30 + 0.625) \times 32 = 3.27 \text{ [kg]}$$

⑤　空気全体（100 [%]）に対して酸素が占める割合は 23 [%] であるから，100：23 = x：3.27 より 14.2 [kg] の空気が必要であることが求まる。

⑥　燃料 1 [kg] に対して，空気 14.2 [kg] が必要であることから，理論空燃比（A/F）は

$$14.2 \div 1 = 14.2$$

⑦　当量比 0.8 は，空気過剰率に直すと $1 \div 0.8 = 1.25$ となる。理論空気量の 1.25 倍の空気を供給して燃焼させるから（燃料希薄燃焼），$14.2 \times 1.25 = 17.75$ により実際に必要な空気量が求まる。

解 5-3　①　0.15 [kg]，645 [kJ]　　②　2322 [kW]

［解説］

①　回転数 60 [rpm] より 1 秒あたり 1 回転，また 2 ストロークサイクルであるから，各シリンダで 1 秒に 1 回膨張行程があることがわかる。1 秒あたりに 1 つのシリンダで消費される燃料は

$$90 \div 60 \div 9 = 0.167\ [\mathrm{L}]$$

重油の密度は 0.9 [kg/L] であるから，0.167 [L] の重油は $0.167 \times 0.9 = 0.150$ [kg] に相当する。単位質量（1 [kg]）あたりの発熱量は 43 [MJ] であるから，1 回の燃料噴射で供給される熱量は

$$0.150 \times 43 \times 10^6 = 645000\ [\mathrm{J}] = 645\ [\mathrm{kJ}]$$

②　1 秒につき，9 シリンダすべてに燃料が 1 回噴射されるので，全体として供給される熱量は

$$645 \times 9 = 5805\ [\mathrm{kJ/s}]$$

供給熱量のうち 40 [%] が出力となっていることから

$$5805 \times 0.4 = 2322\ [\mathrm{kJ/s}] = 2322\ [\mathrm{kW}]\ (\mathrm{J/s} = \mathrm{W})$$

解 5-4　5.6 [μm]

［解説］

$$d_{32} = \frac{(2^3 \times 100) + (4^3 \times 300) + (6^3 \times 120) + (8^3 \times 50)}{(2^2 \times 100) + (4^2 \times 300) + (6^2 \times 120) + (8^2 \times 50)} = 5.6$$

解 5-5　①　油滴総体積は A と B で等しい。

②　A の油滴総表面積は B の 2 倍である。

［解説］

①　油滴の体積は直径の 3 乗に比例する。系 A の油滴直径は系 B の 2 分の 1 であるので，体積は 8 分の 1 である。これが 8 個あるので，総体積としては等しくなる。

②　油滴の表面積は直径の 2 乗に比例する。系 A の油滴の直径は系 B の 2 分の 1 であるので，体積は 4 分の 1 である。これが 8 個あるので，系 A の総表面積は系 B の 2 倍（$1/4 \times 8$）となる。

以上の結果から，同体積の燃料がある空間中に存在するとき，各油滴の直径が小さいほど液滴の総表面積は大きくなり，油滴表面からの燃料蒸発やその後の燃焼が促進されることがわかる。

CHAPTER 6

解 6-1　294 [kW]，3.3 [s]

［解説］

荷物をつり上げるウインチの仕事量 W [J(= N・m)] は

$$W = F \times x$$

により求められる。力 F は

$$F = m \times g = (\text{質量}) \times (\text{重力加速度})$$

で求めることができるので，15 [t] の荷物を 10 [m] つり上げるウインチの仕事量 W は

$$W = F \times x = (m \times g) \times x = (15000 \times 9.8) \times 10 = 147000 \text{ [J]}$$

この仕事に 5 秒間要したときの動力（仕事率）P_W は

$$P_W = \frac{W}{t} = \frac{F \times x}{t} = \frac{147000}{5} = 294000 \text{ [W (= J/s)]} = 294 \text{ [kW]}$$

また，1 [t] の荷物を 50 [m] つり上げるウインチの仕事量 W' は

$$W' = F \times x = (m \times g) \times x = (1000 \times 9.8) \times 50 = 490000 \text{ [J]}$$

動力を 1/2 に減少させたときにおけるこの仕事に要する時間 t は

$$P'_W = \frac{W'}{t} \quad \rightarrow \quad t = \frac{W'}{P'_W} = \frac{490000}{(1/2) \times 2940000} \fallingdotseq 3.3 \text{ [s]}$$

解 6-2　5968.3 [kJ(= kN･m)]

[解説]

回転機械の動力（仕事率）P_W は

$$P_W = \frac{2\pi T_r N}{60}$$

で求められるので，回転数が 100 [rpm] のときの出力（動力）が 62500 [kW] の大型舶用ディーゼル機関のトルクは，以下のようになる。

$$T_r = \frac{60 P_W}{2\pi N} = \frac{60 \times 62500}{2 \times \pi \times 100} \fallingdotseq 5968.3 \text{ [kJ (= kN·m)]}$$

解 6-3　232.08 [kg]

[解説]

空気の体積 V は

$$V = \frac{\pi D^2}{4} \times l = \frac{\pi \times 1.7^2}{4} \times 3.42 \fallingdotseq 7.763 \text{ [m}^3\text{]}$$

大気圧は標準状態（標準大気圧：0.1013 [MPa]）より，絶対圧力 P は

$$P = 2.5 + 0.1013 = 2.6013 \text{ [MPa]} = 2.6013 \times 10^6 \text{ [Pa]}$$

空気の摂氏温度は 30 [℃] より，絶対温度 T は

$$T = 30 + 273.15 = 303.15 \text{ [K]}$$

したがって，理想気体の状態方程式（$P_V = mRT$）よりタンク内の空気の量は以下のように求められる。

$$m = \frac{PV}{RT} = \frac{(2.6013 \times 10^6) \times 7.763}{287.03 \times 303.15} \fallingdotseq 232.08 \text{ [kg]}$$

解 6-4　2389.93 [℃]

[解説]

ボイル・シャルルの法則より，定容燃焼（$V_1 = V_2$）後のガス温度 T_2 は

$$\frac{P_1V_1}{T_1} = \frac{P_2V_2}{T_2} \quad \rightarrow \quad T_2 = \frac{P_2V_2}{P_1V_1}T_1 = \frac{P_2}{P_1}T_1 = \frac{7.1 \times 10^6}{4.7 \times 10^6} \times (432 + 273.15) \fallingdotseq 1065.23 \text{ [K]}$$

シャルルの法則より，定圧燃焼（$P_2 = P_3$）後のガス温度 T_3 は

$$\frac{V_2}{T_2} = \frac{V_3}{T_3} \quad \rightarrow \quad T_3 = \frac{V_3}{V_2}T_2$$

定圧燃焼して 2.5 倍の体積に膨張することから

$$\frac{V_3}{V_2} = \frac{2.5V_2}{V_2} = 2.5$$

$$\therefore \quad T_3 = 2.5T_2 = 2.5 \times 1065.23 \fallingdotseq 2663.08 \text{ [K]}$$

したがって，燃焼後のガス温度 t_3 は以下のようになる。

$$t_3 = 2663.08 - 273.15 = 2389.93 \text{ [℃]}$$

解 6-5　1 → 2：等温膨張，2 → 3：断熱膨張，3 → 4：等温圧縮，4 → 1：断熱圧縮

解 6-6　約 57.4 [%]

[解説]

温度 450 [℃] の高温熱源の絶対温度 T_H は

$$T_H = 450 + 273.15 = 723.15 \text{ [K]}$$

温度 35 [℃] の低温熱源の絶対温度 T_L は

$$T_L = 35 + 273.15 = 308.15 \text{ [K]}$$

したがって，カルノーサイクルの熱効率は，以下のように求められる。

$$\eta_c = 1 - \frac{T_L}{T_H} = 1 - \frac{308.15}{723.15} \fallingdotseq 0.5739 \qquad \therefore \quad 約 57.4 \text{ [%]}$$

CHAPTER 7

解 7-1　$\eta_i = 45.8$ [%]，$\eta_e = 38.9$ [%]，$\eta_m = 84.9$ [%]，$be = 221$ [g/kW·h]

[解説]

W_i には式(7.28)，W_e には式(7.31)，η_i には式(7.32)，η_e には式(7.33)，η_m には式(7.42)，be には式(7.43)を用いる。

出力の単位に合わせて代入する数値を確認する。出力の単位を [kW] とするのであれば，P_{mi} [kPa]，M [kN] を使用して計算を行う。また，出力の単位に [kW] を用いているので燃料流量には b [g/s] を，低位発熱量 H_L は単位変換して [kJ/g] を用いるとよい。式(7.43) より燃料消費率 be [g/kW·h] を求

めるのに 1 時間の燃料流量 B を用いる。効率計算では b を用いるため，用いる単位時間に注意が必要である。

解 7-2　摩擦損失を求めるには 4 つの方法がある。

① インジケータ線図から求める方法
② モータリング試験から求める方法
③ 着火停止法
④ 燃料消費量から摩擦損失を求める方法

そして，摩擦損失が最大となる箇所は，ピストン，ピストンリング，シリンダでの摩擦である。

［解説］

7.4.1 および 7.4.2 を参照

解 7-3　$\eta_{th} = 1 - 1/(\varepsilon^{\kappa-1}) \cdot [(\sigma^{\kappa} \cdot \rho - 1)/\{(\rho - 1) + \kappa \cdot \rho \cdot (\sigma - 1)\}]$

熱効率を改善するには ε と ρ を大きくし，σ を 1 に近づける。

［解説］

7.1.2 および 7.1.3 を参照。特に圧縮比の高い機関の圧縮比をあげた場合についての理解を深めること。

CHAPTER 8

解 8-1　8.2.2 の⑩を参照

解 8-2　8.2.3 の⑫を参照

解 8-3　8.3.1 の①を参照

解 8-4　8.3.2 を参照

解 8-5　8.3.3 を参照

解 8-6　8.3.3 を参照

解 8-7　8.3.4 を参照

解 8-8　8.3.5 を参照

解 8-9　8.5.2 を参照

解 8-10　8.6.2 を参照

解 8-11　8.6.4 を参照

CHAPTER 9

解 9-1　9.1.3 の（1）を参照

解 9-2　9.1.3 の（5）を参照

解 9-3　9.1.3 の（3）と 9.1.4 を参照

解 9-4　①　プロペラ損傷などの羽根の変形による羽根のピッチの不均一。
②　羽根の一部欠損および侵食による静的および動的な不つり合い。
③　キャビテーションの発生。
④　大きな舵取りによるプロペラ中心線と進行方向のずれによる振動の発生。
⑤　ピッチング，ローリングによるプロペラ深度の激しい変化。
⑥　変化の大きい伴流中でのプロペラの作動。

解 9-5　9.1.4 を参照

解 9-6　9.1.4 を参照

解 9-7　①　9.2.3 を参照
②　9.2.4 を参照
③　9.2.5 を参照
④　9.2.5 を参照

CHAPTER 10

解 10-1　10.2 を参照

解 10-2　10.3 を参照

解 10-3　10.4 を参照

解 10-4　10.4.1 の⑥を参照

解 10-5　10.5.2 を参照

解 10-6　10.6 を参照

解 10-7　10.7 を参照

解 10-8　10.8 を参照

索　引

≪ふ≫

≪へ≫

≪ほ≫

≪ま≫

≪み≫

≪む≫

≪め≫

≪も≫

≪や≫

≪ゆ≫

≪よ≫

≪ら≫

≪り≫

≪る≫

≪れ≫

≪ろ≫

≪わ≫

<編者紹介>

商船高専キャリア教育研究会
商船学科学生のより良きキャリアデザインを構想・研究することを目的に，2007年に結成。
富山・鳥羽・弓削・広島・大島の各商船高専に所属する教員有志が会員となって活動している。

ISBN978-4-303-31510-8
マリタイムカレッジシリーズ
舶用ディーゼル推進プラント入門

2019年10月25日　初版発行
2023年 2 月30日　2版発行

編　者　商船高専キャリア教育研究会
発行者　岡田雄希
発行所　海文堂出版株式会社
本　社　東京都文京区水道2-5-4（〒112-0005）
電話 03（3815）3291㈹　FAX 03（3815）3953
http://www.kaibundo.jp/
支　社　神戸市中央区元町通3-5-10（〒650-0022）

日本書籍出版協会会員・工学書協会会員・自然科学書協会会員

PRINTED IN JAPAN　　印刷　東光整版印刷／製本　誠製本

図 書 案 内

船しごと、海しごと。［二訂版］

商船高専キャリア教育研究会 編
A5・232頁・定価2,420円（税込）
ISBN978-4-303-11531-9

海、船に関わる仕事がわかるガイドブック。「仕事って何だろう？」という第1講から始まり、海と船の基礎知識、船舶職員はもちろん海に関係がある様々な職業の紹介など、20講から構成。いろんな職場で活躍している12人の先輩たちからのメッセージも収録。それぞれの仕事のやりがいが伝わってくる。

<マリタイムカレッジシリーズ>

船の電機システム

～マリンエンジニアのための電気入門～

商船高専キャリア教育研究会 編
A5・224頁・定価2,640円（税込）
ISBN978-4-303-31500-9

商船系高等専門学校の教員有志による、新時代の教科書「マリタイムカレッジシリーズ」第1弾。写真と図を多用した、見てわかる解説。〔目次〕①船の役割、②船の歴史、③船の種類と構造、④船の設備、⑤船体の保存と手入れ、⑥船用品とその取扱い、⑦舵とプロペラ、⑧性能に関する基礎知識、⑨錨泊、入港から出港までの操船

舶用ディーゼル機関の基礎と実際

今橋 武・沖野敏彦 共著
A5・336頁・定価4,180円（税込）
ISBN978-4-303-30960-2

舶用ディーゼル機関の運転管理者や関連技術者などの実務家ならびに海技士を目指す学生を対象に、第1章で全体を概観、第2章で理論的考察を行った後、第3章から第14章で、ガス交換、燃焼、振動、トライボロジー、排気ガス、電子制御、構造と材料、燃料油・潤滑油、補機、運転管理、保守・整備、法規について解説する。

実践 舶用機関プラント管理術

明野 進 著
A5・196頁・定価3,080円（税込）
ISBN978-4-303-30570-3

船舶の機関長や機関士がどのように機関プラントを管理すべきか、実践的な管理手法や管理ポイントをまとめた。また、事故事例やコスト試算、書式のサンプルなどを例示し、分かりやすく解説。機関長や機関士、またはそれを目指す人にとって、バイブルとなる1冊。

英和 舶用機関用語辞典

商船高専機関英語研究会 編
四六・312頁・定価3,080円（税込）
ISBN978-4-303-30120-0

海技試験学習用はもちろん、専門英語辞書として実務でも使用できることを目指して、名詞だけでなく動詞、形容詞、副詞なども含め、機関英語において使用頻度の高い単語・熟語を約2万項目収録。コンパクトながら、見やすくレイアウトされており、豊富な熟語の調べやすさは格別。商船高専5校・15名の教員による編集。

表示価格は2023年2月現在のものです。
目次などの詳しい内容はホームページでご覧いただけます。
http://www.kaibundo.jp/